Architecture in the Age of Artificial Intelligence

인공지능시대의 건축

Architecture in the Age of Artificial Intelligence

An Introduction to AI for Architects

Neil Leach

인공지능시대의 건축

건축가들을 위한 AI 입문

송종은 옮김

Spacetime Pub

일러두기

1. 이 책은 2022년에 출간된 Neil Leach, 『Architecture in the Age of Artificial Intelligence: An Introduction to AI for Architects』의 번역이다. 본문에서 '오늘날', '최근'의 시점은 출간 당시 2022년을 기준을 한다.

2. 본 번역서는 원서의 체계를 그대로 유지하였다. 다만 원문에 대한 독자의 이해를 돕기 위해 지은이의 원주에 이어 옮긴이가 역주를 추가하였다. 각 장별로 원주는 숫자로, 역주는 [숫자]로 구분하여 표기하였다.

3. 원문에서 저자가 선택한 용어의 의미와 의도를 살리기 위해 국문으로 옮기는 과정에서 다의적으로 해석될 여지가 있는 용어에 대해서는 원문표현을 병기하였다.

4. 인명, 지명의 표기는 외래어 국문 표기법에 따르고 원문표현을 병기하였다. 본문에서 인용된 저술명은 국문과 원문을 병기하였고, 원문에는 없는 기호를 추가하여 본문의 내용과 구분이 용이하도록 하였다.

5. 역주의 내용은 보편화 된 정보를 정리하였고, 별도의 출처는 표기하지 않았다.

목차

도판(圖版)

plates

1 Sofia Crespo, *Realisation*(2018). 그녀는 자신의 *Neural Zoo신경 동물원* 시리즈에서 신경계로부터 패턴과 특징들을 추출하기위해 신경망을 사용한다. 그리고 자연세계를 충실히 모방하면서도 여전히 명백히 인공적으로 보이는 방식으로 패턴과 특징들을 재현해낸다.

2 Sofia Crespo, *Courage*(2018). 그녀는 자신의 *Neural Zoo* 시리즈에서 신경계로부터 패턴과 특징들을 추출하기위해 신경망을 사용한다. 그리고 자연세계를 충실히 모방하면서도 여전히 분명하게 인공적으로 보이는 방식으로 패턴과 특징들을 재현해낸다.

3 Mario Klingemann, *The Butcher's Son*(2017). GAN(Generative Adversarial Networks, 생산적 적대 신경망)으로 생성된 이 예술작품은 주요 국제 수상작으로서 첫 번째 인공지능 생성 예술작품이다. 2018년 Lumen상을 수상하였다.

4 Memo Akten, *Gloomy Sunday*(2017). 이 실험에서 아크텐은 꽃에 대한 이미지들로 훈련된 신경망이 어떻게 그것이 보는 모든 것을 꽃으로 읽게 되는지를 보여준다.

5 Refic Anadol, WDCH Dreams. 월트 디즈니 콘서트홀을 '꿈'으로 만들기 위해, 인간이 꿈꾸는 방식과 흡사한 창조적이며 컴퓨터화 된computerised '마음'을 사용하였다.

6 Refik Anadol, *Machine Hallucinations*, Artechouse, New York(2019). 뉴욕의 Artehouse 디지털 예술공간에 설치된 이 작품은 뉴욕 시에 대한 수백만 장의 사진들로부터 생성된 30분 분량의 기계환각Machine Hallucinations이다.

7 Refik Anadol, Quantum Memories, Melbourne, Australia(2020). 비범한 이미지들을 생성하기 위해 아나돌은 자연에 대한 집단 기억을 반영하는 예술작품 창작을 위한 인공지능과 양자컴퓨터로 가능하게 된 생성 알고리즘을 사용하였다.

8 Jenny Sabin Studio, Ada, Microsoft Campus, Redmond, Washington(2019). Ada는 경량으로 짜여진knitted 파빌리온 구조이다. 그것은 디지털로 짜인 반응적이며 데이

터에 따라 처리되는 관모양과 셀방식의 요소들로 구성되어 있다. 그 구성요소들은 표정과 소리를 감지하기 위한 인공지능을 사용하며, 그것들은 에워싸는 듯한 색채와 빛의 경험으로 전환된다. 프로젝트명은 Ada Lovelace를 참조하였다.

9 'Shan He' 합성 이미지, 좌측상단으로부터 시계방향: 1. 2015년 이후 뉴욕 시 택시 승·하차 지도, 승차 위치는 자주색, 하차위치는 청색으로 보여주고 있다. 원의 크기는 이동거리를 근거로 하고 있다. Unfolded Studio에서 시각화하였고 데이터는 nyc.org에서 가져왔다. 2. 뉴욕 시 고도高度지도는 SRTM DEM의 Geo TIFF 레스트 데이터를 사용하여 제작되었다. SRTM DEM은 unfolded의 데이터 파이프라인이 Kring smoothing 기능을 갖춘 직경 130미터의 H3 6각형들에까지 계발되었다. Unfolded Studio를 이용하여 시각화되었다. 3.Nasa의 Landsat-8 위성 이미지 2020년 겨울의 열적외선밴드. Unfolded Studio를 이용하여 시각화하였다. 4. 미국 샌프란시스코의 빌딩 발자국Building footprints 지도, Unfolded Studio에서 제작하였다. 지면고도에 따라 채색되었다. Shan He의 DataSF의해 데이터화되었다.

10 존 시어도어 호턴John Theodore Houghton, *InFraRed Computer Fluid Dynamics Study*컴퓨터 유체 역학연구, Vienna, Austria (2020). 데이터셋dataset 창조가 대부분의 딥-러닝 모델을 사용하는 현실세계 에플리케이션에서 작업의 99%를 차지한다. 고도로 복잡한 물리적 시뮬레이션들과는 별개로, 디자인 입력요소들의 광범위한 수집은 모델들이 실제세계에서 발견되는 디자인들의 방대한 배열을 포괄하는 일반화를 위해 필수적이다

11 비아이나 보고시안Biayna Bogosian, *Remote Sensing Study원격 탐지 연구*(2019). Shuttle Radar Topography Mission(SRTM)데이타와 Landsat-8 위성 이미지 결합을 통한 로스앤젤레스 주州의 표면정보 기반 원격탐지Surface-based Remote Sensing

12 SPAN, *Peaches and Plums복숭아와 자두*, High School, Shenzhen, China(2022). 중국 선전의 한 학교를 위한 이 프로젝트는 디자인과정에서 일종의 추진력driving force으로서 AttnGAN을 이용하여 생성되었다.

13 쿱 힘멜블라우Coop Himmelb(l)au, *Deep Himmelb(l)au*(2020), *Deep Himmeb(l)au*는 해석, 인식, 창조적이 되도록 하기위한 것뿐만 아니라, 건물의 새로운 디자인 제안, 디자인 작업흐름 강화, 건축가와 디자이너의 창조성 증강, 그리고 티칭머신teaching machines의 잠재력 탐색을 위한 실험적 연구프로젝트이다.

14 케이시 렘Casey Rehm, Laure Michelon(Ushida Rehm Studio), Damjan Jovanovic and Lidja Kljakovic (Lifeforms.io), Dream Estate(2020). *New Campo Marzio*는, 인공지능으로 동력을 갖춘, 무제한 제로 플레이어 시뮬레이션 게임이다. 조반니 바티스타 피라네시*Gioanni Battista Piranesi*의 회화 Campo Marzio(1762)를 기반으로 하고 있다. 시뮬레이션은 원조 회화의 특징을 학습하고 자율적 에이전트들이 거주하는*populated* 3D 세계의 무한한 다양성을 생성하기 위해 신경망을 활용하고 있다.

15 다미얀 요바노비치Damjan Jovanovic and 리디야 클랴코비치Lidja Kljakovic (Lifeforms.io), *Dream Estate*(2020). Dream Estate는 점진적으로 생성된 인공지능 제어 안드로이드들AI-controlled androids이 정주하는 세계에 대한 자동 추진self-driven 시뮬레이션이다. 시뮬레이션은 장난감 놀이와 그 장난감들의 행동을 상상하는 것과 관련이 있다. 장난감들은 상호작용을 추구하며 새로운 영토를 찾고 있다. Ushida Rehm Studio/lifeforms.io (Damjan Jovanovic and Lidija Kljakovic), 2020.

그림Figures

Croatian Pavilion, Venice Biennale (2018).

5.9 Autodesk, Brickbot.

6.1 Lund Hagem Architects, Tjeldbergvika Development, Svolvaer, Norway (2019) Spacemaker AI는 일조환경sun conditions, 바다조망, 자연채광, 소음환경을 최적화하기 위해 사용되었다.

6.2 Shmidt Hammer Lassen Architects, Molobyen Development, Bodø, Norway, 2019-2020. Spacemaker AI는 다양한 요인들을 설명하는 디자인을 최적화하는데 사용되었다.

6.3 NREP, Proposal for Okernvelen, Norway, 2020. Spacemaker AI는, 태양, 뷰, 소음 환경의 제어 측면에서, 겉으로 보기에는 반직관적인 계획proposals을 개발하기 위해 제안되었다.

6.4 엑스쿨Xkool(수평적 합성 이미지horizontal composite image) StyleGAN 생성 건물 이미지(2019).

6.5 엑스쿨Xkool, KoolPlan이 디자인을 생성하였다 (2019).

6.6 Xkool은 클라우드 기반 AI 디자인 플랫폼이다. 건축가와 개발자 모두에게 인기가 상승하고 있다.

6.7 임마누엘 코흐Immanuel Koh, Sampling-Mies (2018).

7.1 Zaha Hadid Architects, Kartal-Pendik Masterplan, Istanbul, Turkey(2006).

7.2 산 해Shan He, UK Commute, Unfolded studio에서의 잉글랜드와 웨일즈 통근 패턴 지도

7.3 Stack의 6개 레이어로 구성된 Metahaven의 다이어그램

7.4 첸웨이Zhenwei Zhong와 죠우추한Chuhan Zhou, Approaching Convergence (2017).

7.5 Studio Pei Zhu와 협력중인 Roland Snooks와 Robert Sturart-Smith(Kokkugia), National Art Museum of China(NAMOC) (2013).

7.6 (Scott Mayson과 협력중인) Roland Snooks, *RMIT Mace* (2015).

7.7 Innsbruck University와 UCL Bartlett Deep Green과 함께하는 ecoLogicStudio.

8.1 베흐나즈 파라히Behnaz Farahi, *Living Breathing Wall* (2013).

8.2 Behnaz Farahi, *Can the Subaltern Speak?* (2020).

8.3 엑스쿨Xkool, AI-chitect, *Eyes of the City*, Bi-City Biennale of Urbanism and Architecture, Hon Kong-Shenzhen, 2019.

감사의 글

난데없이 등장하는 책이란 거의 없다. 그 책들은 종종 특정 이슈에 대해 수년간 심사숙고한 결과물들이다. 특별한 이 책이 어디서부터 싹튼 것인지는 명확히 알 수 없다. 나는 캠버리지 대학교의 베비지 강당Babbage Lecture Theatre 위쪽에 자리한 컴퓨터과학연구소에서 보냈던 수없이 많은 시간 속에서 처음 씨앗이 심어졌다고 생각하고 싶다. 나는 이곳에서 대학교 컴퓨터 메인 본체를 사용하여, 컴퓨터과학에 관한 한 다재다능한 학생들에게 둘러싸여, 알베르티의 건축에 관한 논문, 건축의 예술에 관하여de re aedificatoria를 번역하였다.[1]

이 책을 집필하는 데에는 수년이 걸렸다. 그것은 긴 여정이었다. 건축협회Architecutral Association, 하버드 디자인 대학원Harvard Graduate School of Design(GSD), 서든 캘리포니아 건축연구소Soutern California Institute of Architecture (SCI-Arc), 카탈로니아 건축학교Institute of Advanced Architecture of Catalunya (IAAC), 데사우건축연구소Dessau Institute of Architecture (DIA), 통지대학Tonji University, 플로리다 국제대학교Florida International University (FIU), 그리고 그 과정에서의 다른 많은 연구소의 동료들과 학생들, 이 여정에 나와 동행해준 모든 이들에게 감사드린다. 특히 인공지능에 대한 많은 워크숍과 토의를 개최해 준 Digital FUTURES 공동체에 감사드린다. 마찬가지로 플로리다 국제대학교의 디자인 박사과정프로그램의 뛰어난 재능을 갖춘 학생들과 프로그램의 토론에 참여해준 이들에게도 감사드린다.

특히 Daniel Bolojan, Wolf Prix, Wanyu He, Theodoros Galanos, Immanuel Koh, Marina Rodriguez das Neves, Soomeen Hahm, Philippe Morel, Patrik Schumacher, Behnaz Farahi, Biayna Bogosian, Matias del Campo, Refik Anadol, Anil Seth, Andy Clark, Shajay Bhooshan, Mark Burry, Kostas Terzidis, Virginia Melnyk, Gustavo Rincon, Ahmed Hassab, Nic Bao, Mohammed Behjoo, Claudiu Barsan Pipu, Shima Beigi, Manos Vermisso, Shermeen Yousif, Jorge Tubella, Alessio Erioli, Sanfor Kwinter, Manuel DeLanda, Ciro Najle, Claudia Pasquero, Niccolo Casas, Maria

Kuptsova, Sina Mostafavi, Sang Lee, Aleksandra Jaeschke, Viktoria Luisa Barbo, Antoine Picon, Mirrikka Trotter, Thom Mayne, Ben Bratton, Philip Yuan, Chao Yan, Shen Jie, Roland Snooks, Gilles Retsin, Achim Menges, Philippe Block, Mike Xie, Areti Markoloulou, Mette Thomsen, Memo Akten, Lev Manovich, Guvenc Ozel, Benjamin Ennemoser, Darren Ockert, Sofia Crespo, Aya Riad, Jason Chandler, John Stuart, John Stein, Anna Nikolaidou, Rosemary Wilson 그리고 Adam Dixon에게 감사드린다. 또한 이 책의 자료에 기여한 사람들과 Bloomsbury의 고도로 전문화된 팀의 구성원들, 특히 완성까지 봐준 편집자인 James Thompson 그리고 Alexander Highfield에게 감사드린다.

서문 Preface

인공지능에 대한 태도는 상당히 양극화되어 있다. 누군가에게는 미래에 삶을 더 쉽게 만들어주는 엄청난 잠재력을 지닌 도구이다. 앨런 튜링Alan Turing이 일반적으로 컴퓨터 연산computation에 대해 쓴 바로는, '이것은 오직 다가올 것에 대한 예지豫知다. 그리고 되고자 하는 것에 대한 그림자다.'[1] 한편 다른 이들에게는, 인공지능 그 자체가 인간 문명에 대한 존재론적 위협을 초래한다. 스티븐 호킹Stephen Hawking[1]이 경고한 바와 같이, '완전한 인공지능의 발달은 인류의 종말을 가져올 수도 있다.'[2]

이러한 의미에서, 인공지능은 양날의 검이다. 그것은 선악善惡이라는 두 가지 잠재력을 지니고 있다. 인공지능은 딜레마를 가져온다. 그리고 일론 머스크Elon Musk보다 이러한 딜레마를 잘 요약한 사람은 없다. 한편으로 머스크는 현재 잘 정착한 테슬라 자동차 회사에서부터 아직 이론적인 뉴럴링크 프로젝트Neuralink project에 이르기까지, 자신이 상업적 기업을 위해 인공지능을 기반으로 하는 도구를 개발하고 있다. 다른 한편, 머스크는 그것이 초래하게 될 잠재적 위험을 너무나 잘 알고 있다: '인공지능에 대해 우리는 지극히 조심해야 한다고 나는 생각한다. 만일 우리의 가장 큰 존재론적 위협이 무엇인가를 추측해보자면, 아마도 그것은 인공지능일 것이다. 따라서 우리는 인공지능에 대해 매우 조심할 필요가 있다 ... 우리는 인공지능과 더불어 악마를 소환하고 있다.'[3] 스튜어트 러셀Stuart Rusell[2]은 이와 유사한 딜레마에 직면하고 있다. 비록 인공지능에 관한 선구자 중의 한 명이면서 인공지능: *현대적 접근Artificial Intelligence: A Modern Approach*이라는 영향력 있는 저서의 공동저자이지만, 그 역시 살인을 저지를 수 있는, 자발적 인공지능의 통제를 받는 드론인 '슬로터봇slaughterbots, 도살로봇[3]'의 위험을 경고하는, 군비통제영상arms control video을 발표하였다.

본 저서의 시리즈는 이 같은 역설을 반영하고 있다. 시리즈의 첫 번째 책인 인공지능 시대의 건축은 인공지능의 긍정적인 기여를 예찬한다. 과거에 있었던 인공지능에 대한 엄청난 성취를 개관하며, 미래에 우리를 위한 건물을 디자인하기 위한 인공지능의 잠재력을 추측해본다. 반대로, 두 번째 책인, *건축가의 종말The Death of the Architect*은 실업, 감시, 그리고 개인적 자유의 상실이라는 측면에서 야기되는 인공지능의 잠재적

인 암울한 측면을 폭로한다.4

이 두 책은 서로에게 일종의 변증법적 호일dialectical foil[4]이 되도록 하였다. 하나의 책이 다른 책보다 더 설득력이 있어야 한다는 추정의 근거는 없다. 그것은 두 책 속의 논쟁을 기반으로 독자 자신의 견해를 형성하게끔 남겨둔다. 어떤 의미에서, 그러나 그 주장들은 실제로는 같은 것이다. 그 주장들은 단지 동전의 양면일 뿐이다. 일단 인공지능이 우리를 위한 건물을 디자인할 수 있게 된다면, 이것은 '건축가의 종말'로 이어질 것이 아니겠는가?

닐 니치, 캘리포니아 베니스 비치에서

도입Introduction

인공지능은 현재 우리의 삶의 많은 부분을 차지하고 있다. 비록 그것을 알아차리지 못하더라도 말이다.

인공지능은 페이스북에서 우리의 친구들을 식별하며, 인스타그램에서 우리의 이미지를 분류한다. 인공지능은 우리의 온라인 이력online histories을 기반으로 뉴스와 광고를 우리에게 공급한다. 그것은 우리의 이메일 스팸을 걸러 낸다. 그것은 우리의 문장을 어떻게 마무리 지어야 하는지를 제안한다. 그것은 외국 문자를 번역한다. 그것은 우리의 전화기를 파헤친다. 그것은 스포티파이Spotify[1]에 음악을, 넷플릭스Netflix[2]에 영화를 우리에게 제공한다. 심지어 그것은 우리의 잠재적 파트너를 소개하기도 한다.

인공지능은 시리Siri[3], 알렉사Alexa[4], 코타나Cortana[5], 그리고 구글 어시스턴트Google Assistant[6]라는 형태로 우리의 가정을 식민지화해왔다.[1] 그것은 우리의 난방煖房을 모니터링하며, 우리의 수질水質을 체크한다.[2] 그것은 바닥을 청소하는 로봇을 통제한다.[3] 그것은 청구서를 지불하며, 세금 납부에 도움을 주며, 우리에게 약속을 상기시켜주며, 회의 일정을 조율한다. 어떤 경우에는, 안면인식을 통해 상품의 비용을 지불하며, 심지어 비행기 탑승을 허용한다. 인공지능은 도시들을 모니터링하며 더 효율적이고 지속 가능하게 하며 우리의 도시구조 곳곳에 내장되어 있다.

인공지능은 또한 운전 중에, 만일 우리가 차선을 이탈하면 경고한다, 그것은 자율주행 차, 버스, 트럭을 통제한다. 그것은 송수신기와 차량인식시스템으로 통행료를 지불한다. 그것은 우리에게 가장 빠른 경로를 보여주며 주차할 곳을 알려준다.[4] 그것은 우리의 쇼핑, 승차권 구입, 그리고 삶을 구성하는 방식을 변화시키고 있다.

갑자기, 인공지능은 곳곳에 존재한다.

그러나 우리가 그 존재를 알아차리는 방식으로 존재하는 것은 아니다. 인공지능은 로봇처럼 보이는 것이 아니다. 사실 전혀 어떤 사물처럼 보이지 않는다. 인공지능이 탑재된 로봇이 아니라 알고리즘을 생각하라. 인공지능은 전혀 보이지 않는다. 인공지능은 우리 주변의 환경을 통제한다. 비록 우리가 그것을 인지조차 하지 못할지라도, 인공지능은 우리의 삶에 이미 침투해 왔다. 그리고 그 영향력은 매일 증가하고 있다.

그것은 마치 지구가 보이지 않는, 초지능의 외계종족에 의해 침략을 받아온 것과 같은 것이다.[5]

인공지능과 건축AI and architecture

인공지능은 건축에 어떤 충격을 가져다줄 것인가?

인공지능이 건축문화에 큰 충격을 이미 가해오고 있는 몇몇 영역들이 있다. 가장 눈에 띄는 충격은 학계 내에 있었다. 그곳에서 인공지능은 일부 진보적 건축학교의 디자인 스튜디오에 갑작스럽게 등장하였다.[6] 비록 대중적으로 알려진 인공지능 기술들이 최근에서야 발견되었음에도 불구하고, 그 기술을 향한 관심은 들불처럼 번지기 시작하였다. 영감을 주는 빌딩에 관한 이미지들과 도시 디자인 계획proposals은 종종 '환각hallucination' 으로 언급되는 처리과정process를 거쳐 자동으로 생성되고 있다. 이 용어는 역시 생성된 이미지들의 겉으로 보기에 환각적인 특성을 끄집어내고 있다. 인공지능에 의해 생성된 작품은 상당한 관심을 끌기 시작하고 있다.[7] 한편으로 인공지능을 기반으로 하는 디자인을 위한 워크숍과 학습프로그램들tutoriors 또한 굉장한 인기를 얻게 되었다.[8]

'그것은 마치 지구가
보이지 않는,
초지능의 외계종족에
의해 침략을 받아온
것과 같은 것이다.'

인공지능은 마찬가지로 학술연구회의에서도 뜨거운 주제다.[9] 그것은 박사과정 연구, 특히 MIT Media Lab과 같은 기술적으로 진보적인 연구소에서 인기 있는 영역이 되었다.[10] 몇몇 학술과정과 프로그램들은 이제 특히 인공지능에 초점을 두고 있

그림 0.1 Casey Rehm (Ishida Rehm Studio), *Automatic Ginza*, '3 Ways' exhibition, A+D Museum, Los Angeles, California (2018). 이 이미지는 한 영상의 스틸 컷이다. 이 영상은 2차원의 회색조의 직사각형들을 건축 파사드로 변환하기 위해 휴대폰에서 얻은 토쿄의 긴자거리에 대한 영상으로 훈련받은 신경망을 사용하고 있다.

다.[11] 수년 내에 우리는 모든 단과 학문분야discipline에 배정된 인공지능을 기반으로 하는 과정들을 기대할 수 있다.

인공지능은 또한 미술관과 전시 세계에 큰 충격을 주고 있다. 인공지능으로 생성된 예술작품의 최초 전시가 2017년에 개최되었고, 인공지능으로 생성된 예술작품에 대한 최초의 경매가 2018년에 이루어졌다. 그리고 건축은 그다지 뒤지지 않는다. 인공지능으로 생성된 건축디자인에 대한 첫 번째 전시회가 2019년에 개최되었다. 인스타그램Instagram, 페이스북Facebook, 위챗WeChat 그리고 기타의 소셜 미디어 플랫폼social media platforms에 정기적으로 포스팅되면서, 인공지능으로 생성된 작품에 대해 상당한 관심을 보여 왔다.

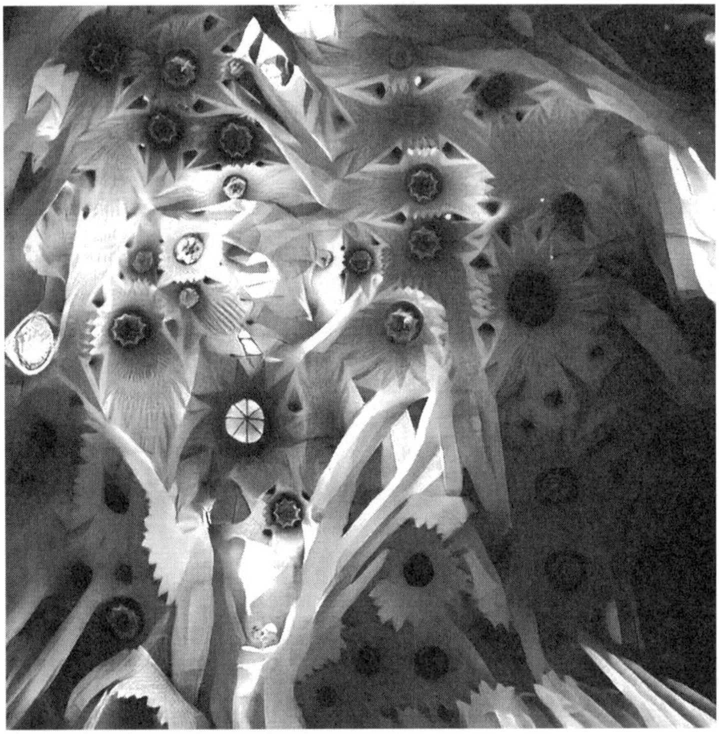

그림 0.2 Daniel Bolojan, *Machine Perceptions: Gaudi + Neural Networks*(2020). 이 프로젝트는 Cycle GANs를 사용하고 있다. 이 작업은 한 영역의 스타일을 다른 영역의 스타일로 옮겨놓기 위한 것이 아니라, 오히려 한 영역의 기초를 이루는 구성적 특성을 다른 영역으로 옮겨놓기 위한 것이다. 신경망은, 인간이 학습하는 방식과 유사한 방식으로, 관계가 없는 정보를 분류하고 거르며, 한편으로는 관련성이 있는 특성들을 강화하고, 관련성이 덜한 구성적 특성을 식별하도록 학습한다.

인공지능은 또한 진보적 건축 실무에 충격을 주기 시작하고 있다. 새로운 인공지능 기반 기술들을 자신들의 디자인 전략과 결합하기 시작하면서 이목을 끄는 건축가의 수가 증가하고 있다. 프리츠커상Pritzker Prize의 수상자인 모포시스Morphosis의 톰 메인Thom Mayne은 디자인 옵션의 범위를 확대하기 위해 인공지능의 잠재력을 탐구하기 시작했다. 쿱 힘멜블라우Koop Himmelb(l)au의 울프 프릭스Wolf Prix는 디자인 과정을 향상하기 위해 인공지능을 사용하였다. 한편 자하 하디드 건축Zaha Hadid Architects(ZHA)의 패트릭 슈마허Patrik Schumacher는 자신의 건물 내부 거주자들의 행동에 대한 시뮬레이션을 위해 인공지능을 사용해왔다.

인공지능은, 비록 대부분 건축가는 그 사실을 알아차리지 못할지라도, 이미 기본적인 건축 소프트웨어에 내장되어 있다. 오토데스크Outdesk와 같은 정평이 있는 회사들은 이제 더 진보한 인공지능을 자신들의 소프트웨어에 결합을 시작하고 있다. 한편 Xkool과 Spacemaker AI와 같은 수많은 신생기업은 건축가와 개발자들을 위해 새로운 인공지능 기반 소프트웨어 도구들을 개발하고 있다.[12] 인공지능은 부지site의 복잡한 정보를 처리하고, 더 큰 범위의 디자인 옵션을 제공하며, 주어진 부지의 잠재력을 극대화하는 것이 가능하다는 것을 증명하고 있다. 게다가 인공지능은 이제 로봇제작기술들robotic fabrication technologies을 제어하고 한번 지어진 건축물의 성능을 향상하기 위해 사용되고 있다.

그리고 여전히 우리는 인공지능혁명의 초기 단계에 있다. 벤야민 브레튼Benjamin Bratton은 어떻게 아직 우리가 컴퓨터 연산computation의 '무성영화silent movies' 시대를 벗어나지 못하고 있는지를 기술하여 왔다. 그리고 인공지능은 긴 컴퓨터연산의 역사 속에서 최근에서야 일구어낸 발전이다. 그러나 다가올 것이 더 많다. 인공지능이 우리의 미래에 통합된 일부가 되리라는 것은 분명하다. 그리고 의심할 것도 없이 인간의 디자인 능력을 강화하고 디자인 과정의 속도를 높이는 강력한 조력자가 될 것이라는 사실을 증명할 것이다. 나쁜 징후가 있다.

이번 10년의 끝에 다다르기 전에, 인공지능이 닿지 않은 단일 직업 또는 분야가 남아 있지 않을 것이라는 점을 우리는 예측할 수 있을 것이다. 그리고 건축 역시 예외가 아니나. 인공지능에 김사하라, 바로 그 건축디자인 실무는 안전히 정비될 것이다. 그리고 건축교육도 마찬가지다.

기술 공포증을 넘어서Beyond technophobia

건축에 인공지능을 도입하는 것에 대해 모두가 그렇게 긍정적이지는 않을 것이다. 일부는 그것을 무시할 것이다. 30여 년 전 주류 건축문화에 최초로 도입되었던 컴퓨터를 무시했던 것처럼 말이다. 왜 컴퓨터를 사용해야 하는가? 그들은 묻곤 하였다. 언제 인간이 훨씬 더 잘 그릴 수 있는가? 왜 인공지능을 사용하는가? 의심할 것도 없이 누군가 물을 것이다. 언제 우리가 인간의 지능을 가지는가? 마찬가지로, '새로운 암흑기New Dark Age' 혹은 '감시자본주의surveillance capitalism' 의 일부로 인공지능을 무시하며, 더 비판적이기까지 한 다른 누군가가 있을 수도 있다.[13]

이것은 어쩌면 이해 가능한 것일지도 모른다. 아무튼, 얼마나 빈번하게 우리는, 대중문화에서 부정적인 측면으로 그려진, 로봇과 컴퓨터들을 보아야 하는가? *메트로폴리스Metropolis*[7]에서부터 지속적으로, 수없이 많은 영화가 로봇들에게 사악한 인공생명체artificial life로서의 배역을 부여하였다. *2001:스페이스 오디세이2001: A Space Odyssey*[8]를 보면, 그곳에서 할Hal은, 목성으로 향하는 우주 비행을 통제하는 지각을 갖춘 슈퍼컴퓨터이다, 결국 탑승한 우주비행사들을 배신한다. 또는 *터미네이터Terminator 영화*[9]를 보면, 그곳에서 스카이넷Skynet은, 종종 보이지 않는, 초고도 지능을 갖춘 인공지능시스템이다, 주 악역을 맡고 있다. 마찬가지로 블레이드 러너Blade Runner[10]를 보면, 그곳에서 생체공학 로봇들이 대혼란을 일으키며, 끊임없이 인간사회로 연결되는 길을 침투한다.

영화에서의 로봇과 컴퓨터에 대한 이 같은 불신은, 여전히 건축이론을 알려주는 철학에서 좀 더 보수적 접근방식들conservative approaches 중 일부로 거슬러 올라갈 수도 있는, 일반적으로 기술 공포증technophobia이라는 더 큰 맥락에서 이해할 수 있다. 철학이 지닌 문제는, 스티븐 호킹Stephen Hawking이 진술하여 잘 아는 바와 같이, 너무나 자주 기술과 보조를 맞추는 데 실패한다는 사실이다.14 그러나 철학이 지닌 또 다른 문제는 종종 기술을 적대시한다는 것이다.

예를 들어, 마르틴 하이데거Martin Heidegger는 기술을 소외alienation의 잠재적 원천으로 여긴다.15 그러나 그는 점진적 방식gradual way을 충분히 인식하는 데 실패하였다. 우리는 그 방식으로 고유수용감각proprioception[11]의 한 형태를 통해 새로운 기술들을 이해한다.16 르 코르뷔지에Le Corbusier가 '그 안에서 살기 위한 기계'로서 주택을 묘사한 것으로 인해 야기된 그 분노를 생각해보라. 그러나 우리는 지금 모든 종류의 기계장치들로 꽉 찬 집 안에서 살고 있지 않은가? 공학에 대해서도 동일하게 말할 수 있다. 에펠탑을 보자면, 처음 건설되었을 때, 수많은 파리시민은 말할 수 없을 정도로 추한 건물로 생각하였다. 사실을 말하자면, 기 드 모파상Guy de Maupassant은 에펠탑의 한 식당에서 종종 점심을 먹었다. 비록 그가 그곳의 음식을 그다지 좋아하지 않았지만, 파리에서 그가 그 탑을 볼 수 없는 유일한 장소였다는 것이 이유였다.17 그럼에도 에펠탑은 지금 훨씬 사랑받는 파리의 상징이 되었다. 기술이 우리의 의식 지평을 식민지화한 세상에서, 하이데거의 반反 기술적 입장은 지금은 근본적으로 맞지 않는 것처럼 보인다. 그곳에서 우리는 기술을 수용할 뿐만 아니라 정서적 관점에서 기술과의 연결을 시작하기 조차한다. 우리가 노트북에 집착하기까지, 그리고 우리의 차에 애칭을 부여하기까지 오래 걸렸는가?[18] 하이데거를 잊어야 할 시간이지 않은가?[19]

보철적補綴的 상상력The prosthetic imagination

우리가 기술에 적응하고, 일종의 보철적 확장prosthetic extension이 되도록 우리의 신체에 기술을 흡수하는 방식에 대한 좀 더 미묘한 차이를 철학적으로 이해하기 위해, 아마도 모리스 메를로 퐁티Maurice Merleau-Ponty로 돌아가야 할 것이다. 그는 특정 도구는 결국 우리의 확장된 신체 도식extended body schema으로 사용될 수 있다는 것을 알고 있다. 그렇게 함으로써, 우리는 우리의 도구를 통해 세계를 경험하게 된다.[20] 흰 지팡이를 사용하여 길을 찾아야만 하는 시각장애인을 생각해보라. 결국, 그 지팡이는 '눈에 보이지 않게invisible' 된다. 왜냐하면, 지팡이는 체화된 자신의 확장된 감각으로 흡수되기 때문이다.[21] 같은 일이 차에서도 일어난다. 시간이 지남에 따라 운전조작 행위들operations of driving—가속, 제동, 방향전환 등등—에 익숙하게 되어서 우리의 차를 통해 운전하게 될 만큼 우리의 잠재의식 일부로 흡수되어 그 행위들은 쇠퇴하고 존재가 흐려진다. 우리가 거주하는 공간에서도 유사한 일들이 발생한다. 처음 새 아파트 혹은 주택에 이사할 때 느낄 수도 있는 초기의 이동감과 소외감은 점차 사라진다. 그리고 시간이 흐르면서 우리는 애착을 갖게 되고 그곳에서 편안함을 느끼기 시작한다.[22]

앤디 클라크Andy Clark[12]와 데이비드 차머스David Chalmers[13]는 이러한 아이디어를 떠올리고, 훨씬 더 나아가 도구는 우리의 '확장된 정신extended mind' 의 일부가 될 수조차 있다고 주장한다.[23] 휴대폰을 보자면, 전화번호를 기억하는 대신에, 이제는 그 전화번호를 우리의 휴대폰에 저장한다. 우리의 사회적 인연들social contacts이 그곳에 저장된다. 우리의 전체 삶들이 그곳에 들어 있다. 우리의 '휴대폰cellphone' 은 우리의 '자아-폰self-phone' 이 되었다. 우리는 휴대폰과 기타 외부장치들을 상징적 수준symbolic level에서 받아들여 왔고, 그렇게 함으로써 그것들은 우리는 누구인가를 설명하는 일부가 되었다. 그것들은 우리 정신의 보철적 확장prosthetic extensions이 되어왔다.

캐서린 헤일스Katherine Hayles[14]는 그 이후 한 단계 더 나아갔다. 이러한 신기술의 도입이 증가함으로써 우리의 전신全身이 강화되어 왔을 때, 왜 우리 자신을 인간의 정신으로 한정하는가? 헤일스가 보기에 우리는 정신을 신체로부터 떼어 낼 수 없다. 비록 정신이 단순히 신체에 수용된다고 할지라도 말이다.24 정신은 엄밀히 말해 신체의 일부다. 게다가, 헤일스가 지적한 바와 같이, 신체는 확실히 이러한 신기술들에 의해 확장되어 왔다. 그래서 '인본주의humanism' 에 대한 전통적 개념-인간의 신체는 그것 자체는 하나의 분리된 단위로서 인식될 수 있었던 개념-은 이제 지지받을 수 없게 되었다. 헤일스가 보기에, 그렇다면, 우리는 심지어 인본주의에 대한 전통적인 진보적 개념에 이의를 제기하고 이제 '포스트 휴먼의 조건posthuman condition[15]' 내에서 움직인다는 것을 받아들여야 할 필요가 있다.25

사이보그 문화Cyborg culture

'사이보그(인조인간)' 란 용어는 신체가 대기권 밖의 환경에서 생존하기 위해 인간의 신체를 강화하는 것에 대한 잠재력을 지칭하기 위해 처음 만들어졌다.26 그러나 좀 더 최근에 도나 해러웨이Donna Haraway[16]가 '기계와 유기체의 결합, 즉 허구적 창조물일 뿐만 아니라 사회적 현실social reality의 피조물인, 사이버네틱 유기체Cybernetic Organism를 지칭하기 위해 그 용어를 사용하였다.' 27 게다가 이러한 하이브리드 상태hybrid condition는 정적인 것으로서가 아니라 지속적으로 적응하고 변화하는 상태로 이해되어야 한다.: '이미 수십 년간 사이보그들은 존재해왔고, 사실과 허구 속에서, 유전자와 전자 데이터베이스 그리고 사이버스페이스cyberspaces라고 명명된 지대zone의 다른 주민들처럼 2차 존재second-order entities로 변형되어 왔다. 따라서 지금 우리는 진화해왔다,' 28 그로써 사이보그는 우리의 지배적인 기질predominant disposition이 되었다.: 우리의 시간, 가공의 시간인 20세기 후반까지, 우리는 모두, 이론화되고 조립된 기계와 생물의 혼합물인, 키메라chimera[17]들이다. 간단히 말해, 우리는 사이보그들이다.' 29

비록 사이보그에 대한 이러한 생각notion이 기술적으로 강화된 인간의 신체에 관한 이미지를 상기시킨다고 할지라도, 터미네이터Terminator와 이브8Eve8과 같은 사이보그는 실제로는 진보된 기술에 의존하지 않는다. 우리가 영화에서 보는, 사이보그에 대해 낭만적으로 묘사된 생각—반 인간, 반 로봇—은 잊어라. 사이보그는 단순히 어떤 보형물prosthesis 형태를 사용하는 창조물이다. 일반적인 지팡이가 보형물이다.30 클라크Andy Clark가 말한 것처럼 말이다:

사이보그는 20세기 후반의 강력한potent 문화적 아이콘이다. 그것은 인간-기계 혼합물, 그리고 살과 전자신경회로의 통합에 대한 이미지를 상기시킨다. 나의 목적은, 우리의 생물학적 속성을 (기이하게) 위장하는 시각을 폭로하며, 그 이미지를 빼앗아 새롭게 고치는 데에 있다. 왜냐하면, 인간의 두뇌가 특별한 것, 그리고 인간지능의 특성들을 가장 잘 설명하는 것은 정확히 비유기적인 구성체constructs, 소도구props, 그리고 지원 프로그램들aids과의 심오하고도 복잡한 관계를 정립하는 두뇌의 능력이다.

이러한 '구성체, 소도구, 그리고 지원 프로그램들' 의 유용성은, 그러나, 우리 자신의 재능에 의해 억제된 두뇌의 지원성affordances—두뇌의 잠재적 이용—에 의해 결정된다. 도구는, 결국, 우리가 그것을 사용할 수 없다면 쓸모없는 것이다. 마찬가지로 도구는 특정한 운용operation에 적합할 수도 있다. 그러나 다른 사람에게는 적합하지 않을 수도 있다.[31] 도구는, 그러나, 행위체계agency가 없다.[32] 도구는 어떤 특정한 방식으로 그것을 사용하도록 우리에게 강요할 수 없다는 것이다. 그럼에도 불구하고, 적절한 도구를 지닌다면, 인류의 재능은 상당히 강화될 수 있다.

일론 머스크Elon Musk가 언급해 왔던 것처럼, '우리는 모두 이미 사이보그다.'[33] 게다가 우리를 더 사이보그처럼 만드는 것은 정교한 디지털 보형물에 대해 증가하고 있는 의존성이다.[34] 이 디지털 보형물들은 우리의 능력을 강화한다. 그로써 보형물들이 우리를 '초인超人, superhuman' 으로 만들기 시작했다. 머스크가 거듭 말하길: '당신은 휴대폰이라는 형태로, 컴퓨터라는 형태로, 그리고 당신이 가진 모든 애플리케이션으로 기계확장machine extension을 하고 있습니다. 당신은 이미 초인입니다.'[35]

새로운 도구들에 그처럼 효율적으로 적응하는 것은 정확히 말하자면 우리의 능력이다. 머스크가 보기에는, 그것이 인류를 '타고난 사이보그natural born syborgs' 로 만드는 것이다.[36] 우리는 선천적으로 적응성을 지닌 피조물이다. 왜냐하면, 우리의 두뇌 자체가 아주 적응적이기 때문이다. 신경과학자들은 인간의 두뇌는 '가소성plastic' 을 지녔다고 말한다.[37] 두뇌는 항상 변화하는 환경에 지속적으로 적응하는 능력을 지녔다. 그리고 인류에게 새로운 기술을 수용함으로써 우리 자신의 확장된 감각 일부가 되도록 하는 능력을 부여한 것은 두뇌의 바로 그 '가소성plasticity' 이다.: '(그러나 개, 고양이, 혹은 코끼리가 아니라)인간을 타고난 사이보그로 만드는 것은 이러한 특별한 가소성의 존재다. 즉 대자연Mother nature에 의해 주어진 존재들beings은 그들 자신의 확장된 정신 일부와 한 구획으로서 외부적 요소들과 구조들의 파동wave 위에 파동을 덧보탠다.' 38

게다가, 클라크가 보기에 이것이 사이보그 문화가 우리를 후기 인류post-human로 만들지 않고, 오히려 본질적으로 인간적인 존재로서 우리를 확고하게affirm하는 이유이다. 그 안에는 적응을 위한 선천적 능력은 인간적인 된다는 것이 무엇인지에 대한 물음에서 대단히 중요한 역할을 한다. 그 이후에 이것은 우리는 후기인류가 되어왔다는 헤일스Katherine Hayles의 주장에 대해 클라크Andy Clark가 의문을 제기하도록 한다. '그 같은 확장들을 후기 인류적인 어떤 방식으로 우리를 포장rendering하는 것으로 생각해서는 안 된다. 왜냐하면, 우리가 충분히deeply 변형적이지 않기 때문이 아니라, 우리 인간들은 단지 그처럼 반복적인 변형의 주체가 되도록 자연적으로 설계되어있기 때문이다!' 39

확장지능Extended intelligence

그 자체가 목적이 아니라 인류의 자연적 지능을 강화할 수 있는 보철적 장치prosthetic device로서 존재하는, 인공지능의 완전한 잠재력을 탐색할 수 있는 것은 이러한 급성장하는 '사이보그 문화' ―그곳에서 인간은 초인이 되기 위해 증강해왔다―라는 맥락에서다. 왜냐하면, 만일 정신―혹은 정말로 구현된 자아the embodied self―가 전화기 그리고 다른 장치들을 통해 확장된다면, 우리 역시 지능 그 자체가 인공지능을 통해 강화될 수 있다고 주장하지 않을 수 있겠는가?

요즘엔 점점 우리는 직접적으로 '인공지능'이 아니라 '확장지능'에 관한 참고자료들을 듣고 있다. 어쨌든 가장 생산적인 전략은 인공지능과 인간지능 사이의 관계를 경쟁 관계가 아니라 오히려 둘 간의 잠재적으로 상승효과synergy를 내는 관계로 이해하는 것이다. 그리고 그것으로 인하여 인공지능은 인간지능과 같이 작동하며 인간지능에 대한 일종의 확장이 된다. 조이 이토Joi Ito[18]는 그것을 간단히 설명하고 있다.

> 인간 대對 기계라는 관점으로 기계 지능을 생각하기보다, 우리는 인간과 기계-인공지능이 아니라 확장지능-를 통합하는 시스템을 생각하여야 한다. 시스템을 통제하거나 혹은 디자인하거나 혹은 이해하려고 시도하기보다, 훨씬 더 복잡하기 조차한 시스템들이 갖춘 신뢰할 수 있고, 정통하면서도 탄탄한 요소들이 함께하

> 도록 하는 시스템을 디자인하는 것이 더 중요하다. 훨씬 더 소박한 접근방식을 위해서는 시스템의 디자이너들과 구성요소로서 우리 자신의 목적과 감수성을 질문하며 적용하여야 한다. 겸손은 통제를 이긴다. 우리는 그것을 '참여 디자인' 이라고 부를 수도 있을 것이다. −참여자로서 그리고 참여자에 의한− 그것은 활발한 기능의 증가에 더 가깝다. 그곳에서는 활발함이 크기 혹은 힘보다 오히려 활력과 건강의 기준이다. 우리는 시스템이 창조적으로 적용하기 위한 능력을 측정할 수 있을 뿐만 아니라 시스템들의 복원력과 흥미로운 방식으로 자원을 이용하는 능력도 측정할 수 있다.40

인간과 인공지능의 이 같은 결합을 이해하는 또 다른 방법은 '지능 증강intelligence augmentation(IA)' 의 한 형태로 이해하는 것이다. 아난트 징란Anant Jhingran[19]이 말한 바와 같이, '인공지능은 기계를 자동으로 만들고 인간과 분리한다. 한편, 지능 증강은 인간이 관리하도록 하며 우리의 능력을 증폭시키기 위해 컴퓨터의 힘을 활용한다.' 41 우리가 그것을 '확장지능' 혹은 '지능 증강' 어느 것으로 부르든 인간지능과 인공지능을 결합하는 기본적인 개념은 같다. 따라서, 우리는 인간지능의 잠재적 확장 혹은 증강만큼이나 인공지능을 별개로 언급해서는 안 된다.42 이러한 확장 혹은 증강 지능−우리의 신체와 기계 사이의 이러한 상승효과−은 의심의 여지 없이 엄청나게 생산적이라는 것이 판명될 것이다.43 얀 르쿤Yann LeCun[20]이 진술한 바와 같이, '우리의 지능은 우리를 더 현명하게 만드는 것이나. 그리고 인공지능은 그 특성의 확장이다.' 44

인공지능 입문An introduction to AI

이 책은 인공지능이 건축 분야에 이바지할 수 있는 것이 무엇인가에 대한 윤곽을 그리는 입문서이다. 따라서 세세한 부분까지 다루지 않는다. 그것보다 흥미로우면서도 점점 관련성이 높아지는 주제가 무엇인지를 개관한다. 이 책은 인공지능이 작동하는 방식, 어떻게 발전해 왔는지, 그리고 건축의 미래를 위해 인공지능이 지닌 잠재력이 무엇인지에 대해 폭넓은 붓놀림으로 기술하려 하였다. 특히 주의할 것은 이 책은 기술적 매뉴얼이 아니라는 것이다. 이 책은 인공지능 사용방법과 같은 어떠한 기술적 지침도 제공하지 않는다.45 인공지능에 대한 포괄적인 설명을 제공하려는 시도도 없다. 사실대로 말하자면, 비록 성능과 관련한 문제를 다루지만, 지금으로서는 어느 정도 뛰어난 디자인 작품을 생성하기 위해 몇몇 건축가들이 사용하는 인기 있는 인공지능 기술에 대하여 상대적으로 좁은 범위에서 집중적으로 다룬다. 따라서 이 책은 성능을 기반으로 하는 고려사항들보다 시각적으로 시뮬레이션하는 이미지를 생산하기 위한 인공지능의 심미적 잠재력에 특권을 부여하고 있다. 지금으로서는 이 지점이 인공지능이 거의 틀림없이 가장 의미 있는 영향력을 지니는 부분이다. 그러나 미래에는, 인공지능의 성공은 매우 다른 방식으로 판단될 것이다. 성능의 관점에서 하나의 디자인 과제에 대해 가장 효율적인 해법을 계산하는 능력에 의해서 말이다.

제1장. '인공지능이란 무엇인가?' 는 가장 기술적인technical 장章이다. 이 장은 인공지능의 기본원리들을 소개한다. 인공지능의 여러 가지 형태 간의 일련의 중요한 차이를 구별하며, 수많은 핵심 용어들에 대한 정의definitions를 제공한다. 이 장은 딥러닝deep learning의 발전과 신경망neural networks의 이용에 관해 이야기하며, 특히 DeepDream과 다양한 종류의 생성적 적대 신경망generative adversarial networks(GANs)을 이용한 이미지 생성에 사용된 일련의 기술들에 초점을 맞춘다. 그 이후 건축을 위해 개발된 몇몇 인공지능 기술들과 급성장하는 '건축지능architectural intelligence' 분야를 살펴본다.

제2장. '인공지능의 역사' 는 방향이 좀 더 역사적이다. 이 장은 특히 인공지능의 가시성visibility과 비 가시성invisibility에 초점을 맞추며, 인공지능 역사의 배경을 보여준다. 이 장은 인공지능의 역사에서, 중요한 인물 중 일부를 소개한다. 앨런 튜링Alan Turing,[21]의 경우, 그의 비밀과 컴퓨터 사용에 대해 예전에는 거의 알려지지 않았던 그의 이바지는 이제 인정받아 대중문화에서 칭송을 받고 있다. 이 장은 인공지능의 역사에서 최악의 상태—소위 인공지능의 '겨울' —뿐만 아니라, 세간의 이목을 끌며, 인공지능에 대한 전 세계적 관심을 불러왔던 미디어 사건들—Chess Jeopardy!와 Go challenges—에 대해서도 강조한다. 이 장은 정확히 인공지능의 비 가시성 때문에 마케팅 도구로 이용되고 있는 인공지능의 위험성에 대해 경고하는 것으로 끝을 맺는다.

제3장. '인공지능, 예술과 창조성' 은 인공지능이 '창의적' 이 될 역량capacity을 살펴본다. 이 장은 예술영역에서의 생성적 인공지능 기술의 충격, 특히 인공지능 예술작품이 미술 전시회에 전시되고 경매에서 매각되었던 순간뿐만 아니라 국제미술상

을 받은 순간에 대해서도 살펴본다. 이 장은 또한 몇 가지 탐색적 질문을 던진다. 인공지능으로 생성된 예술은 진정 예술인가? 인공지능으로 생성된 예술의 저작권은 누가 소유하는가? 인공지능의 관점에서 창조성에 대한 우리의 이해를 다시 생각해야 할 시간이 아닌가? 이 장은 인공지능이 아마도 인간의 지능과 창조성을 이해하는 거울을 제공해줄 수도 있다는 전망으로 결론을 맺는다.

제4장. '인공지능, 미디어 예술, 그리고 신경과학' 은 기계는 꿈을 꾸고 환각을 느낄 수 있는지 없는지에 대해 질문한다. 레픽 아나돌Refik Anadol이 기계 환각machine hallucinations을 LA에 있는 프랭크 게리Frank Gehy의 월트 디즈니 콘서트 홀Walt Disney Concert Hall에 투사하였던 그 순간의 중요성을 강조한다. 그리고 신경과학 분야에서 최근에 발전된 '통제된 환각controlled haullucinations' 이론과 이러한 기계 환각들을 비교한다. 건축가들이 생각하고 보는 세계, 그 방식으로 인공지능과 신경과학이 제공해줄 수 있는 통찰은 무엇인가에 대해 계속해서 검토한다. 이 장은 인공지능의 주된 역할은 아마도 건축가들에게 영감을 주는 뮤즈로서 작용하게 될 것이라는 전망으로 결론을 맺는다.

제5장. '인공지능과 건축' 은 최근 건축디자인 분야에서의 인공지능에 관한 관심의 폭발을 살펴본다. 그것은 인공지능과 건축에 대한 사상 첫 전시의 중요성을 되돌아보고 어떻게 인공지능이 건축디자인에 신선한 접근방식을 가져다주었는지를 평가한다. 특히 이 장은 울프 프릭스Wolf Prix(Coop Himmelb(l)au), 톰 메인Thome Mayne (Morphosis), 그리고 페트릭 슈마허Patrik Schumacher(ZHA)와 같은 진보적 건축가들이 자신의 디자인 실무에서 인공지능을 지향하고 있는 다른 접근방식들에 초점을 두고 있다. 이 장은 또한 건축물을 구성하는 데 있어서 인공지능이 할 수 있는 잠재적 역할이 무엇인지에 대해 생각해본다.

제6장. '건축사무소의 미래' 에서 미래의 건축사무소는 인공지능과 어떻게 관계를 맺게 될 것인지에 대해 생각한다. 여기에서는 실험에 대해서는 덜 집중하고 실무적 적용에 대해 더 집중한다. 이 장은 인공지능 기반 건축 소프트웨어에 대한 두 개의 선도적인 개발업체인 Xkool과 Spacemaker와 관련이 있다. 그리고 그들의 다른 접근방식을 비교한다. 건축사무소에 인공지능의 도입이라는 관점에서, 이 장이 주장하는 것은 중요한 전환점은 건축주들이 자신들의 건축가가 인공지능을 사용하도록 요구할 때 올 것이라는 점이다. 인공지능의 시대에, 건축디자인 그 자체는 과거에 존재해왔던 하향식 형태 만들기 과정으로서보다 잠재적 결과물을 찾는 과정으로 재구

성될 것이라는 점에 주목하며 결론을 맺는다.

제7장. '인공지능과 미래도시'는 도시의 미래에 대한 인공지능의 잠재적 영향에 대해 추측한다. 변화의 핵심 동력은 참신한 건축 형태를 추구하는 것일 가능성은 더 적다. 그보다 인공지능을 기반으로 하는 정보기술의 도입이라고 주장한다. 인공지능은 도시들이 디자인되는 방식뿐만 아니라 도시들이 작동하는 방식에 대한 정보도 제공하기 시작할 것이다. 도시들은 정보도시가 될 것이다. 그리고 인공지능은 도시가 더 효율적으로 작동하도록 하는 브레인의 형태로서 작동할 것이다. 미래의 도시는 지능적이고 효율적인 도시－오늘날 도시에 대해 인공지능이 강화된 형태인 '두뇌 도시Blain City'－가 될 것이다.

마지막 장. '인공지능의 미래'는 인공지능의 미래에 대해 예상한다. 그리고 인공지능의 잠재력에 미래에 관한 예언들을 개관한다. 인공지능은 언젠가 인간의 지능과 대등하게 될 수 있을 것인가? 혹은 능가하게 될 것인가? 인공지능이 의식consciousness을 획득하고 우리처럼 생각할 수 있을까? 만약 그렇다면, 그 결과가 무엇일까? 이 책은 건축 전문직에 미치는 인공지능의 충격에 관한 예언들로 끝을 맺는다. 그것이 주장하는 것은 시간이 흐르면서 인공지능은 건축사무소에 점점 스며드는 필수적인 도구가 될 것이라는 점이다. 종국에는 스스로 건축물을 디자인할 수 있을 때까지, 그리고 인공지능의 완전한 잠재력이 실현될 때까지 말이다.

의도된 청중Intended audience

이 책은 배타적인 것이 아니라, 주로 젊은 세대를 겨냥한 것이다. 특히 건축과 학생들 말이다. 어쨌든 인공지능과 가장 관계가 깊을 수 있는 세대는 이 세대이다. 왜냐하면, 인공지능은 이미 그들 세대의 너무나 많은 부분을 차지하고 있기 때문이다. 이들은 페이스북 세대이다. 그들의 사회적 삶은 인공지능에 의존한다. TikTok, Spotify, 그리고 Wayz를 사용하는 세대, 그리고 그들 존재의 거의 모든 측면에 인공지능이 흡수된 세대다. 게다가 그들을 위해 인공지능의 실질적 기여는 그들의 경력이 정점에 이르렀을 때 효과가 나타날 것이다. 그러나 이 책은 마찬가지로 이미 실무에 종사하고 있는 건축가들을 위한 것이다. 개발 중인 여러 종류의 도구들과 미래의 건축 실무에서 일어날 법한 변화에 대한 통찰력을 제공하고 있다. 마지막으로 이 책은 일반 대중과 인공지능의 창조적 잠재력에 관심을 지닌 이들을 위한 것이다.

이 책은 시기적절하다. 인공지능은 최대 관심사이다. 그리고 새로운 아이디어, 새로운 디자인기법들은 매일 발전 중이다. 곧 이 책은 개정될-업데이트- 필요가 있을 것이다. 우리의 기술 장치들이 끊임없이 업데이트되는 것처럼 말이다. 그러나 어쨌든 시작이 있다. 그리고 아마도 그 시작의 가장 큰 공헌은 건축계에 인공지능의 잠재적 영향력에 대한 논쟁을 시작하는 데 도움이 될 것이라는 점이다. 그리고 틀림없이 반작용을 낳을 것이다. 많은 이들이 인공지능에 대해 지극히 회의적일 것이다.

이 시리즈는, 그러나, 이러한 반작용을 예상한다. 이 첫 번째 책은 인공지능에 대해 대체로 긍정적이다. 그리고 종국에는 인공지능이 건축물들을 설계할 수 있으리라고 주장한다. 두 번째 책은, 그러나 인공지능의 어두운 면을 살펴본다. 다른 우려 중에서도, 불가피하게 인공지능은, 이미 고군분투하고 있는 직종인, 건축의 종말을 초래할 것이다.

미래 세대는, 의심할 것도 없이, 이 책을 되돌아보고 21세기의 30년째의 초반의 어느 순간에 떠오른 중요한 아이디어에 대한 타임캡슐을 제공하는 것으로 이해하게 될 것이다. 그때가 건축문화가 인공지능의 지원을 받는 가능성을 포용하기 시작한 때라고.

1

인공지능이란 무엇인가? What is AI?

인공지능에 대한 일반적인 정의는 인간의 정신이 지닌 지능을 흉내 내거나 가장하기 위해 시도하는 것이다. 마가렛 보덴Margaret Boden[1]이 간단히 말한 바와 같이, '인공지능은 정신이 할 수 있는 종류의 일들을 컴퓨터가 하도록 하려는 것이다.' 1 한편 존 켈러허John Kelleher[2]는 일반적으로 인간의 지능을 요구하는 것으로 생각되는 업무와 활동들을 수행할 수 있는 컴퓨터 시스템 개발에 초점을 둔 연구 분야로서 인공지능을 묘사한다.2 여기에 함축된 의미는 인공지능이 곧 이러한 업무와 활동을 대신할 수도 있다는 것이다.3

장기적으로 볼 때, 그러나 인공지능은 인간의 정신이 지닌 지능을 추월할 수도 있다.4 인간의 지능은 지능의 완전한 정점을 구성constitute하지 않는다. 단지 '인간적 수준의 지능human-level intelligence'을 구성할 뿐이다. 어쨌든, 체스Chess와 바둑Go과 같은 특수한 영역들이 이미 존재한다. 그곳에서는 인공지능이 인간의 지능을 능가한다. 미래에는 인간 정신의 지능을 훨씬 뛰어넘는 지능의 형태들이 존재할 수 있다. 그것이 아니라면, 그땐, 인공지능에 관한 연구를 지능 그 자체를 이해하기 위한 시도로서 정의할 수도 있다.

보편적으로, 인공지능이 수행한 업무들은 학습과 문제해결을 포함한다. 그러나 이 모든 업무가 지능을 요구하지는 않는다.5 예를 들어, 일부는 단지 이미지인식이나 음성인식만을 포함한다. 중요한 것은, 그러나 보덴이 지적한 바와 같이, 그것들 모두가 우리의 인지능력cognitive abilities과 관련이 있다는 것이다.; '모든 것들은 인간과 동물이 목적을 자신들의 목적을 달성할 수 있게 해주는 —인식perception, 연상association, 예측prediction, 계획planning, 운동 조절motor control과 같은— 심리적 기술들을 수반한다.' 6 게다가 비록 인공지능 연구에 포함된 그러한 작동 일부가 그 자체로 지능적이 아니라 하더라도, 그럼에도 불구하고 인공지능에 대한 범위에 포함되어야 한다. 왜냐하면, 그것은 인공지능 분야에서 핵심적인 '특질characteristics 혹은 행태

behaviours' 이기 때문이다.7

인공지능을 정의할 때, 일련의 구분을 기초로 하는 것은 필수적이다. 첫째, 그리고 무엇보다도, 비록 '지능' 이라는 용어가 인간존재와 기계 양쪽 모두에게 사용된다고 할지라도, 우리는 인간지능과 인공지능을 구별하는데 주의하여야 한다. 우선은, 어찌 되었든 간에, 인공지능은 의식consciousness을 소유하고 있지 않다.8 이것을 인식하는 것이 중요하다. 왜냐하면, 예를 들어, 인공지능이 체스 혹은 바둑 게임에서 인간을 이길 수도 있다. 그러나 이것이 인공지능이 체스 혹은 바둑 게임을 하고 있다는 사실을 안다는 것을 의미하지는 않는다.

현시점에서, 그렇다면, 우리는 여전히 '좁은 인공지능narrow AI[3]' 으로 알려져 있는 상대적으로 수수한 인공지능의 영역에 한정되어 있다. 그것은, —그 이름이 함축하고 있는 바와 같이— 그 잠재력 내에서 좁고narrow 제한적circumscribed이다.9 '좁은 인공지능' —또한 '약한 인공지능weak AI' 로 알려져 있다—은 '강한 인공지능strong AI' 혹은 인공일반지능artificial general intelligence(AGI)[4]과 구분할 필요가 있다. 인공일반지능은 의식을 지닌 인공지능이다. 지금으로서는 인공일반지능은 요원하다. 지금 인공일반지능의 유일한 '사례들' 은 순전히 허구다. 영화의 세계에서 나오는, *매트릭스The Matrix*[5]의 스미스 요원Agent Smith과 *엑스 마키나Ex Machina*[6]의 에이바Ava와 같은 등장인물처럼 말이다.10 그럼에도 불구하고, 데이비드 차머스David Chalmers와 같은 일부 철학자들은 오픈 AIOpen AI의 GPT-3[7]의 개발은 인공일반지능의 가능성을 훨씬 가깝게 앞당겼다.11

'좁은 인공지능' 의 고전적인 사례는 시리Siri, 알렉사Alexa, 코르토나Cortona 혹은 여타의 인공지능 어시스턴트AI assitant의 형태들이다. 그러나 이러한 정교한 어시스턴트들이 등장할 수도 있다. 그들은 미리 결정된 기능 중 제한적 범위에서 작동한다. 그것들은 휴대용 계산기가 생각하는 것 이상을 스스로 생각할 수 없다. 그리고 의식을 요구하는 어떠한 활동도 착수할 수 없다.12

인공지능의 다른 형태들The different forms of AI

인공지능이란 용어는 종종 유일한 하나의 범주인 것처럼 사용된다. 확실히 이것이 일반 대중이 그 용어를 이해하는 방식이다. 그러나 사실은 다양한 형태의 인공지능들이 존재한다. 그리고 일련의 하위범주들로 더 분류될 수 있기까지 하다. 인공지능

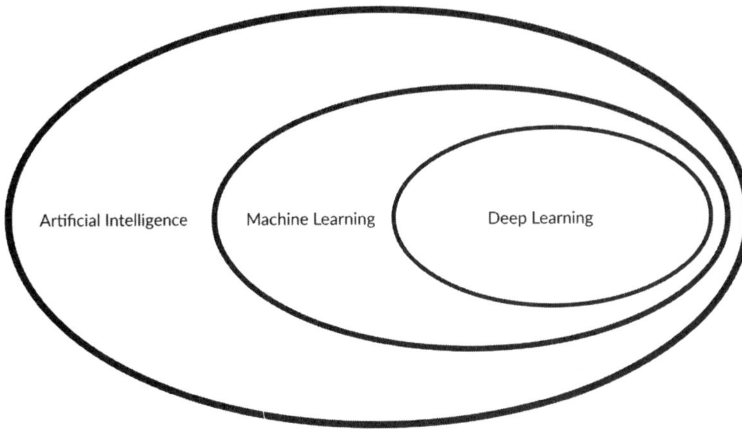

그림 1.1 딥러닝, 기계학습, 그리고 인공지능 간의 관계도. 이 밴 다이어그램은 딥 러닝이 어떻게 기계학습 안에 놓이는지를 보여준다. 기계학습은 더 넓은 범주인 인공지능 안에 놓여있다.

을 이해하기 위해서, 그렇다면, 우리는 다양한 형태의 인공지능을 차별화할 필요가 있다.

'좁은 인공지능' 내에서, 우리는 인공지능 그 자체의 더 넓은 범주인, '기계학습 machine learning'과 '딥 러닝deep learning'을 한층 더 구별해 내어야 한다. 이 세 가지 범주들은 서로의 내부에 있는 것으로 보일 수 있다. —어느 정도 일련의 러시아 인형처럼, 혹은 양파 속의 층처럼 말이다— 그 속에서 '딥 러닝'은 그 자체가 인공지능의 일부인 '기계학습'의 일부다. 인공지능의 초기 버전은 데이터 세트를 처리하기 위해 프로그램되어야 했던 기계를 말한다. 이것은 '고전적 인공지능Classical AI' 혹은 다소 폄훼하여 '예전의 인공지능Good Old Fashioned AI(GOFAI)'으로 알려져 있다. 여기서 중요한 점은 초기 인공지능과 함께, 기계는 기계가 하도록 프로그램된 것만 수행할 수 있었다는 것이다. 기계 그 자체가 배울 수는 없었다.

대조적으로, 기계학습은 한 단계 더 나아가, 방대한 분량의 데이터를 이용해 자신을 훈련할 수 있었다. 중요한 점은, 기계학습이 컴퓨터는 하도록 프로그램되지 않은 어떤 것도 할 수 없다는 일반적인 사회적 통념에 이의를 제기한다는 것이다. 그 용어가 함축하고 있는 바와 같이, 기계학습은 배우는 것이 가능하며 그 자체를 프로그램하기조차 한다. 비록 기계가 인간의 학습human learning과 더불어 학습하는 그 방식과 혼동하지 않도록 주의해야 하지만 말이다. 인공지능과 인간의 지능 양쪽 모두에 사용되는 다른 용어들처럼, '학습'은 양 맥락에서 반드시 같은 의미를 지니는 것은 아니다.

스튜어트 러셀Stuart Rusell이 말하길, '학습은 현대인공지능의 핵심 능력이다. 기계학습은 늘 인공지능의 하부 영역이었다. 그리고 그것은 간단히 말해 옳은 일을 하기 위한 당신의 능력을 향상시키는 것을 의미한다. 경험의 결과와 같은 것 말이다.' 13 게다가 학습은 본질적인 것이다. 만일 인공지능이 영원히 인간의 지능에 부합하려 한다면 말이다. 페드로 도밍고스Pedro Domingos[8]가 진술한 바와 같이, '인공지능의 목적은 현재 인간이 하는 것을 더 잘하도록 컴퓨터를 가르치는 것이다. 그리고 학습은 그러한 것 중에 가장 중요하다. 그것 없이는 컴퓨터는 인간과 오래 함께할 수 없다. 그것이 있다면, 그 외의 것들은 따라온다.' 14

딥 러닝은 기계학습 내에서 상대적으로 최근에 개발되었다. 그리고 인공지능 분야에서 수많은 의미 있는 진전을 끌어냈다. 딥 러닝, 다시 말하자면, 지금으로서는 적어도 가장 가능성이 큰 인공지능 형태다. 사실상, 딥 러닝은 그 점에서 지배적인 패러다임이 되었다. -다소 오해를 불러일으키는데- 적어도 대중매체에서는 인공지능과 거의 같은 뜻이 되었다.15 참으로 이 책에서 인공지능을 이야기할 때마다, 언급되고 있는 것은 변함없이 딥 러닝이다. 그리고 분명 예전의 인공지능GOFAI은 아니다. 중요하게는, 그런데 딥 러닝은 방대한 분량의 데이터에 의존한다는 것이다. 하도 그렇다 보니, 데이터는, 종종 들었던 것처럼, 이제 '새로운 유정油井,new oil'이 되었다.

켈러허John Kelleher는 딥 러닝을 '현대 신경망 모형들을 위한 훈련 알고리즘과 구조를 설계하고 평가하는 기계학습의 하위분야'로 정의하고 있다.16 여기서 우리는 '구조architecture'라는 용어를 언급하는 중요한 지점을 만나게 된다. 혼란스럽게도, '구조architecture'는 컴퓨터의 내부 구성internal organisation을 언급하기 위해 컴퓨터과학에서 사용되고 있다.17 이것은 건축물의 관점에서 사용되는 '건축architecture'과는 아무런 관련이 없다. 따라서 독자들은 컴퓨터과학의 '구조'와 건설산업의 '건축'과 혼동하지 않도록 주의하여야 한다.

비록 우리가 1943년 피츠Walter Pitts와 매컬러Warren McCulloch[9]에 의해 개발된 신경망neural network으로 그 기원을 추적해갈 수 있다 하더라도, 딥 러닝은 그 이후에 놀라운 속도로 발전하였다. 몇 가지 요인들이 여기에 이바지하였다.

1 알고리즘에서의 주된 진전은 딥 러닝 혁신에 불을 붙였다.

2 클라우드 서비스[10]가 상당한 컴퓨터 연산력computational power을 이용하는 것을 가능하게 하였다.
3 공적 그리고 사적 부문에서 상당한 자본의 투자가 유입되었다.18
4 현재 컴퓨터과학과 데이터 과학 분야에 현저히 많이 학생들이 있다.
5 생성된 데이터양이 급격히 증가해왔다.19

간단히 말해, 초기 신경망과 딥 러닝에 사용되는 최근의 신경망 사이의 차이를 과소평가해서는 안 된다. 성능과 가능성 측면에서 그 둘 사이에는 엄청난 격차가 존재한다. 초기의 자동차–예전에 '말 없는 마차horseless carriage'로 알려진 자동차 말이다– 그리고 어쩌면 오늘날의 자율주행 차인 정교화 된 자동차 간의 차이를 생각해보라.

훈련기법들Training Techniques

나아가, 우리는 기계학습에 사용된 세 가지 주요 훈련기법들, 즉 지도학습supervised learning 비지도학습unsupervised learning, 강화학습reinforced learning 기법을 구별할 필요가 있다. 지도학습과 관련해서, 시스템은 문자 그대로, 방대한 분량의 명료하게 확인된identified 사례들을 제공하여 원하는 결과에 따라 특정 업무를 수행하도록 훈련받는다. 좀 더 나아가 예를 들자면, 가끔 절차가 요구될 때, 많은 이미지–어떤 경우에는 백만 개 이상–을 제공하고, 라벨을 붙이거나, 혹은 분류할 필요가 있다. 고양이에 대한 이미지들의 경우에, 이들은 '고양이'라는 라벨이 붙여질 필요가 있을 것이다.

이것은 인간존재가 학습하는 방식과 그다지 다르지 않다. 그 과정을 통해 확실히 비교할 수 있다. 한 부모는 아이가 다양한 사물들을 식별하도록 가르친다. 가령 동물들에 대해서는 '이것은 황소야', '이것은 말馬이야' 기타 등등과 같이 말이다. 유사하게, 건축교육에서도 비교가 이루어질 수 있다. 그곳에서 학생들은 건축디자인의 다양한 특징과 속성을 식별하도록 교육을 받는다.

지도학습은 기계학습 중 가장 잘 알려진 형태이고, 예를 들어, 언어번역에 사용되고 있다. 보덴Margaret Boden은 유용한 정의를 제공하고 있다. '지도학습에서, 프로그래머는 일정 범위의 입력정보input에(라벨이 있는 사례labeled examples와 예외 사례non-examples) 대한 일단의 요구 결과를 정의함으로써 그리고 그 결과를 성취하였는

지 그렇지 않은지에 대해 지속적으로 피드백을 제공함으로써 시스템을 "훈련한다."' [20]

비 지도학습에서는, 요구하는 결과가 없다. 오히려, 시스템은 체계적으로 조직되지 않은 데이터에 존재하는 패턴 혹은 클러스터를 발견한다. 그것으로 지식을 효율적으로 발견한다. 켈러허John Kelleher는 비지도 학습을 '유사한 사례들의 클러스터와 같은 데이터 내부의 불규칙을 식별하기 위한 업무가 있는 기계학습의 한 형태'로 정의한다. 지도학습과는 다르게, 비지도 학습 업무에는 표적target의 특질이 없다.[21] 이것은 가장 도전적이지만 마찬가지로 가능성이 큰 기계학습 영역 중의 하나이다. 정말로, 만일 기계들이 그들 스스로가 인간의 중재 없이 진정으로 배울 수 있다면, 이것은 인공일반지능artificial general intelligence(AGI)의 가능성을 향한 중요한 발걸음이 될 것이다. ―인공지능, 그것은 의식을 소유하고 순수하게 생각할 수 있는 것이다.

다시, 이것은 아이들이, 그저 다른 사람이 말하는 것을 듣고서, 언어를 배우는 방식과 다르지 않다.[22] 확실히, 인간의 정신은 환경과 비 지도적 상호작용unsupervised interaction을 통해 배우는 데 능숙하다. 우리는 또한 그것을 건축가와 건축과 학생들이, 그저 건축 환경에 몰입함으로써, 특정한 디자인 감각을 흡수하는 방식과 비교해 볼 수도 있을 것이다.[23] 결국, 건축디자인은 좀처럼 최고overarching 이론이나 혹은 원리들에 따라서 가르침을 받지 않는다. 마치 건축가와 건축과 학생들에게 거의 흡수함으로써 좋은 디자인을 구성하는 것이 무엇인지를 이해하기를 기대하는 것처럼 말이다.

마지막으로, 강화학습에서, 시스템에 학습을 위해 명료하게 라벨 처리된 사례들을 줄 필요가 없다. 그러나 그것이 옳은지 그른지에 관한 여부를 알리는 피드백 메시지에 전적으로 의존한다. 강화학습의 지식은 처벌 혹은 보상의 논리를 기초로 진화한다. 이것은 게임 놀이game playing와 로봇제어robotic control에서 특히 효율적이다. 그곳에서 게임 프로세스는 아마도 시뮬레이션에서 놀랍도록 빠른 속도로 수백만 번 반복될 것이다.[24]

강화학습은, 명령에 복종할 때 보상을 주는, 강아지 훈련과 그다지 다르지 않다. 정말로 강화학습 버전은 인간학습에서도 역시 효과가 있다. 적잖게 건축가의 훈련과 성장에서도 그렇다. 그 안에서 학계와 실무 양측 모두 장학금, 상금과 상품을 포함하는 보상체계를 기반으로 하고 있다.

인공지능 종족들AI tribes

기계학습에 대한 접근방식은 5개의 주요 학파인 기호주의자symbolists, 연결주의자connectionists, 진화주의자evolutionaries, 베이즈주의자Bayesians, 그리고 유추주의자analogisers로 분류할 수 있다. 페드로 도밍고스Pedro Domingos는 이러한 다양한 접근방식을 '종족들tribes' 라고 부른다. 아마도 이 용어는 그리 타당하지 않은 것은 아닐 것이다. 이 분야의 속성이 종종 상호 배타적이고 경쟁적인 것을 고려하면 말이다.[25]

진화주의자들은 자연선택 그 자체처럼 몇 세대에 걸쳐 진화하는 유전적 프로그래밍genetic programming[11]을 신뢰한다.[26] 베이즈주의자들은 잡음과 불완전한 정보의 문제를 극복하기 위한 개연성 있는 추론probabilistic inference의 원리를 신뢰한다.[27] 유추주의자들은 유추의 논리에 동의하며 인지를 위해 그 논리를 사용하며 유사성으로부터 배운다.[28] 그러나 대체로 인공지능의 역사의 측면에서 가장 중요한 '종족들' 은 기호주의자들과 연결주의자들이다.

기호주의자들은 역逆 추론을 통한 문제해결을 신뢰한다. 기존지식을 활용하여 추론을 위해 어떤 더 나은 지식이 필요한지를 밝힌다. '기호주의자들에게 있어서, 모든 지능은 기호를 조작하는 것으로 수렴될 수 있다. 동일한 방식으로 수학자들은 표현법을 다른 표현법으로 대체함으로써 방정식을 푼다.

연결주의자들은 한편, 희망했던 반응으로 시스템의 결과를 조절하기 위해 두뇌가 역逆 전파backpropagation의 과정process을 통해 작동하는 역공학reverse engineer을 시도한다.[30] 도밍고스가 진술한 바와 같이, '연결주의자들에게 있어서, 학습은 두뇌가 작동하는 것이다. 그래서 우리가 해야 할 필요가 있는 것은 그것을 역으로 분석하는 것reverse engineer이다. 두뇌는 신경들 간의 연결 강도strength를 조정함으로써 학습한다. 핵심적 문제는 어떤 오류들에 대한 책임이 어떤 연결들에 있는지를 이해하는 것이고 그것에 따라 그 연결들을 바꾸는 것이다.[31] 당연히, 그렇다면, 우리에게 인간의 뇌가 작동하는 방식에 대한 최고의 통찰을 제공하는 것으로 보이는 것은 바로 연결주의connectionism이다.

그 영역의 외부자에게는, 다양한 접근방식들이 지닌 그 같은 다양성이 존재할 수 있다는 점이 이상하게 여겨질 수도 있다. 그리고 그런데도 늘 하나의 지배적 접근방식이 있어왔다. 수년 동안 그것은 기호주의였다. 그러나 더욱 정교해진 신경망 형태의 발전과 딥 러닝의 출현과 더불어, 이제 연결주의가 지배적 패러다임으로서 저절

로 명백해지고 있다.[32]

신경망Neural networks

신경망은 '뉴런신경단위neuron' 이라 불리는 정보처리유닛information processing units들과 이 유닛들 간의 정보 흐름을 통제하는 '시냅시스염색체접합, synapsis' 라고 불리는 접합들로 구성되어 있다.[33] 에템 알페이딘Ethem Alpaydin[12]은 신경망을 정의하고 있다. '뉴런이라 불리는 단순한 유닛들units과 시냅시스라 불리는 뉴런들 간의 접합들connections로 구성된 [불특정a] 모형이다. 각 시냅시스는 방향과 가중치를 갖고 있으며, 그 가중치는 이어지는 뉴런에 대한 앞 뉴런의 영향력을 결정 짓는다.'[34]

연결주의 인공지능에서 사용되고 있는 신경망은 기호주의 인공지능에서 사용되고 있는 가상 기계들virtual machines과 구분되어야 한다. 신경망들은 병렬로 작동하며, 자기 구성적self-organising이며 업무 혹은 영역에 대한 전문적 지식이 없이도 작동할 수 있다. 보덴Margaret Boden이 간단히 말한 바와 같이, '순차적 지시들sequential instructions은, 상향식 처리과정bottom-up processing에 의한 하향식으로 통제top-down control, 그리고 가능성에 의한 논리라는, 대규모의 병렬처리massive parallelism로 대체된다.[35] 신경망들은 훈련사례로서 일련의 입력-출력 쌍들을 제공하는 훈련이 필요하다. 그러면 시스템은 일정 기간의 시간에 걸쳐 '학습하며' 각 접합을 위해 최상의 가중치weight를 발견하려 한다. 그렇게 해서 입력이 제공되었을 때 출력은 ―가능한 한― 훈련사례들에 부합match한다. 그럼에도 불구하고 신경망들은 튼튼하며, ―불완전할

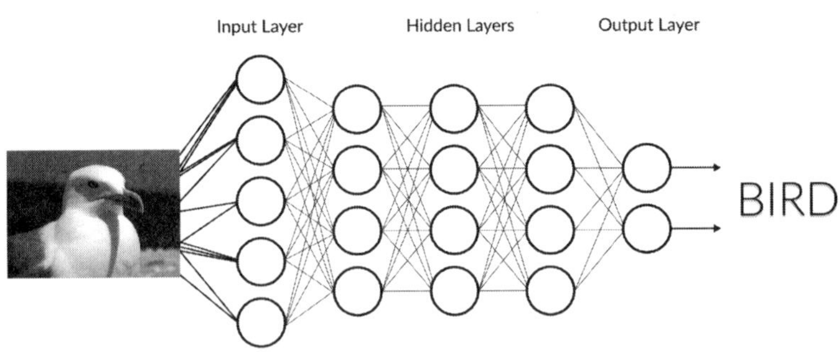

그림 1.2 신경망 다이어그램. 신경망은, 뉴런층들 간의 시냅시스의 강도에 의해 특징지어진 활동behaviour과 함께, 순방향으로 이미지를 처리한다.

때조차도— 패턴들을 식별하는 데에 능숙하며, 그리고 '뒤섞인messy' 증거를 처리할 수 있다.[36] 최초의 몇몇 기록들만을 기초로 어떻게 조율을 지속할 수 있는지를 생각해보라.

신경망이 하나의 이미지를 처리하기 위한 가장 단순한 방법은 '피드 포워드순방향, feed forward' 라고 알려진 일 방향으로 작동하는 것이다. 네트워크는 '입력층input layer', '출력층output layer' 그리고 —그 사이에— '은닉층hidden layer' 으로 알려진 다양한 내부 층들로 구성된다. 각 층은 모의실험이 이루어진simulated 뉴런들로 구성되어 있다. 이 뉴런들은, '활성 값activation value' 을 결정하기 위한 '문턱 값threshold value' 을 적용하는, 입력의 접합의 '가중치weights' 를 기초로 자신들의 입력을 각각 '계산compute' 한다. 그렇게 하면서, 각 뉴런들은, 그 활성 값이 다음 층의 뉴런으로 넘어가기 전에, 어떤 '특질'을 추출하고 걸러낸다.[37] 각 순차적 층은, 하나의 분류 출력classification output이 옳음의 개연성을 기초로 생성될 때까지, 점차적으로 높은 수준의 특질들을 계산한다.[38]

신경망은 인간 두뇌의 뉴런들의 이름을 따라 지어졌다. 그러나 비록 신경망과 두뇌 사이에 어떤 비교를 이끌어 낼 수 있다 하더라도, 신경망의 '뉴런' 과 두뇌의 뉴런은 명료하게 구분되어야 한다. 분명히 신경망들은 어디에도 인간의 두뇌만큼 정교하게 근접해 있지 않다. 딥 러닝 내의 뉴런 네트워크층들이 다양하다 할지라도, 셀 수 없는 인간 두뇌의 네트워크만큼 많지는 않다.[39] 신경망들은 따라서 인간의 두뇌를 모방하여 만들어졌다기보나, 오히려 그것에 영감을 받은 것이다. 요수아 벤지오Yoshua Bengio[13]가 논평한 바와 같이, '기계학습은 컴퓨터에게 사례로부터 배우는 것을 허용함으로써 컴퓨터에 지식을 넣으려는 것인데 반해, 딥 러닝은 두뇌에게서 영감을 받은 방식으로 지식을 얻는다.'[40]

멜라니 미첼Melanie Mitchell[14]은 '뉴런neuron' 보다 '유닛unit' 이라는 용어를 사용하는 것을 선호한다. 왜냐하면, 모의실험으로 이루어진 뉴런은 두뇌의 실제 뉴런과 거의 닮은 점을 품고 있지 않기 때문이다. 미첼은 그 처리 과정을 다음과 같이 요약하고 있다.

> 하나의 이미지를 처리하기 위해 … 층layer에서 층으로, 왼쪽에서 오른쪽으로 계산을 수행한다. 각 숨겨진 유닛hidden unit은 활성값activation value을 계산한다. 이 활성 값들은 그런 다음 출력 장치를 위한 입력이 된다. 그것이 그런 다음 그들 자

신의 활성화activations를 계산한다 ... 출력 장치의 활성화는, 상응하는 숫자digit를 확인하고 있는, 네트워크의 확신network's confidence으로 생각할 수 있다. 최고의 확신을 지닌 숫자범주는 네트워크의 응답—숫자범주의 분류화—으로 채택될 수 있다.41

역逆전파Backpropagation

딥 러닝은 '역전파'—때로는 'backprop'라 불린다—에 의존한다. 이것은 이전의 예측 오류를 수정하기 위해 신경망이 효과적으로 반대로 작동하도록 한다. 역전파는 예측 오류에 대한 정보가 신경망의 다양한 층들을 통해 역으로 전파하는 하나의 처리 과정을 말한다. 초기 '가중치들weights'이 재조정되고 업데이트되도록 허용하면서 말이다. 그렇게 함으로써, 시스템은 옳은 해답으로 '수렴'하거나 혹은 조금씩 나아갈 수 있다. 역공학reverse engineering과 그리 다르지 않은 방법으로 말이다. 딥 러닝과 더불어, 이러한 처리 과정은 은닉 층들hidden layers의 수 증가에 의해 향상된다. 실로, 4개의 층에서 100개 이상의 층에 이르기까지 어떤 것이든 있을 수 있다. —그 때문에 딥 러닝 속에 '딥'이라는 용어가 있을 수 있다.42

전체 훈련 데이트 세트를 통해 각 개별적 주기cyle는, 그것에 의해 가중치들weights은 재조정된다, 훈련의 '신기원epoch'으로 표현된다. 전형적으로 많은 신기원이, 때로는 수천에 이르기까지, 그리고 원리에서는 더 많은 신기원이, 더 나은 결과들이, 요구된다. 비록 그 결과가 향상을 지속할 것이라는 완전한 보장이 없음에도 말이다.

합성곱 신경망Convolutional neural networks

몇몇 다른 유형의 신경망들이 존재한다. 딥 러닝과 더불어, 합성곱 신경망convolutional neural networks(ConvNets)은, 특히 이미지를 분류하는 것에서, 점점 더 인기를 얻고 있다.43 '합성곱convolution'이라는 용어는 선행하는 층을 기초로 각 층에 의해 수행되는 계산을 말한다.44 이 처리 과정은 이미지들을 분류하는 처리 과정을 크게 향상시킨다. 그 정도로 많이 합성곱 신경망은 보편화 되었다.

합성곱 신경망은 인간 두뇌의 시각피질visual cortex을 모델로 만들어졌다. 신경과학자인 데이비드 허블David Hubel과 토르스텐 비셀Torsten Weisel[15]은 두뇌는 시각피질에 다양한 뉴런 층이 있다고 말한다. 점차적으로 복잡한 특질을 찾는 하나의 위계에서 작동하며 '탐지 장치들detectors' 로 활동한다. 이 층들은 피드-포워드feed-forward과 피드-백워드feed-backward 두 가지 방식으로 작동한다. 그것은 우리의 인식은 사전 지식과 기대감에 의해 강하게 영향을 받는다는 것을 제기하는 것이다.[45]

합성곱은 표준신경망들standard neural networks과 유사한 방식으로 작용한다. 그러나 합성곱 신경망들은 —뇌 속의 탐지장치를 토대로 하는— 활성화지도activation maps를 가지고 있다. 활성화지도는 층층이layer by layer 작동하며, 모서리edges와 같은 특징들features을 발견하고, 그 특징들의 방향결정orientation에 의존한다.[46] 최종 층에 도달하는 그 시간까지, 합성곱 신경망은, 훈련받아왔던 데이터 세트를 기초로, 상대적으로 약간 복잡한 특징들을 탐지한다. 이 지점에서, 전통적인 신경망을 구성하는, 분류 모듈classification module은 —비율적 관점에서— 모듈이 이미지를 인식해왔던, 신경망의 신뢰network's confidence를 평가하기 위해 배치된다. 미셀은 이러한 지극히 복잡한 처리 과정에 대해 도움이 되도록 요약하고 있다.

> 두뇌의 시각피질visual cortex에 대한 허블David Hubel과 비셀Tersten Weisel의 발견으로부터 영감을 받은, 합성곱 신경망은 하나의 입력 이미지를 택한다. 그리고 —합성곱을 거쳐— 한 세트의 점차적으로 복잡한 특징들features을 지닌 활성화지도들로 변형시킨다. 최고의 합성곱 층에 있는 특징들을 전통적 신경망으로 조금씩 다가가도록 한다. 그것이 신경망에 알려진 대상 범주들에 대한 신뢰율confidence percentages을 산출한다. 최고의 신뢰를 지닌 대상이 그 이미지에 대한 신경망의 분류network's classification로 복귀한다.

이미지 분류image classification—혹은 '판별모델링discriminative modelling' —은 특히 자율주행 자동차와 안면 인식시스템 분야에서 인공지능의 중요한 응용프로그램이 되었다. 건축적 관점에서, 그러나, 이미지 분류보다 훨씬 더 의미 있는 성과는 가능성이다. 그 프로그램은 이미지 생성 혹은 '이미지 합성Image synthesis' 을 지원한다.—이 과제는 인공지능연구자들이 오랫동안 성배聖杯로 여겼다.

DeepDream

이미지합성은 딥 러닝 안의 한 범주이다.47 이미지합성을 위한 최초의 방법의 하나는 DeepDream이다. 이 컴퓨터 비전 프로그램은 구글 예술가인 알렉스 모드빈체브Alex Mordvintsev[16]와 기계지능Machine Intelligence(AMI)에 의해 개발되었고, 2015년에 출시되었다.48 일반적으로 합성곱 신경망은 이미지를 인식하기 위해 사용되고 있다. 그러나 DeepDream으로서는, 정보의 흐름을 전복시킴으로써 이미지를 생성하는 것이 가능하다. 때때로 그것을 '신경망 전복하기inverting the network' 라고 부르기도 한다. 이미지를 인식하고 그것을 범주화하는 대신, DeepDream은 하나의 범주로 시작하는 데 사용될 수 있고, 이미지 생성으로 진행한다.49 예를 들어, 표준 신경망standard neural network은 고양이에 대한 이미지를 인식하고 그것을 '고양이' 로 범주화시킬 수 있는 반면, DeepDream은 '고양이' 라는 범주로 시작할 수 있고, 고양이와 닮은 하나의 이미지를 생성할 수 있다.50 '이미지에서 미디어로' 작동하는 대신, 그때, DeepDream은 '미디어에서 이미지로' 작동하는 것이다.51

중요한 것은, 비록 컴퓨터 신경망들이 이미지들을 식별하도록 훈련받는다고 할지라도, 그러한 이미지들에 대한 어느 정도의 이해가 필요하다는 것이다. 그리고 이 점이 또한, 역으로 작동할 때, 컴퓨터 신경망이 이미지를 생성할 수 있도록 해주는 것이다.52 그러나 DeepDream은 종종 어렴풋이 초현실적으로 나타나며, 다양한 자세

그림 1.3 마틴 토마스Martin Thomas, Aurelia Aurita 물해파리, DeepDream 생성 이미지(2015), 강아지를 인식하도록 훈련받은 신경망에 의해 50차례 반복 이후에 생성된 DeepDream 이미지

로 생성된 다양한 오브제들objects로 이루어진 약간 '불안정한tippy' 그림을 생산한다.53 '무의미한 정보noise' 혹은 어떤 특정 임베딩embedding[17] 대신, 무작위적 이미지로 시작하여 하나의 이미지를 생성하는 것 역시 가능하다. 그리고 신경망이 그것을 분석하고 최적화할 수 있도록 한다.54

생성적 적대 신경망Generative adversarial networks

그러나, 현재 건축가들 사이에 가장 인기 있는 이미지합성 기법은 생성적 적대 신경망generative adversarial networks(GANs)이다. 이들은 2014년 이안 굿펠로우Ian Goodfellow[18]가 처음 제안하였다.55

생성적 적대 신경망은 한 세트의 훈련 이미지를 대상으로 측정되는 생성과정generative process을 통해 복잡한 업무를 수행하도록 컴퓨터를 훈련시키기 위한 기법이다. 이것은 이미지를 합성하고 DeepDream의 명성을 위태롭게 하는 다양한 자세로 나타나는 오브제들objects의 문제를 극복하기 위한 탐구에서 주요 혁신을 의미한다. 그것은 또한 훨씬 더 나은 해상도의 이미지를 생성한다.

생성적 적대 신경망은 두 개의 다른 신경망 간의 경쟁을 기초로 한다. 그것은 이미지들을 생성하는 상향식 생성기bottom-up generator —혹은 '아티스트' 그리고 그 이미지들을 평가하는 하향식 판별기top-down discriminator— 혹은 '비평가'로 구성되어 있다.56 경쟁에서 생성기는 판별기가 실제 데이터 세트real data set와 그 이미지들을 구별할 수 없을 정도로 사실적인 이미지를 생산함으로써 선별기를 속이기 위해 시도한다. 마니쉬 나약Manish Nayak[19]은 그 과정을 다음과 같이 묘사하고 있다.

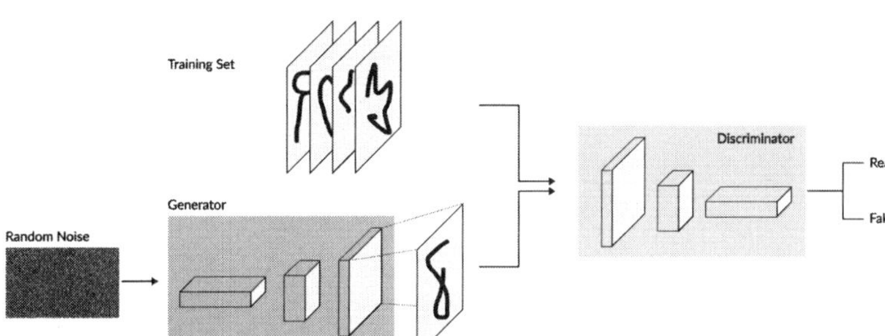

그림 1.4 생성적 적대 신경망의 작동방식을 설명하는 다이어그램. 생성적 적대 신경망의 작동방식을 생각하기 위한 하나의 방법은 그럴듯한 예술작품을 제작하려는 예술품 위조범과 그 작품의 진위를 확인하려는 전문가와의 다툼일 것이다.

> [어떤a] 생성기(예술가)는 하나의 이미지를 생성한다. 그 생성기는 실제 이미지에 대해 아무것도 알지 못한다. 그리고 판별기와의 상호작용을 통해 배운다. [그] 판별기(예술 비평가)는 하나의 오브제가 '진짜' 인지 '가짜' 인지를 결정한다 … 그 생성기는 새로운 이미지 창조하기와 판별기가 생성된 이미지들과 실제 훈련 이미지들 간의 차이를 더는 말할 수 없을 때까지, 그 과정에 대한 개선하기를 지속한다.[57]

그 둘은 동시에 작동하며 시간이 흐름에 따라 향상된다. 그렇게 함으로써 '예술가' 는 '비평가' 를 훈련시키고, '비평가' 는 '예술가' 를 훈련시킨다.[58] 일단 '예술가' 가 훈련을 받으면, '비평가' 는 제거될 수 있다.

생성적 적대 신경망의 발명은 그 이후 연구의 엄청난 폭발과 수많은 다른 버전의 개발을 이끌어 내었다. 훨씬 더 개선된 결과물과 함께 말이다.[59] 생성적 적대 신경망은 흥미로운 새로운 방식으로 DeepDream의 발전을 강화하고 있다.[60] 그리고 비록 문제가 없는 것은 아니지만, 생성적 적대 신경망이 최초로 개발된 이래 상대적으로 수년 내에 실질적인 향상을 이루어 왔다.[61]

Progressive Growing of GANs(ProGAN)생성적 적대 신경망의 점진적 성장는, 예를 들어, 이미지 해상도를, 층층이, 증가시키고 있다.[62] 이것은 전체 과정에 속도를 높일 수 있도록 해준다. 이전에 이루었던 것보다 훨씬 더 사실적인 것을 만들어 내면서도 말이다. 그러나 생성된 이미지 중의 일부 특징을 제어하는 데에는 한계가 있다. '얽힘entanglement' 문제를 유발하며 그것으로 인해 한 특징feature에서의 약간의 비틀림이나 혹은 수정이 다음 특징에 연쇄적으로 일어난다.[63]

StyleGAN은, 매우 낮은 해상도의 이미지로 시작하여 점차적으로 해상도가 증가하는 방식으로, 해상도와 질적인 측면에서 더 향상되었다.[64] 그것은 이미지를 다른 '스타일들' 의 집합collection으로 처리한다. 그것으로 인해 각 '스타일' 은 특정한 크기에서 효과를 제어한다. 그것이 자세, 머리카락, 혹은 얼굴형상과 같은 거친 '스타일' 인지, 눈 그리고 다른 얼굴 특징들과 같은, 중간 정도의 '스타일' 인지, 혹은 색채 안의 것과 같은 미세한 '스타일' 인지 아닌지에 따라서 말이다. 이 점이, 다른 특징들 간의 상관관계를 줄임으로써, StyleGAN이 '얽힘' 의 문제를 극복할 수 있도록 하였다. 배움에 따라, 훨씬 더 납득할 수 있도록, 시스템은 헤어스타일과 연령과 같은 특정한 세부내용들을 변형시킬 수 있다. 특정한 특징들을 분리하고 서로 겨루게 함으

그림 1.5 StyleGANs, Thispersondoesnotexist (2019). 이 이미지는 웹사이트 www.thisperson-doesnotexit.com을 이용하여 생성된 허구의 사람들에 대한 4개의 분리된 StyleGAN이미지들로 구성되었다.

로써 말이다. 확실히 StylGAN은, 인공 얼굴을 실제 얼굴과 구분하여 말하는 것이 거의 불가능할 만큼 그럴듯하게, 인공 얼굴을 생성할 수 있다.65 아마도 이 기법의 가장 큰 장점은, 태그를 부착하거나 혹은 분류하는 것 없이, 그로 인해 상당한 시간을 절약하면서, 이미지들을 간단히 처리할 수 있다는 것이다.66

조건부 생성적 적대 신경망Conditional adversarial networks(cGANs)은, 인공지능 예술 커뮤니티와 함께 인기를 얻게 된, 생성적 적대 신경망의 pix2pix[20]버전을 토대로 하고 있다. Pix2pix는, 구글이 언어를 번역하는 방식과 그다지 다르지 않은 처리 과정으로, 하나의 이미지를 다른 이미지로 효율적으로 전환한다. 중요한 것은 조건부 생성적 적대 신경망들은 생성기generator를 훈련시킴으로써 '조건적'이 될 수 있다는 것인데, 무작위의 결과물을 생산하기보다 특별한 결과물을 생산하기 위해서이다. 조건부 생성적 적대 신경망으로 인한 주요 개선점은, 손실함수loss function[21]를 발전시킬 수 있다는 것이다. 그로 인해 예상 결과를 예측할 수 있는 능력을 향상시키고 손실함수를 손작업에 의한 처리hand engineer를 예방함으로써 말이다.67 필립 아이솔라 Philip Isola와 그의 팀이 논평하는 바와 같이, '조건부 생성적 적대 신경망들은 입력 이미지에서부터 출력 이미지까지 맵핑mapping함으로써 학습하는 것뿐만 아니라, 이러한 맵핑을 훈련하기 위해 손실함수를 학습한다는 것이다. 이것은 전통적으로 매우 다른 손실 공식들loss formulations을 요구할 수도 있는 문제들에 대해 동일한 포괄적 접근방식을 적용하는 것을 가능하게 한다.' 68

예술가와 건축가들 사이에 인기 있는 생성적 적대 신경망의 더 나아간 버전은 CycleGAN이다. 이것은 짝을 이루지 않은unfaired 데이터 세트로 작업한다. 그리고 데이터 세트 A와 데이터 세트 B간의 교차 도메인 전송cross-domain transfer이 가능하다.69 그 신경망은 두 데이터 세트의 컨셉들concepts을 전송하는 방법을 결정하여야 한다. CylcleGAN의 이미지에서 이미지 전환에 관한 좋은 사례는 말 이미지 위에 얼룩말의 줄무늬 패턴을 맵핑하는 것이다.70 비록 종종 '스타일 변환기style transfer'로 언급되기는 하지만, 사실은 이 처리 과정이 하는 일은 특정한 핵심 특성들을 하나의 도메인에서 다른 도메인으로 추출하고 전송하는 것이다.71

일반적으로, 생성적 적대 신경망에는 하나의 생성기와 하나의 판별기가 있다. 그러나 CycleGAN에는 두 개의 생성기와 두 개의 판별기가 있다. CycleGAN의 이점은 StyleGANs가 공통적으로 지닌 '모드 붕괴mode collapse'의 가능성을 회피하는 것이다. 그곳에서 생성기는 새로운 어떤 것을 생성하는 것이 아니다. 그러나 판별기는 그 결과result가 '참true'이기 때문에 그 출력output에 대해 불평할 수 없다.72 따라서, 짝을 이룬paired 훈련사례들의 도움 없이도, 그것은 하나의 데이터 세트로부터 특수한 특징들을 학습하고 다른 데이터 세트로 그 특징들을 전송하는 방법을 알아내는 것이 가능하다.73

창의적 적대 신경망Creative adversarial networks(CANs)은 최근에 개발된 생성적 적대 신경망GNAs의 또 다른 버전이다. 그리고 특히 예술을 생성하는 데 사용된다. 창의적 적대 신경망은 인공지능으로 생성되는 예술작품을 위해 새로운 전략을 도입하고 있다. 생성적 적대 신경망의 다른 형태들과 함께, 초기 데이터 세트는 어쩔 수 없이 어

그림 1.6 Daniel Bolojan, *Machine Perceptions: Gaudí* + Neural Networks (2020). 이 연구프로젝트는, 안토니 가우디Antoni Gaudí가 설계한 스페인 바르셀로나에 있는 사그라다 파밀리아 성당Sagrada Familia church의 이미지들에 대한 두 개의 짝을 이루지 않은 데이터 세트를 기반으로, 관련된 구성 특징들을 확인할 수 있는 신경망을 개발하기 위해 CycleGANs를 이용한다.

떤 출력output이 그곳으로부터 나올 수도 있는 검색공간search space을 억제할 것이다. 다시 말해서, 비록 어떤 출력이 무한대의 데이터 변형들variations—언뜻 보기에는 일종의 '융합하기blending'—을 생성할 것이지만, 외부적인 것은 없다. 그러나 창의적 적대 신경망의 경우에서는, 이러한 제약들이 느슨하며 데이터 세트의 범위를 넘어서는 변형의 가능성이 있을 수 있다. 즉 '시스템은 예술작품을 보고 스타일을 배움으로써 예술작품을 만들어 내고, 학습된 스타일로부터의 일탈을 통해 생성되는 예술작품의 각성 잠재력arousal potential을 증가시킴으로써 창의적으로 된다.' 74

요컨대 식별기는 두 가지 신호를 내보낸다. 첫 번째 신호는, 수용된 장르와 스타일 내에서 적합한 것으로 나타나는 작품들을 생성하는, 표준 생성기standard generator가 장착된 전통적인conventional 생성적 적대 신경망과 유사하게 작동한다. 그러나 두 번째 신호는 아래와 같다. 그리고 더욱 종잡을 수 없는 작품을 생성하려 한다.

> 만일 판별기가 예술이라고 생각하는 이미지들을 생성기가 생성하고, 또한 설정된 스타일 중 하나로 손쉽게 분류할 수 있다면, 그땐 생성기가 판별기로 하여금 그것을, 설정된 스타일과 부합하는 생성된 실제 예술작품으로 믿도록 속여 왔던 것이 될 것이다. 반대로, 창의적 생성기는 판별기를 혼란스럽게 만드는 예술작품을 생

> 성하려 할 것이다. 한편으로, 그것은 판별기가 '예술'이라고 생각하도록 속이려 하고, 다른 한편으로는 생성된 예술작품의 스타일에 대해 판별기를 혼란스럽게 만들려고 시도한다.[75]

겉으로 보기에 모순적인 이 두 가지 충동들은 함께 작동한다. 그것들은 예술에 대하여 수용된 구분방식accepted distribution에 근접하여 놓이기도 하고 생성된 작품의 모호성을 극대화하기도 하는 작품을 창조하도록 생성기를 압박한다. 여기에서의 의도는, '설정된 양식으로부터의 일탈을 극대화하고 예술작품 구분방식art distribution으로부터의 일탈을 최소화함으로써', 창조적 가능성의 범위를 활짝 여는 것이다.[76] 결과적으로 생성된 작품은 허용된 예술 규범에 충분히 일치할 것이다. 한편으로 참신한 변형을 제공한다는 것은 관심을 자극할 정도로 충분히 흥미를 불러일으키는 것이다.

개발을 위한 또 다른 영역은 자연어 처리natural language processing였다. 이 아이디어에 관한 최초의 탐구 중 하나는 또 다른 생성적 적대 신경망인 AttnGAN의 개발과 함께 출현하였다. 세밀하게 다듬어진 문자fine-grained text로부터 이미지를 생성하기 위해 '집중에 따라 처리되는 attention-driven, 다단계 개선multi-stage refinement를 허용한다.[77] AttnGAN은 저해상도의 거친 이미지로 시작한다. 그런 다음, 2차원 패턴을 3차원 해석이 되는 것으로 보이는 것을 만들어 내기 위해, 점진적으로 해상도를 올린다. 이것은 다른 생성적 적대 신경망 모델들을 능가하는 중요한 이점이 있다. 그리고 잠재적으로 이미지 생성을 위한 자연어 처리 영역을 열어젖힌다.

자연어 처리natural language processing 측면에서 진보적인 엄청난 도약은, 그런데도 OpenAI'S GPT-3의 개발과 함께 등장하였다. 언어 기술의 관점에서 이미 촉망받는 결과들을—초기 버전인 GPT-2와 비교하여— 위에서 언급해 왔다. 한편으로 이미지 GPT는 같은 유형의 신경망 또한 높은 품질의 이미지를 생성하기 위해 사용될 수 있다는 사실을 증명해 왔다. 그러나 문자로부터 이미지를 생성하도록 훈련된, 문자-이미지 쌍들text-image pairs을 토대로 하며, 스페인 화가 살바로르 달리Salvador Dali의 이름을 딴, GPT-3 버전인 DALL-E의 도입과 함께, 이 기법은 다른 차원으로 끌어올려졌다.[78] CLIP은 문자로부터 이미지를 생성하는 능력을 지닌 Open AI에 의해 개발된 GPT-3의 또 다른 버전이다. 건축가—혹은 실제로 어떤 종류의 디자이너—의 역할이 의뢰인의 지시사항을 해석하고 그러한 지시사항을 토대로 한 디자인을 시각적으로 표현하는 것이라면, DALL-E와 CLIP은 이미 디자이너의 역할을 떠맡을 수 있다는 신호를 보내고 있다. 그럼에도 불구하고, 이 분야는 도전적인 분야로 남아 있다. 문자에서 이미지로 작동하는 것은 매우 제한적일 수 있다. 그리고 이미지에 대한 구두기술verbal description은 많은 한계를 야기한다. 결국, 하나의 사진은 천개 단어의 가치가 있다.

2차원에서 3차원으로From 2D to 3D

생성적 적대 신경망을 사용하는 데 있어서 진정한 난제는 3차원에서 작동하는 것이다. 이것은 단순히 요구되는 컴퓨터연산의 힘이 지극히 높을 것이기 때문이 아니라, 3차원에서 신경망으로 작동하는 복잡성을 처리할 수 있는 도구가 여전히 존재하지 않기 때문이다.79 게다가 역전파backpropagation는 3차원에서 작동할 때 딥 러닝과 함께 잘 작동하지 않는다.80 3차원 형태를 묘사하기 위한 가장 인기 있는 기법 중 2개는 복셀voxel, 3D 화소[22]과 포인트 클라우드point clouds[23]이다.81

3차원 모형을 복셀로 변경하고 그것을 이해하도록 신경망을 훈련시키는 것은 가능하다.82 그러나 복셀로 변경된 모형들은 극도로 커질 수 있다. 다른 선택지는 통합적 이해를 위해 다중 뷰 합성곱 신경망multi-view convolutional neural network[24]을 사용하는 것이다. 이것은 모드 붕괴mode collapse로 인한 문제들에도 불구하고, 어느 정도 성공을 거두었다. 대안으로, 변이형 자동 인코더variational auto-encoders[25]를 사용하는 것은 가능하다.83 그러나 해상도는 낮은 채로 있다. 게다가 복셀들은 미지의 공간unkown space과 빈 공간free space을 구분하지 못한다. 그리고 결과를 모델링하기에 충분한 표면정보를 제공하지 못한다.

포인트 클라우드들은 복셀보다 확실한 이점이 있다. 거기에는 클라우드들이 컴퓨터 계산상 효율적이며, 그들의 희소 속성sparse nature 때문에 노이즈noise에 대해 그다지 민감하지 않다는 것과 그리고 인공지능 정보에 근거한 3차원 디자인에 그것들을 사용하는 것이 가능하다는 것이다. 포인트 클라우드에서 포인트와 형상 특성들을 학습하기 위해 비지도 딥 러닝unsupervised deep learning을 사용하는 것에 관한 연구는 꽤 생산적이다. 그리고 포인트 클라우드를 이용하는 비지도unsupervised 접근방식은 지도supervised 접근방식의 성능에 거의 맞출 수 있다는 것을 증명해 왔다.84 그러나 포인트 클라우드는 점들로 구성되어 있고, 그런 어떠한 표면도 제공하지 않는다.

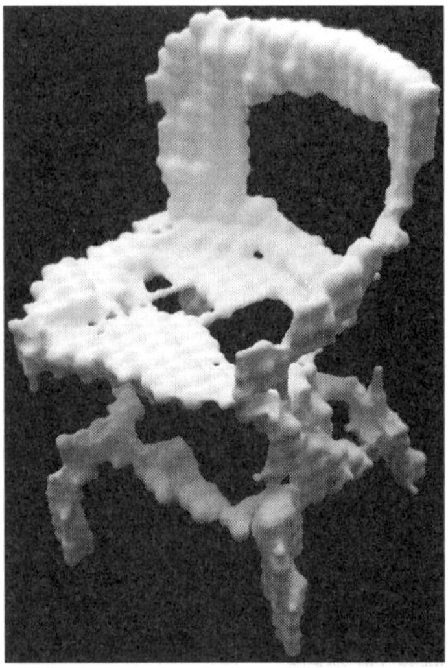

그림 1.7 임마누엘 코호Immanuel Koh, 3D Printed GAN Chair (2020). 1만 개의 의자와 4천 개의 주거 건물의 3D 모형으로 훈련받은 심층 생성적 적대 신경망Deep generative adversarial networks(GANs)을 참신한 디자인으로 통합하기 위해 사용하였다. 여기서 보이는 것은 의자와 건물들이 공유하고 있는 잠재적 특징들로부터 샘플을 얻어 3D로 프린트 된 사례이다.

오브제 매쉬Object meshes는, 한편으로, 복셀과 메쉬 양쪽보다 확실한 이점이 있다. 오브제 메쉬가 컴퓨터 연산적으로 복셀보다 더 효율적이며 메쉬보다 더 많은 시각정보visual information을 제공한다. 그러나 3차원 메쉬는, 만일 크기가 다를 경우에, 문제를 일으킬 수 있다. 거기에서 대부분의 렌더링 엔진은 구별할 수 없다.

현시점에서는 미분 메쉬 렌더러differential mesh renderer[26]가 3차원에서 작동하는데 가장 유망한 접근방식으로 여겨진다. 2020년에 PyTorch3D[27]가 출시되었다. 3D 학습을 위한 오픈 소스 라이브러리는 3차원 형태를 합성synthesise하기 위해 미분 신경 메쉬 렌더러differential neural mesh renderer를 사용함으로써 많은 문제를 극복하고 있다. PyTorch3D는 DeepDream과 스타일 전환 기법을 토대로 오브제 편집이 가능하도록 하였다.85 3차원에서의 모델링은, 그러나, 도전적 영역이 남아 있다. 그리고 여전히 해결되어야 할 필요가 있는 영역이다.

ArchiGAN

건축적인 관점에서, 생성적 적대 신경망들이 지닌 주요 제약은 그것들이 2차원 표현의 영역 내에서 작동한다는 것이다. 반면에 건축은 3차원의 형태로 구성한다. 그럼에도 불구하고, 건축도면들－평면, 단면, 입면 그리고 심지어 투상도와 투시도－은 2차원 표현물들representations이다. 따라서 스타니스라스 차이루Stanislas Cahillou[28]가 진술한 바와 같이, 생성적 적대 신경망들을 건축디자인을 위해 그토록 중요하게 만드는 것은 이미지들을 생성하는 그들의 능력이다.

> 굿펠로Ian Goodfellow의 연구는, 분석 도구에서부터 생성적 행위자generative agent에 이르기까지, 인공지능에 대한 정의를 발칵 뒤집어 놓는다. 게다가 그는 인공지능을 건축적 관심사, 즉 도면과 이미지 생산에 한 단계 더 가까이 가져온다. 전반적으로 보아 단순한 신경망들로부터 생성적 적대 신경망에 이르기까지, 점점 더 저렴하고 접근이 가능한 컴퓨터 계산력과 관련된 새로운 도구들의 생성은 오늘날 인공지능을 지원가능하며 강력한 수단medium으로 자리 잡게 하고 있다.86

차이루Stanislas Cahillou는 건축가이다. 그러나 다른 사람이 개발한 도구에 제한된 스스로를 발견하게 되는 대부분 건축가와는 달리, 그는 자기 자신의 도구를 개발해 왔다.87 그는 하버드 디자인 대학원의 석사학위 논문을 위해 ArchiGAN을 설계하였다. 생성적 적대 신경망의 일종인 그것은 전체 건물의 평면도를 디자인하기 위해 Pix2Pix 생성적 적대 신경망 모형을 사용한다. 구획된 아파트 내에 가구 배치 모형을 비치하고nesting, 그런 다음 전체 건물 발자국overall building footprint 내에 구획된 아파트를 효과적으로 비치함으로써, 하나의 '세대 스택generation stack'을 이루어 낼 수 있었다. 여기에서 각각의 3개 레이어들은 상호 관련되어 있다. 또한, 중요한 것은, 차이루가 이용자에게 각 단계에서 디자인을 수정할 수 있도록 허용했다는 것이다.

첫 번째 단계는 부지site를 토대로 건물 발자국footprint을 설정하는 것이다. 이것은 Pix2Pix를 사용하는 지리정보시스템Geographic Information System(GIS) 데이터를 토대로 예정지를 생성하도록 훈련된 모형으로 실행된다. 두 번째 단계는 평면을 생성하기 위해, 이용자가 지정한 주 출입구와 창문을 배치하는 것과 함께, 칸막이벽과 창문을 끼워 넣는 것이다. 800개 이상의 주석이 달린 평면에 대한 데이터베이스는 입력으로

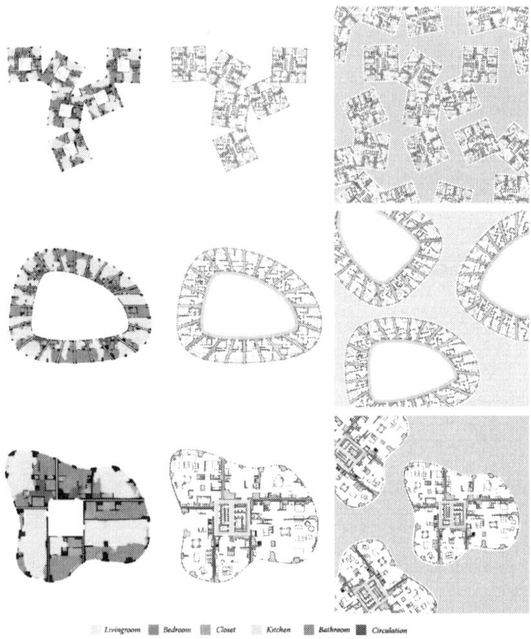

그림 1.8 Stanislas Chaillou, ArchiGANs, 차이루는 생성적 적대 신경망의 Pix2Pix버전인 ArchiGAN을 이용하여 건물들의 적층된 평면도들stacked plans을 생성할 수 있다.

사용되며, 출력으로 시스템은 프로그램을 상술하기 위해 색채들로 부호화된 실들의 레이아웃을 생성한다. 최종 단계는 그 프로그램을 기초로 각 실을 위해 —침실에 침대, 식당에 테이블, 등등의 가구를 생성하는 것이다. 이 모형들은 각자에게 '구속'chained된다. 그래서 이용자가 개입하여 배치를 수정하기 시작한다면, 예를 들어, 칸막이벽과 가구 배치는 자동으로 수정될 것이다.

물론, 이 모형에는 한계가 있다. 첫째, 만일 각 평면이 상이하다면, 각 층의 내력벽들이 정렬될 것이라는 점을 보장할 방법이 없다. 따라서 비록 내부에 내력벽들을 삽입하는 것이 가능하다고 할지라도, 외벽은 내력벽이라고 가정한다. 둘째, 각 도면의 해상도는, 비록 컴퓨터의 더 나은 계산 능력으로 향상될 수 있다 할지라도, 현재는 너무 낮다. 마지막으로, 생성적 적대 신경망들은 오로지, 건축사무소 내의 표준 컴퓨터 도구들과 호환되지 않는 포맷인, 픽셀 정보만을 처리할 수 있다.[88] 여기서 우리는 그래프 기반graph-based 신경망과 벡터 기반vector-based 신경망을 간과하지 말아야 한다. 그것은 어떤 특징 업무에서 생성적 적대 신경망들과 여타의 이미지 기반 신경망들보다 더 잘 수행한다. 특히 건축데이터가 벡터(CAD도면 혹은 파라미터parameter)로 표현될 수 있을 때 말이다.

표현을 넘어서Beyond representation

인공지능을 오로지 표현 분야와 결합시키고 싶은 유혹이 있을 수도 있다. 결국, 인공지능을 위해 사용되는 데이터 세트들datasets은 종종 표현적 이미지들을 구성한다. 그리고 '스타일 변환style transfer' 이라는 용어는 특히 생성적 적대 신경망과 연결하여 자주 사용된다.[89] 하나의 생성적 적대 신경망은 하나의 프로세스를 구성한다는 것을 인식하는 것이 중요하다. 비록 프로세스는 표현적 이미지들로 작동한다 할지라도 말이다. 게다가, '특징 추출feature extraction' 이 '스타일 변환' 이라는 용어보다 더 나은 용어라고 주장할 수 있다. 또한, 우리는 생성적 적대 신경망 그 자체는 특정한 스타일을 증진할 것 같지 않다고 주장할 수도 있다. 만일 '스타일' 이란 용어로 인해, 우리가, 그것에 따라 작품이 생산되는, 미리 정해진 표현적 논리–심미적 '원형template' –이 대한 생각을 의미한다면 말이다. 왜냐하면, 단순한 이유는 그것은 통제될 수 없기 때문이다. 최종적으로 비록 생성적 적대 신경망들–그리고 일반적으로 이미지 합성image synthesis–이 시각 분야에서 일하는 사람들 사이에 인기가 있다 하더라도, 기계시각machine vision 내에서는 상대적으로 부차적인 연구 분야를 구성한다. 그것은 딥 러닝 내의 많은 범주 중 오직 한 범주일 뿐이다.[90]

그렇다면, 인공지능은 확실히 표현적 문제로만 국한되지 않는다. 참으로, 우리가 알고 있듯이, 성능 기반 문제들은 인공지능이 가장 큰 영향을 미치는 영역이 될 가능성이 있다. 특히 건축 실무와 도시 디자인의 관점에서 말이다. 실제로 도시적 규모에서, 데이터를 따라 처리하는 그리고 성능정보에 근거한 디자인이 점점 더 인기를 얻고 있다. 표현적 고려사항들은 단지 하나의 부차적인 역할만 할 뿐이다. 건물의 재료 성능을 향상하고 탄소 배출을 감소시키는 것에 관한 문제들은 이제 가장 중요한 관심사가 되었고, 단순히 경제적 효율성에 대한 고려사항을 넘어서 자원 감소와 지구 온난화의 세계에서 윤리적 책무가 되었다. 결과적으로 형태를 위한 형태에 대한 초기 집착은 좀 더 지능적인 접근방식에 굴복하게 되었다. 그것으로 인하여 형태는 점점 더 성능 문제에 대한 정보를 받게 된다. 물론, 성능은 건축과 도시 디자인 분야에서 오래된 관심사였다. 그러나 위성정보satellite information와 데이터 마이닝data mining[29]에 의존한 진보된 정보시스템의 도입과 더불어, 훨씬 더 큰 정확성으로 디자인을 형성하고 성능을 테스트할 수 있는 더 많은 기회가 생겼다.

인공지능이 성능 기반 디자인을 위해 점진적으로 사용되고 있는 핵심영역은 구조디자인이다. 그곳에서 위상기하학적 최적화topological optimisation는, 일종의 정착된 GOFAI기법[30]이다, 이제 점점 더 제너레이티브 디자인generative design[31]에 적용되고 있다. 일례로 Autodesk가 개발한 제너레이티브 디자인 시스템인 Project Dreamcatcher를 포함시킬 수 있을 것이다. 그것은 디자이너들이 목적과 기능, 재료, 성능 기준, 그리고 비용 제한과 같은 제약조건들을 지정하고, 다른 접근방식으로 바꾸고, 디자인 해결책들을 탐구함으로써 디자인 범위를 생성하도록 한다.91 또 다른 사례는 Xie Technology의 마이크 지에Mike Xie가 개발한 양방향 진화적 구조 최적화bi-directional evolutionary structural optimisation(BESO)기술인 Ameba가 될 것이다.92 그리고 그 이후 Grasshoper와 여타의 알고리즘 디자인 기법들algorithmic design techniques은 인공지능의 기본형태로 생각된다. Rhinovault와 같은 Rhino와 Grasshopper를 위한 플러그인plugins 또한 인공지능의 형태로 여겨진다.

그림 1.9 Autodesk DreamCatcher는 구조적 최적화를 기반으로 하는 제너레이티브 디자인 시스템이다.

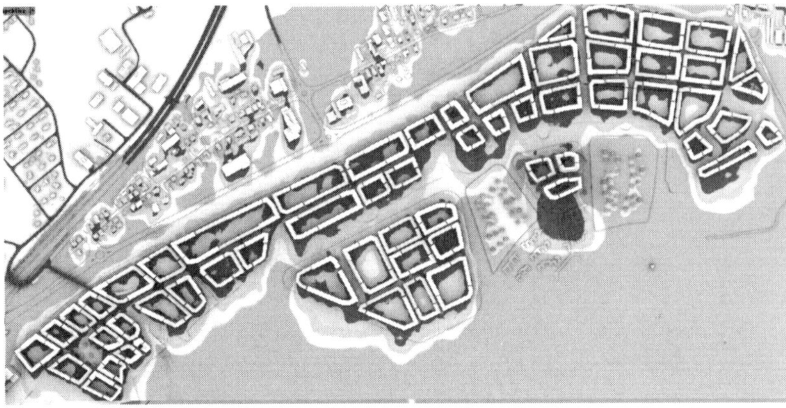

그림 1.10 테오도로스 갈라노스Theodoros Galanos, InFraRed Wind Comfort Study, Vienna, Austria (2020). 작동중인 InFraRed: 정량화할 수 있는 실행 데이터quatifiable performance data를 토대로 하는, 실시간, 혼합 이니셔티브 도시 디자인. 사전에 훈련된 모형은 Grasshopper에 배치되었고, 실행에 대한 디자이너의 결정을 실시간으로 시각화하도록 하는, 직관적 인터페이스와 짝을 이룬다.

인공지능이 매우 효율적이라는 것을 증명해 온 또 다른 핵심영역은 새로운 건물의 환경적으로 지속가능한 디자인 속에 있다.93 그것은 또한 기존 건물의 에너지 사용을 모니터링하고 제어하는데 그리고 열 쾌적성, 바람의 쾌적성, 조도, 태양복사, 보행교통, 시선視線과 같은 다른 좀 더 일반적인 환경적 이슈에 알맞게 사용될 수 있다.94 점점 더 건축물에 대한 환경적 통제는, 잠재적 혹은 실제 건물의 성능을 시뮬레이션하는 디지털 모형인, '디지털 트윈digital twin[32]'의 사용을 통해 이루어지고 있다.95 디지털 모형들은, 물론, 얼마간 주변부에 있었다. 그러나 디지털 트윈은 상대적으로 새로운 발명이다.96 디지털 트윈은 사물인터넷Internet of Things(IoT)[33]과 직접적인 감지장치들 양쪽으로부터의 실시간 정보로 끊임없이 업데이트되는 디지털 모형이다.97 마이클 베티Michael Batty[34]가 정의한 바와 같이, '디지털 트윈은 물리적 프로세스에 대한 일종의 거울상mirror image이다. 그것은 문제의 프로세스에 따라 명료해진다. 일반적으로 실시간으로 발생하는 물리적 프로세스의 작동과 정확히 짝을 이룬다.98 디지털 트윈은 과거의 성능을 분석하는데, 그리고 미래의 성능을 예측하는 데에 모두 사용될 수 있다. 그리고 하나의 건물 크기에서부터 다양한 규모의 범위에서 작동할 수 있다. 그곳에서는 예를 들어 거주자의 형태를 형성하기 위해 사용될 수 있다. 도시적 규모를 통해서는, 우리가 보게 될 바와 같이 교통의 흐름을 모니터하고 통제하는데 사용될 수 있다.99

최근 몇 년 동안 인공지능의 지원을 받는, 그리고 인공지능에 의해 처리되는 애플리케이션이 폭발적으로 증가하였다. 여기서 우리는, ANSYS, Discovery AIM, Bentley Generative Components, Comsol Optimisation Module, Siemens Solid Edge Generative Design, 그리고 여타의 많은 제품과 같은, 제너레이티브 디자인generative

'건축의 미래는 지능적일 것이다.'

design 그리고 위상기하학적 최적화 제품들topological optimisation products의 확산을 예로 들 수도 있을 것이다.[100] 지금으로서는 아직 미개발로 남아 있는 유일한 영역은, 건축, 건설 및 엔지니어링architecture, construction, and engineering(ACE)을 위한 도구들에 대한, 기계학습 애플리케이션이다. 그러나 변화가 진행 중이라는 징후들이 있다. 오스트리아 기술연구소Austrian Institute of Technology의 경우, 예를 들어, daylightGAN, ArchElites, 그리고 InFraRed와 같은 수많은 기계학습 도구들을 생산하고 있다.[101] 사실상, 기계학습이 미래에 사용되지 않는 영역을 상상하기란 어렵다. 인공지능은 의심의 여지 없이 건축문화에 수많은 상당한 공헌을 할 것이다. 그것은 더욱 효율적으로 디자인하고, 더 폭넓은 디자인 범위를 생성하고, 시뮬레이션으로 우리의 디자인을 테스트하고, 그리고 한번 지어진 건축물의 성능을 제어할 수 있도록 해줄 것이다.

건축의 미래는 지능적일 것이다.

2

인공지능의 역사The history of AI

우리는 고전 고대classical antiquity와 그 너머 시대의 신화와 전설의 인공생명으로 되돌아가서 인공지능의 기원들을 추적할 수 있을 것이다. 혹은 좀 더 최근의 골렘Golem[1]과 프랑켄슈타인Frankenstein[2]의 종교적 문학적 이야기로 되돌아갈 수도 있을 것이다.[1] 마찬가지로 철학의 형식적 추론의 발전으로 되돌아가 그 기원을 추적할 수도 있다. 아리스토텔레스가 기초를 쌓은 논리의 영역이 없다면, 우리는 현대적 컴퓨터를 가지지 못했을 것이다. 그리고 인간의 사고를 어떤 계산의 형태로 환원하려는 라이프니츠의 시도가 없었다면, 인간처럼 추론을 실행하는 컴퓨터를 가지지 못했을 것이다. 혹은, 다시, 수학의 발달로 되돌아갈 수 있을 것이다. 조지 불George Boole[3]이 공식화한 대수적 연산algebraic operations이 없었다면, 계산을 떠받치는 불 논리Boolean logic[4]를 가지지 못했을 것이다.

그 대신, 만일 우리 스스로를 컴퓨터과학의 영역으로 한정한다면, 차분기관Difference engine과 해석기관분석엔진,Analytical engine의 발명가인 영국의 박식가博識家 찰스 배비지Charles Babbage[2] 그리고 그와 협력하였고 종종 첫 번째 컴퓨터 프로그래머 중의 한 명으로 언급되는 수학자 어거스터 에이다 킹, 러브레이스 백작부인Augusta Ada King, Countess of Lovelace—에이다 러브레이스Ada Lovelace로 알려져 있기도 하다—과 같은 인물들에게로 되돌아가 인공지능의 기원을 추적할 수 있을 것이다.[3] 일반적으로 동의하는 것은 또 다른 영국 박식가인 앨런 튜링Alan Turing이다. 그는 인공형태의 지능의 잠재력에 실제로 초점을 맞추었던 최초의 인물이다.

앨런 튜링Alan Turing

1936년, 튜링은 '계산 가능한 수와 *결정문제*의 응용에 관하여On Computable Numbers, with Application to the *Entscheidungsproblem*' 라는 제목으로 한 편의 논문을 작성—1937년

그림 2.1 앨런 튜링Alan Turing, Elliott과 Fry에 의한 초상화 사진(1951). National Portrait Gallery, 컴퓨터 계산이라는 영웅적 전시戰時 업적을 지닌 선구자 앨런 튜링은 그의 사후까지 크게 알려지지 않았다.

에 출판되었다—하였다. 거기에서 그는 컴퓨터 계산을 위한 개념적 기본원리conceptual groundwork를 내놓았다. 우리가 아는 바와 같이, 그가 초기에 '기계a-machine' 혹은 '자동기계automatic machine' 이라고 불렀던 것을 기술하면서 말이다.4 이것이 결과적으로 튜링기계Turing Machine로 알려지게 되었다.5

튜링은 제2차 세계대전(1939-45) 동안, 독일의 메시지German messages를 해독하기 위한 전자기계장치인 '봄브Bombe' 를 사용하며, 영국정보국British intelligence에서 중요한 역할을 수행하였다. 난제는 독일 연방방위군German armed forces으로부터 드나드는 에니그마[5] 암호Enigma code를 해독하고 암호화된 비밀 내용을 밝히는 것이었다. 그의 팀이 이것을 이루어 내었을 때, 튜링은 독일 암호의 해독에 의해서만 획득할 수 있었던 정보를 기반으로 어떤 군사적 상황에 개입하는 것으로 인해 독일 연방군에게 영국정보국의 성공을 알아차릴 수 있는 어떠한 실마리를 제공하지 않기 위해 주의를 기울였다.6 전쟁 이후, 튜링은 국립 물리학 연구소National Physical Laboratory에서 프로그램이 내장된 초기형태의 컴퓨터인 자동 컴퓨팅 엔진Automatic Computing Engine(ACE)을 연구하였다. 1948년에 그는 맨체스터 빅토리아대학교의 학위를 취득하였다. 그리고 최초의 프로그램 내장형 컴퓨터stored-programme computers중 하나인, 맨체스터 마크1Manchester Mark1을 위한 소프트웨어를 설계하였다.7 이 기간에 튜링은 체스를 둘 수 있는 컴퓨터 프로그램에 관해 연구하였다.8 게다가, 이후에 생물학적 형태형성biological morphogenesis에 흥미를 느끼게 되었고 ' 반응-확산reaction-diffusion' 이론을 개발하였다.9 그는 또한 인공생명artificial life과 인공지능 간의 관계에 주목한 최초의 인물이었다.10 튜링의 지적 관심의 범위는 비범하였다. 이 모든 것이 만족스럽지 못한 듯, 1947년 개최된 잉글리쉬 내셔널 챔피언십English national championships 마라톤에서 5위를 하였다.[11] 튜링은 가장 위대한 박식가 중 한 명이었을 뿐만 아니라 진정한 만능인이었다.

인공지능과의 관계 측면에서, 가장 중요한 순간은, 튜링이 '계산기계와 지성Computing Machinery and Intelligence' 이라는 논문을 발표하였던 때인, 1950년에 출현하였다. 거기에서 생각할 수 있는 기계의 개발 가능성에 대해 예측하였다.[12] 그는 '생각하는 기계' 의 지능이 인류의 지능에 필적할 수 있는지 없는지를 판단하기 위한 기법을 설명하였다. 처음에는 인기 있는 파티 게임을 따라 '이미테이션 게임Imitation Game' 이라 이름 지었다. 이것은 결국 '튜링 테스트Turing Test' 로 알려지게 되었다.[13] 튜링 테스트의 현명한 측면은 '기계a machine' 혹은 '생각하기 위한to think' 과 같은 용어들을 정의할 필요가 없다는 것이다. 대신에, 인간존재와 컴퓨터 프로그램 둘 중 하나를 판단하는 간단한 게임이 벌어졌다. 이 도전은 인간존재에 대항하여 경쟁하기 위한 컴퓨터 프로그램을 위한 것이다. 대화에 참여하기와 그 판단에 따라 설정된 질문들에 답변하기를 통해서 말이다. 만일 컴퓨터 프로그램이 그것은 인간적이라는 판단을 어떻게든 이해시키게 되면, 컴퓨터 프로그램은 튜링 테스트를 통과한다.

종종 관찰해 온 바와 같이, 인공지능은 보이지 않는다. 마찬가지로, 에니그마 장치의 암호에 관한 초기 연구는 비밀을 드러내는 것에 대한 것이었던 한편, 그것은 또한 그 자체가 매우 비밀스러운 것이었다. 그것은 문자 그대로 볼 수 없었다. 그 연구는 잉글랜드의 블레츨리 파크Bletchley Park[6]에서 최고 기밀인 전시戰時 연구 프로그램의 일부로 착수되었다. 그리고 공직자 비밀 엄수법Official Secret Act으로 분류된 정보였다. 그렇게 해서 1970년대 분류가 해제될 때까지 비밀로 남아 있었다.[14] 결과적으로, 일반 대중들은 튜링이 맡았던 연구에 대해서 알지 못했다. 그것은 마치 그의 연구가 그가 해독했던 암호보다 훨씬 더 수수께끼 같은 것으로 남겨진 것 같았다.

물론 모르텐 틸둠Morten Tyludum이 감독을 맡고 베네딕트 컴버배치Benedict Cumberbatch가 튜링 역을 맡았던, 이미테이션 게임The Imitation Game(2014)이라는 영화가 개봉됨에 따라, 오늘날에는 튜링은 잘 알려져 있다.[15] 마찬가지로 튜링은 이제 모든 50파운드의 지폐에 등장한다. '이것은 다가오게 될 것에 대한 하나의 예지에 불과하다. 그리고 막 존재하게 될 것에 대한 그림자에 불과하다.' 라는 그의 명언과 함께 말이다.[16] 예전에는 완전히 보이지 않는 존재였던, 튜링은 이제 컴퓨터 계산과 인공지능을 위한 유명한 대표적 인물이 되었다. 그리고 동성애자 커뮤니티의 아이콘이 되었다.

그리고 여전히 그의 생애의 상당 부분을 둘러싸고 있는 비밀에도 불구하고 주장할 수 있는 것은 튜링의 비극은 그의 삶의 한 측면, 즉 그 자신의 성 관념에 대한 비밀을 유지하는 데에 실패하였다는 것이다. 벤야민 브래턴Benjamin Bratton[7]이 통찰력있게 관찰한 바와 같이, 튜링은 자신의 '튜링 테스트'를 통과하는 데는 실패했다. 그는 동성애가 범죄로 간주되는 사회에서 그는 이성애자였다고 세상을 이해시키는 데 실패하였다.[17] 일단 그의 동성애가 폭로되자, 튜링은 기소되었고, 1952년에 '범範 외설gross indecency[8]'로 유죄를 선고받고 실형 혹은 화학적 거세 중 어느 하나에 대한 선택권이 주어졌다. 그는 후자를 선택하였다. 아마도 1954년 튜링이 스스로 삶을 마감한 것은, 의심의 여지 없이 이 심각한 대중 앞에서의 굴욕의 부분적인 결과일 것이다. 여기서 아이러니는 비록 튜링 자신이 전쟁 동안 수 백만 명의 생명을 구했다 할지라도, 그 자기 죽음의 순간에 일반 대중들은 그가 이룬 성취의 많은 것들을 전혀 알지 못했다. 그것들이 비밀 상태로 남겨져 있었기 때문에 말이다.[18]

영국에서 인기 있는 공상과학 텔레비전 드라마 시리즈인 닥터 후Doctor Who[9]는 모든 에피소드에서 세상을 구하는 박사학위를 가진 과학자의 이야기다. 난투극 속에서 자신들의 적과 끝까지 맹렬히 싸우는, 대다수의 미국적인 슈퍼히어로들과는 대조적으로, 닥터 후는 결코 물리적 싸움을 하지 않는다. 그러나 과학과 기술을 적용하는 것을 통해 간단히 적을 무찌른다. 앨런 튜링 박사가 최초의 닥터 후에게 영감을 준 사람이 될 수도 있지 않았을까?[20]

인공지능의 탄생The birth of AI

또 다른 의미 있는 발전은 1943년에 발생하였다. 수학자 월터 피츠Walter Pitts와 신경학자 워런 매컬러Warren McCulloch는 인간의 뇌에서 영감을 얻은 신경망을 이용하는 초기 컴퓨터를 고안하였다.[21] 그렇게 함으로써, 철학자 버트런드 러셀Bertrand Russell의 명제논리인 참/거짓 구조를 갖춘 튜링 컴퓨터의 2진법의 논리와 신경사회학자이자 인공두뇌학자인 찰스 셰링턴Charles Sherrington에 의해 관측된 신경 시냅스neural synapses의 On/Off 구조를 결합시켰다.[22] 보덴Margaret Boden이 언급한 바와 같이, 논리의 참/거짓 값들은 뇌세포의 on/off활동에, 그리고 튜링 기계에서는 개별적 상태인 0/1 위에 배치되었다.[23]

1950년대까지 컴퓨터 모델링에 대한 두 개의 중복되는 연구 분과가 등장하였다. 하나는 적응행동adaptive behaviour을 관찰하는 것이고, 하나는 논리적 사고logical thinking이다. 이후에 이들은 인공두뇌학cybernetics과 기호계산symbolic computing의 별개의 분과로 분리되었다.[24] '생명에 흥미를 느끼는 자들Those interested in life,' 은 '인공 두뇌학에 머물고, 정신에 흥미를 느끼는 자들은 기호계산으로 전향하였다.' 라고 보덴Margaret Boden은 적고 있다.[25]

그러나, 만일 이러한 분리를 굳히는데 뿐만 아니라 '인공지능' 이라는 용어를 정의하는 데 도움이 되는 특수한 한 사건을 떼놓는다면, 분명히 1956년에 개최된 인공지능에 대한 다트머스 여름 회의Dartmouth summer workshop[10]다.[26] 그 행사는 존 매카시John McCarthy, 마빈 민스키Marvin Minsky, 나다니엘 로체스터Nathaniel Rochester와 클로드 섀넌Claude Shannoun, 그리고 이후에 인공지능 분야에서 권위자가 될 인물들 다수가 참석하였다.

> 우리는 그 두 달, 뉴 햄프셔주, 하노버의 다트머스 대학에서 1956년 여름 동안 인공지능에 관한 10명의 연구를 실행할 것을 제안한다. 연구는 학습에 관한 모든 측면 또는 지능에 관한 어떤 다른 특징은 원칙적으로, 기계는 그것을 시뮬레이션하도록 제작될 수 있다고 할 만큼 상세하게 설명될 수 있다는 추측을 기초로 진행되게 된다. 기계가 언어, 형태 추출과 개념들을 사용하고, 여러 종류의 문제를 해결하고, 그리고 스스로를 향상시키는 방법을 찾기 위한 시도가 있을 것이다. 우리는 신중하게 선출된 과학자 집단이 이 여름 동안 함께 연구할 수 있다면, 이 문제 중 하나 혹은 그 이상에서 상당히 진전이 있을 수 있다고 생각한다.[27]

그 행사는 그 분야를 정의하는 데 도움이 되었을 뿐만 아니라 '인공지능' 이라는 용어의 채택을 끌어냈다. 비록 매카시 자신은 그것이 전적으로 편안할 수는 없었지만 말이다.[28]

뒤이은 것은 성급한 추론heady speculation에 의해 증폭된 행복감 그리고 격렬하고, 기금이 잘 비축된 연구의 시대였다. 확실히 1967년에 민스키Marvin Minsky는 한 세대 내에 인공지능의 문제는 해결될 것이라고 주장하였다.[29] 갑자기 인공지능은 스포트라이트를 받았다. 그러나 시간이 흘러감에 따라, 이러한 포부는 비현실적이었다는 것이 명료해졌다. 이런저런 이유로, 기금은 고갈되었고 첫 번째 '인공지능의 겨울AI winter' 이 찾아왔다.

인공지능 겨울들AI winters

인공지능의 겨울들은 벤처투자자들과 정부 기금지원기관들 측에서 인공지능의 잠재력에 대한 신뢰가 붕괴된 기간들로서 정의한다. 신뢰에 대한 이러한 위기들은 처음에는 학계에서 제출한 리포트로 인해 촉발되었다. 그러나 궁극적으로는 —1990년대 닷컴dot.com의 붐과 파산과 거의 닮은—지나치게 팽창한 기대들에 그 원인이 있었다. 그리고 신기술에 대한 대중적 신뢰의 불확실성이 하나의 예다. 첫 번째 인공지능 겨울은 1974년경에 일어났다. 그리고 두 가지 실패들로 인해 크게 촉발되었다.

실패 중 하나는, 냉전 활동의 일부로서 실시간 번역개발에 대한 미국 정부의 막대한 투자에도 불구하고, 그 결과는 과대광고에 걸맞지 않았다. 인공지능은 언어를 상당히 번역할 수 있었다. 그러나 오로지 올바른 명령일 때뿐이었다.30 또한 우스꽝스러운 결과를 유발한 다른 문제들이 있었다. '보지 않으면, 마음도 멀어 진다out of sight, out of mind' 는 '보이지 않는 미치광이invisible lunatic' 로 번역한다거나 혹은 '마음은 그런데, 몸은 따라주지 않는군the spirit is willing but the flesh is weak' 을 '보드카는 좋지만 고기는 형편없다the vodka is good but the meat is rotten' 로 번역하였다.31 결과적으로, 미국의 군 기금military funding의 주요 원천인, 방위 고등 연구 기획국Defense Advanced Research Project Agency(DARPA)은 주요 기계학습 연구프로젝트의 기금지원을 철회하였다. 한편 1973년에 제임스 라이트힐James Lighthill 교수는 영국에서 논란이 되는 리포트를 발표하였다. 거기에서 그는 인공지능은 인공지능의 다소 웅대한 포부를 따라잡는 데 실패하였다고 지적하였다.32 최종결과는 인공지능에 대한 갑작스러운 신뢰의 상실이었다. 인공지능 연구를 위한 기금의 급격한 축소를 초래하였고 그 현상은 그 밖의 유럽 전역에 영향을 미쳤다. 다른 실패는 신뢰가 연결주의 인공지능과 맥컬러Warren McCulloch와 피츠Walter Pitts의 초기 연구에서 비롯된, 신경망의 잠재력에서 사라지기 시작했다. 이것은 부분적으로 *퍼셉트론*[11]: *전산기하학 입문Perceptrons: An Introduction to Computational Geometry* 이라는 책의 출판의 결과였다. 이 책은 기호적 인공지능symbolic AI에 열중했던 마빈 민스키Marvin Minsky와 시모어 페퍼트Seymour Papert가 저술하였다.33 저서는, 1958년 프랑크 로젠블랫Frank Rosenblatt[12]에 의해 발명된 지도학습을 위한 알고리즘인, 퍼셉트론perceptron을 사용하는 것에 의존하는 연결주의 접근방식의 한계를 약술하였다.34 로젠블렛은 퍼셉트론은 의사결정을 할 수 있을 뿐만 아니라 심지어 언어를 번역할 것이라고 예견하였었다.35 실로 퍼셉트론 인식은 몇 가지 징후를 보여주었다. 그리고 이후에 명백해진 바와 같이, 딥 러닝이 개발되었을 때 연결주의 인공지능[13]은 의사결정과 언어번역 둘 모두를 제법 할 수 있다.

*퍼셉트론*의 출판은 인공지능의 역사에서 가장 논쟁적 에피소드 중 하나로 점찍었다. 대부분 인공지능 커뮤니티에서의 다양한 '종족들' 간의 경쟁은 보통의 학문적 라이벌의 형태를 취한다. 그러나 몇몇은 이 책을 받아들일 수 있는 수준을 넘어, 연결주의에 대해 통렬한 비판을 가하는 것으로 생각하였다. 민스키Marvin Minsky와 페퍼트Seymour Papert 그들 스스로가 그들의 비평을 경시하였다. 그것을 잘못 이해하였다고 주장하면서 말이다: '우리는 우리의 저술을 백설공주 죽이기Killing Snow White로 생각하지 않았다. 우리는 그것을 그녀를 이해하기 위한 하나의 방편으로 보았다.' 36 2년 후 로젠블랫은 비참하게도 선박사고로 사망하였다. 가장 유명한 대표자의 죽음은 연결주의의 평판에 충격적인 영향을 주었다. 최고의 대변인이 부재한 상황에서 연결주의는 대부분 시야에서 사라졌다.

결과적으로 연결주의는 지지를 잃기 시작하였다. 그리고 라이벌 접근방식인 기호학적 인공지능symbolic AI이 주도권을 쥐었다. 실로 제프리 힌턴Geoffrey Hinton[14]은 뒤이은 수년간 연결주의에 대해 연구하고 있던 자신과 동료들은 위장camouflage의 논리에 의존하도록 강요받았다. 그리고 학술논문들의 게재를 위해 신경망에 대한 참고문헌들을 삭제하였다고 주장한다.37

두 번째 '인공지능 겨울'은, LISP 프로그래밍 언어를 토대로 한 LISP 기계들을 위한 시장이 붕괴되면서, 1980년대 후반에 일어났다. 그리고 썬 마이크로시스템즈Sun Microsystems에 의해 개발된 워크스테이션workstations과 IBM과 애플Apple에 의해 생산된 데스크탑 컴퓨터들이 그 시장을 빼앗기 시작하였다.38 그보다 더한 요인은 방위 고등 연구 계획국DARPA[15]에서의 정책변화였다. 그곳에서 성공 가능성을 위한 표적이 된 프로젝트들에 기금을 지원하기로 결정되었다.

이러한 '인공지능 겨울들'의 명백한 위기에도 불구하고, 인공지능에 관한 연구는 실제로 꾸준한 진전을 이루며 계속되었다. 그것은 거의 인공지능의 잠재적 성공에 대한 초기의 과장이 오직 그 실패에 대한 과장에 맞먹는 것과 같다. 레이 커즈와일Ray Kurzweil[16]이 지적한 바와 같이, '많은 논평자가 여전히 인공지능 겨울은 그 이야기의 끝이었고, 그 이후, 인공지능 분야에는 아무 일도 일어나지 않았다고 생각한다.

그럼에도 오늘날 수천 개의 인공지능 응용프로그램들이 모든 산업의 하부구조에 깊이 심겨져 있다.' 39 로드니 브룩스Rodney Brooks[17]는 유사한 관점을 가지고 있다.

> 거기에는 인공지능은 실패했다는 어리석은 미신이 존재한다. 그러나 인공지능은 하루의 매 순간 당신의 주위에 있다. 사람들은 단지 그것을 알아채지 못한다. 당신의 차는 연료주입시스템의 조건들을 조율하는 인공지능 시스템을 갖추고 있다. 당신이 비행기에서 착륙할 때, 게이트는 인공지능 일정계획시스템에 의해 선택된다. 당신이 마이크로소프트웨어를 사용하는 매시간, 편지를 쓰는 것과 같은 당신이 하는 것을 이해하려는 인공지능이 있다. 그것은 정말이지 훌륭하게 임무를 완수해낸다. 당신이 컴퓨터에 의해 생성된 등장인물이 있는 영화를 보는 모든 시간에는, 그것들은 모두, 하나의 집단처럼 행동하는, 작은 인공지능 등장인물들이다. 비디오 게임을 하는 모든 시간 동안, 당신은 인공지능 시스템을 상대로 게임을 한다.40

이것이 인공지능이 가진 가장 큰 문제 중의 하나다. 비록 인공지능에서의 발전들이 내내 지속되고 있다 할지라도, 일반 대중들은 인식하지 못한다. 따라서 인공지능에 관한 관심을 끌어모으고 인공지능이 할 수 있는 것을 일반 대중들에게 보여주기 위해 주의를 끄는 공공행사를 개최한다.

딥 블루Deep Blue

체스에서 인간을 물리치는 도전은 인공지능의 오랫동안 주요 목표로서 여겨져 왔다. 1930년대에 배비지Charles Babbage는 체스게임 기계를 만드는 것에 대한 가능성을 숙고하였다. 1946년에 튜링Alan Turing이 그 가능성을 얻었던 것처럼 말이다.41 그리고 수년이 흐르면서, 컴퓨터가 세계챔피언을 이길 수 있을지도 모른다는 것과 같은, 수많은 예측이 있었다.42 1990년 커즈와일Ray Kurzweil은 2000년까지는 컴퓨터가 세계챔피언을 꺾을 수 있으리라고 예측하였다.43

1997년 IBM의 슈퍼컴퓨터 Deep Blue는 그때, 모든 주류 언론에 보도되는 시선을 끄는 체스 시합에서, 가리 카스파로프를 이어 체스 세계챔피언이 되었다. 그 시합은 여섯 차례의 게임으로 이루어졌다. Deep Blue는 두 번의 게임을 이겼고, 카스파로프

그림 2.2 체스 세계챔피언 가리 카스파로프Garry Kasparov가 1997년 5월 11일 뉴욕에서, IBM의 Deep Blue 컴퓨터를 상대로 제6차 그리고 최종 시합을 시작하며 손으로 머리를 감싸 쥐고 있다. 카스파로프는 단 19수 만에 시합에 패배하였다. 사진은 Getty Images가 제공하였다.

는 한번을 이겼다. 그리고 세 번은 비겼다. 3년 전, 커즈와일이 예측한 그 날, 컴퓨터가 체스 세계 챔피언을 이겼다. 그 이름에도 불구하고, 그러나 Deep Blue는 사실은 딥 러닝의 사례가 아니다.44 그것은 기계학습의 전형적인 사례다. 비록 그것은, 세계적인 체스 전문가들의 게임들로부터 정제된 정보를 토대로 하는, 규칙들과 발견적 방법들heuristics로 이루어진 특수 세트를 지닌 수많은 수제handcrafted 특징들이 주어졌지만, 그것은 실제로 수천 번의 체스게임들을 통해 체스게임 방법을 '배웠다.' 그리고 초기에 프로그램되지 않았던 수많은 조건들parameters을 결정할 수 있었다. 토비 월시Toby Walsh가 지적한 바와 같이, '예를 들어, 그것은, 중앙의 공간 이점과 비교했을 때, 안전한 킹의 위치에 무게를 주는 방법에 대해서는 프로그램되지 않았다. 이러한 조건들을 위한 최적값들은 수천 번의 마스터 게임들에 걸쳐 기계학습으로 결정되었다.' 45

Deep Blue의 성공은 많은 사람에게, 특히 체스계의 사람들에게, 충격을 주었다. 체스 선수이자 또한 컴퓨터 프로그래머인 마크 위더Mark Wieder가 말하길, '이것은 역사적 사건이다. 역사상 가장 위대한 체스 선수가 기계에 패배했다.' 46 카스파로프 자신은 Deep Blue의 한 수에 너무나 충격을 받아서, 전해지는 바로는, 그것이 꼼수를 부렸다고 생각했다고 한다.47 결국, 그러나, 카스파로프는 Deep Blue의 업적을 인정하였다. 그는 새로운 종류의 지능을 느꼈으며 몇 수의 움직임에서 진정한 창의성을 엿보았다고 덧붙였다. 참으로, 인간 체스 선수들이 그 이후 적용해오고 있는 새로운 전략과 수들을 보여주면서, Deep Blue는 체스 세계에 엄청난 기여를 하였다. 비록 누군가는 Deep Blue에 대한 그의 패배를 인공지능의 손아귀에 놓인 인간존재의 일련의 굴욕 중 최초의 굴욕으로 해석할 수 있을지 모르지만, 카스파로프 자신은 그 순간을 인간존재의 대성공으로 보았다. 자신의 저서, 딥 씽킹Deep Thinking에서 그는 다음과 같이 논평하고 있다.

> 나는 Deep Blue에 대한 나의 패배는 또한 인간을 위한 승리라는 것을 분명히 했다. ―그 고안자와 모든 사람은 기술도약으로부터 이익을 얻는 사람들은, 바로 모든 사람이다. 이것은 항상 큰 그림 속에 있는 사실이다. 그리고 이 책이 '인간 대 기계' 경쟁이라는 스토리라인을 거부하는 이유이다. 기계는 우리를 위해 일한다. 결국에는 말이다.[49]

카스파로프는 의심하지 않는다. 그러나, ―결국― 인공지능은 우리 삶의 모든 측면에서 인간존재를 능가할 수 있을 것이다. '우리가 아는 방법 모든 것을, 기계들은 더 잘 알 것이다.'[50] 당신이 할 수 있는 어떤 것이든, 인공지능은 더 잘할 것이다.

그러나 비록 카스파로프에 대한 승리가 대중의 상상력에 극적인 영향을 주었고, 분명히 IBM에 시선을 끄는 홍보를 가져다주었지만, Deep Blue는 인공지능의 발전에 그다지 기여하지 못했다. 참으로, 러셀Bertrand Russell에 따르면, 그 시합은 본질적으로 이전에 수년 동안 발전시켜 온 기법 중 단지 하나의 증명demonstration에 지나지 않았다. 'Deep Blue는 기본적으로 30년도 더 이전에 고안되었고, 점진적으로 강화

'당신이 할 수 있는 어떤 것이든,
인공지능은 더 잘할 수 있다.'

되어왔고, 그런 다음 점점 강력한 하드웨어에 배치된 알고리즘 중 하나의 시험판이다. 세계챔피언을 이길 때까지 말이다.'[51] 핵심 이익은, 당시에는, 전산 능력에서의 성장이었다. 이것이 DeeP Blue가 상당히 더 빠르게 계산하고, 그로 인해 게임에서 더 많은 가능한 수들moves을 분석할 수 있도록 해주었다.

제퍼디!Jeopardy!

카스파로프에 대한 Deep Blue의 성공을 뒤이어, IBM은 다음 단계는 일상 언어에 반응할 수 있는 컴퓨터를 개발하는 것이 되리라고 판단하였다.52 이것이, IBM의 첫 번째 CEO인 토머스 존 왓슨Thomas J. Watson의 이름을 딴, IBM 왓슨IBM Watson 컴퓨터의 개발로 이어졌다. 인기 있는 퀴즈 게임 제퍼디!Jeopardy!가 다음 시선을 끄는 도전이 되리라는 것이 결정되었다.53

그러나, 제퍼디!가 가진 문제는 그것이, 하나의 명백한 해답이 존재하는, 기본적 지식 퀴즈standard knowledge quiz가 아니었다는 점이다. 오히려 그것은 종종 미묘한 농담과 말장난을 사용한다. 수수께끼 같은 십자말풀이처럼 말이다. 그처럼, 도전은 단순히 문서검색을 하는 것이 아니다.54 그보다 오히려 자연스러운 언어에 표현된 질문을 듣고 더 상세하게 이해하기 위한 시도이다. 수수께끼 같은 논리를 드러내기 위해서 말이다.

이것을 하기 위해, IBM은 자연스러운 언어에 대응할 수 있는 질의-응답 컴퓨터를 개발할 필요가 있었다. 데이비드 페루치David Ferrucci가 이끄는 팀에 의한 초기 연구는 실망스러운 것으로 판명되었다.55 그러나 혁신은 그 팀이, 컴퓨터 구조의 작동방식이, '질문을 분석하고, 검색엔진으로 후보 답변들을 제시하고, 이 답변들을 조사하고, 그리고 그 답변들을 위해 찾아낸 증거들을 토대로 점수를 매기는' 일련의 순서sequence를 토대로 하는 DeepQA를 개발하였을 때 왔다.56

실제 도전에서, IBM 왓슨은, 2011년 2월 14일과 15일에 방송된 2라운드 경기에서, 2명의 전前 챔피언인 켄 제닝스Ken Jennings와 브래드 루터Brad Rutter를 상대로 경쟁하였다. 비록 첫 번째 라운드에서는 러터와 동점을 이루었지만, 두 번째 라운드에서는 완벽한 승자라는 것이 드러났다. 제닝스의 24,000 달러와 루터의 21,600 달러에 비해 77,147 달러를 획득하면서 말이다. 왓슨에게 전체 백만 달러의 1등 상을, 제닝스에게는 30만 달러의 2등 상을, 그리고 러터에게는 20만 달러의 3등 상을 수여하였다. 제닝스는 최종 답변에서 다음의 발언을 덧붙였다. '나는, 우선, 우리의 새로운 컴퓨터 군주를 환영합니다.' 반농담조로 만화시리즈 심슨가족The Simpsons과 연관 지어서 말이다.57

그림 2.3 IBM Watson이 제퍼디!에서 경쟁하고 있다. 2011년 IBM Watson 컴퓨터는 2명의 전前 챔피언들인, 켄 제닝스와 브래드 러터를 2라운드 제퍼디! 경쟁에서 패배시켰다. 사진은 Getty가 제공하였다.

IBM 왓슨의 이점 중의 하나는 컴퓨터 회로는 인간 경쟁자들의 반사 신경보다 훨씬 빨리 질문들에 반응하도록 해준다는 것이다. 왓슨은 또한 냉정함을 유지한다. 왓슨을 상대로 경쟁하기로 선택된 인간 제퍼디 챔피언인, 켄 젱킨스Ken Jenkins가 지적한 바와 같이, '왓슨은 두려워할 수가 없다. 결코, 자만심이 강해지거나 혹은 의기소침해지지 않는다. 그것은 게임을 냉정하게 치른다. 무자비하게, 해답에 대해 확신할 때, 완벽하게 타이밍을 맞춰 버즈를 울리면서 말이다.'[58] 동시에 왓슨은 답변 이전에, 하나의 질문을 온전히 이해할 필요가 있다. 그리고 답변을 미리 추측할 수 있다.

그 시합 이후, IBM은 왓슨을 위한 수많은 잠재적 응용프로그램들applications을 탐구해오고 있다. 특히 건강관리healthcare와 관련해서 말이다. 참으로 왓슨은 제퍼디!의 의료분야에서 이미 그 가능성을 암시하였다. '당신은 단지 낮잠만 필요합니다. 서 있는 동안, 당신은 환자들을 꾸벅꾸벅 졸게 만들 수 있는 수면장애를 가지지 못합니다.' 라는 그 질문에 '수면발작이 무엇입니까?' 라고 정확하게 대답하면서 말이다.[59]

딥 마인드Deep Mind와 IBM 왓슨의 대중적 성공을 따라, 다음 주목할 만한 도전이 도래하는 데는 오래 걸리지 않았다. 이번에는 바둑 게임과 관련이 있다.

알파고AlphaGo

바둑Go 게임은 규칙 면에서는 간단하다. 그러나 무한대로 복잡한 것은 그 안에서 잠재적으로 적법한 바둑판의 위치들potential legal board positions의 수는 우주 속에 있는 원자들의 수보다 더 크다.60 결론적으로 말해, 그것은 인공지능에게 있어서 가장 큰 도전 중의 하나로 오랫동안 인식되어왔다.

알파고는 구글Google이 소유하고 있는 회사인, 딥마인드 테크놀로지DeepMind Technology에 의해 개발된 딥 러닝 컴퓨터 프로그램이다. 그 프로그램은 바둑Go 게임을 하기 위해 스스로를 '가르치기' 위한 학습강화 및 몬테카를로 검색 알고리즘Monte Carlo search algorithm을 사용한다. 그 자신을 상대로 방대한 회수의 시합을 치름으로써 말이다.61 여기서 큰 이점은 알파고는 전통적인 사고에 제한받지 않고 그 게임을 새롭게 학습한다는 것이다. 딥마인드 CEO인 데미스 허사비스Demis Hassabis가 지적한 바와 같이, '딥 블루Deep Blue는 수작업으로 제작된hand-crafted 프로그램이다. 그곳에서 프로그래머들은 체스 대가들grandmasters로부터 획득한 정보를 특별한 규칙과 발견적 방법heuristics으로 정제하였다. 반면 우리는 알파고에게 학습할 수 있는 능력을 불어넣어 주었고, 그리고 그 이후 알파고는 실습과 연구를 통해 그것을 터득하게 되었다. 이러한 것은 훨씬 더 인간과 유사하다.' 62

그러나 이것은 어쩌면 약간 솔직하지 않은 것일지도 모른다. 알파고는 딥 러닝으로 혼자 배우지 못한다. 알파고 역시 많은 수제 특성을 갖추고 있으며 —딥 블루처럼—인간에 의해 치러진 이전 시합들에 대한 데이터베이스로 훈련받았다는 것을 인정해야만 한다. 그처럼, 두 개의 프로그램들은 어쩌면 종종 생각했던 것만큼 크게 닮지 않은 것이 아닐 수도 있다. 러셀Stuart Russell이 논평한 바처럼 말이다.

> 알파고, 그리고 그것을 승계한 알파제로AlphaZero는 바둑Go과 체스Chess에서의 놀라운 발전과 더불어 딥 러닝을 둘러싼 수많은 언론의 관심을 받았지만, 그 프로그램들은 사실상, 전통적인 검색 기반 인공지능과 딥 러닝 알고리즘의 혼합이다. 그것은 각 게임의 위치를 평가하고, 전통적인 인공지능은 그 위치를 찾는다. 좋고 나쁜 위치를 구별하는 능력이 알파고에 있어서 핵심이지만, 딥 러닝으로서만 세계챔피언 수준의 플레이를 할 수 없다.63

그림 2.4 DeepMind의 인공지능 프로그램인 알파고를 상대로 딥마인드 도전 시합 가운데 네 번째 시합 중인 이세돌Lee Sedol, 2016년 3월 13일 한국 서울에서 개최되었다. 사진(515358446)은 Getty가 제공하였다.

알파고와 한국의 프로 9단 바둑 기사인 이세돌 간의 주목받는 시합이 2016년 3월 한국 서울에서 개최되었다. 그 시합이 사실상 알파고를 세상에 알렸다. 그 시합은 다섯 번의 게임으로 구성되었다. 대부분의 바둑 전문가들－이세돌 자신을 포함하여－은 인간 기사가 쉽게 이길 것으로 예측하였다. 그러나 매우 놀랍게도, 알파고는 첫 게임을 이겼고, 네 번의 게임까지 계속해서 승리하였다.

게임2는 전환점이 되리라는 것을 증명하였다. 게임1 이후, 이세돌은 놀랐다. 그러나 게임2 이후, 그는 할 말을 잃었다. '어제, 나는 놀랐습니다. 그러나 오늘 나는 말문이 막혔습니다. 만일 당신이 게임이 진행되는 방식을 본다면, 나는 인정합니다. 그것은 나에게는 완벽한 패배였습니다. 그 게임의 바로 시작부터, 내가 앞서가고 있다는 느꼈던 때는 한순간도 없었습니다.'[64] 그 시합에 대한 가장 큰 논지는, 그러나, 이 게임에서 알바고의 놀라운 움직임이었다.

게임2에서, 이세돌은 좀 더 주의 깊은 플레이를 시도하며 다른 스타일을 선보였다. 그는 그가 활용할 수 있는 어떤 틈opening을 기다린다. 그러나 알파고는 계속

> 해서 놀라게 한다. 서른 일곱 번째 움직임에서, 알파고는, 바둑판의 우측면 상단에 '어깨치기shoulder hit' 라고 부르는, 예상치 못한 수를 두었다. 이 위치에서 이러한 수는 프로경기에서 처음 보는 것이었다. 그러나 그 영리함은 즉시 분명해졌다. [바둑기사碁師]인 판후이Fan Hui는 이후에 이렇세 말하곤 하였다. '인간의 게임에서 이런 수를 결코 본 적이 없다. 너무 아름다워.' 65

아름다워, 아름다워, 아름다워—후이가 반복한 것은 그 한 단어였다.66 이 수가 도전한 것은 바로 그 창의성이라는 속성이다. 게다가 그것은 또한 바둑이라는 게임에 대한 우리의 이해를 근본적으로 변화시키는 역할을 하였다. 이전에는 불 수 없었던 수많은 움직임을 선보이면서 말이다.67

> 그리고 이세돌은? 일어서서 그리고 방 밖으로 나갑니다. 잠시 무슨 일이 나고 있는 것인지 분명치 않습니다. 그러나 그 후에 게임룸으로 다시 들어옵니다. 새롭게 침착하게, 자리에 앉고, 자신의 응수를 둡니다. 이어진 것은 게임1보다 훨씬 근접한 게임입니다만, 결과는 마찬가지입니다. 이세돌은 이백열한 번째 수를 둔 이후 포기합니다.68

이세돌이 알파고가 참으로 창의적일 수 있다는 것을 깨닫게 만든 것은 이 움직임이었다. 유럽 바둑 챔피언인 판후이가 언급한 바와 같이, '알파고가 그 수를 선택했을 때, 나는 실수했다고 추측했다. 즉시 나는 이세돌의 반응을 보았다. 처음에는 그가 웃는 것 같았다. —비록 그 역시 알파고가 실수했다고 생각하였다 할지라도— 그러나 시간이 흘러감에 따라, 그가 알파고가 뛰어나다는 것을 깨닫기 시작했다는 것은 분명했다. 사실상, 시합 이후, 그는 자신이 이 수를 보았을 때, 마침내 알파고가 창의적이라는 것을 깨달았다고 말했다.' 69

하사비스Demis Hassabis는 훨씬 더 나아간다.

> 누군가는 단순히 무작위로 바둑판에 첫수를 둘 수 있다. 그럼에도 만일 그것이 또한 효과적이라면, 한 수가 유일하게 진심으로 창의적이라고 생각할 수 있다. 게임2에서의 서른일곱 번째의 결정적 역할은 정교한 계산에 의한 교묘한 한 수를 보여준다. 그것은 바둑 게임을 영원히 바꾸는 것일 뿐만 아니라 인공지능의 엄청난

창의적 잠재력을 상징화하게 되는 것이다.[70]

알파고는 장기長期전략을 적절히 구사한다. 알파고가 만들어 내는 많은 수moves에 대해 전문가들은 '느슨한 수slack moves' 로 여겨서 초기에는 무시한다. 처음에는 거기에 어떤 의미도 없어 보인다. 그러나 장기적으로, 이 '느슨한 수들' 은 실제로는 전체적으로 주의 깊게 고려되었으며, 일련의 —전략적으로 파괴적인— 움직임들과 장면들을 조정setting하고 있었다는 것이 명료해졌다. 참으로, 그 정도로 알파고의 플레이는 영리했다. 이세돌조차 인간에 의해 만들어진 수들의 창의성에 의문을 가지기 시작했다. 예전에는 창의적이라고 생각했던 것들 말이다, '알파고는 인간이 창의적이라는 생각했을 그 수들이, 실제로는 전통적이었다는 것을, 우리에게 보여주었다.' [71]

그 하나의 논평으로, 이세돌은 인간의 창의성을 재평가하도록 우리를 압박하고 있다. 그렇다면, 중요한 질문은 인공지능이 창의적인 것으로 간주될 수 있느냐 없느냐 하는 것보다, 오히려 인공지능이 인간존재보다 더 창의적일 수 있느냐 없느냐 하는 것이다.[72] 우리 인간존재는 우리가 창의적이라고 생각하는 것만큼 실제로 창의적인가?

예상했을 수도 있는 바와 같이, 딥마인드는 그 이후, 바둑 게임을 하는 컴퓨터의 성능을 더 강화하는, 일련의 반복들iterations을 발전시켰다.[73] 일련의 다른 모델들이 뒤를 이었다, 알파고 마스터AlphaGo Master와 알파고 제로AlphaGo Zero는 각각 이전의 최상의 모델을 기반으로 향상되었다. 알파고 마스터는 프로바둑기사를 상대로 일주일이라는 기간 내에 60회의 연속게임을 지속해서 이겼다. 이에 뒤질세라 알파고 제로는 21일 이내에 알파고 마스터의 수준에 도달하였고 바둑 게임에서 이전의 최상 버전인 알파고 100-0AlphaGo 100-0을 패배시킬 수 있었다.[74] 알파고 제로에 대해 놀라운 것은 단순히 어떠한 사전 지식이 제공되지 않은 채 바둑 게임을 하도록 스스로를 가르쳤다는 사실이 아니라, 그보다 오히려 스스로 가르치는 속도가 인간의 이해력을 넘어선다는 것이다. 알파고는 단지 3일 만에 자신을 상대로 4백만 9천 회의 바둑 게임을 실행함으로써 자신을 훈련시켰다.[75] 그것은 거의 초당 20회의 바둑 게임에 해당하는 비율이다. 이것은 진정으로 놀랍다.

딥마인드는 그때 다목적 모델인 알파제로AlphaZero를 개발하였다. 그것은 체스와 쇼기Shogi[18]와 같은 다른 게임들을 할 수 있다. 2017년 겨울, 알파 제로는 알파고 제로AlphaGo Zero의 3일 버전을 바둑에서 60대 40으로 이겼다. 그것은 또한 쇼기에서 최상의 쇼기 프로그램을 이겼다. 그리고 체스에서는 최상위의 체스 프로그램인 스톡피시Stockfish를 이겼다.76 좀 더 최근에, 알파스타AlphaStar는, 스타크래프트2StarCraft2에서 그랜드 마스터를 달성하였다. 스타크래프트2는 바둑보다 훨씬 더 복잡하다는 평판이 있는 비디오 게임이다. 그 게임에서 적의 장비들pieces은 가려서 보이지 않는다.77 알파스타는 멀티 에이전트 강화학습multi-agent reinforcement learning[19]을 사용한다.

인간존재가 체스게임 혹은 바둑에서조차 인공지능을 이길 것을 기대하였는지도 모를, 그 시간은 오래전에 사라졌다. 이세돌 그 자신은 어떻게 되었는가? 그는, 미래에 결코 인공지능을 이길 수 없으리라는 이유로, 2019년 11월에 프로바둑에서 은퇴하였다. '이것은 이길 수 없는 존재다.' 78

여기에 인공지능에 패배하였던 세 명의 다른 인간 존재들의 세 가지 다른 반응들이 있다. 카스파로프Garry Kasparov는 그것을 인간존재를 위한 업적이라 부르며, 자신의 패배에 대해 긍정적인 의견을 내놓고 있다. 켄 제닝스Ken Jennings는 자신의 '새로운 컴퓨터 군주' 를 환영한다. 그러나 시합에서 패배를 인정한 이후, 이세돌은 결국 자신의 경력에서도 또한 패배를 인정하기로 결심한다.

이것이 미래에 대한 예언일까? 우리는 모두 결국 인공지능의 우수한 지능을 인정하게 될까? 혹은 그것을 인정하는 것조차 실패할 것인가? 알파고의 '느슨한 수들' 처럼, 인공지능의 지능이 우리의 이해력을 넘어서기 때문에 말이다. 간단히 말해, 인공지능은 우리를 완전히 잉여 인간edundant으로 만들까? 우리가 그것을 깨닫든 그렇지 않든 상관없이 말이다.

스푸트니크 충격Sputnik moment

서방에는 대부분 알려지지 않은 프로기사들이 참여하는, 한국 서울에서 개최된 바둑 게임이, 게임을 한다는 것은 서방에서는 거의 듣지 못한다, 아마도 인공지능 커뮤니티를 제외하고, 큰 동요를 일으킬 것이라고는 거의 예상하기 어려웠다. 논란이 있을 수 있지만, 그러나, 이 시합은 인공지능의 전全 역사에서 가장 중요한 사건 중의 하나가 되리라는 것을 증명하였다.

중국에서 이세돌에 대한 알파고의 승리는 인공지능에 대한 커다란 관심을 촉발한 하나의 사건이었다. 결국, 바둑 게임은 3천 년도 더 이전에 중국에서 발명되었다. 그리고 그곳에서 큰 인기를 유지하고 있다.

중국인들은 그 시합에 의심의 여지 없이 푹 빠졌다. 이 행사를 위해 전 세계적으로 2억8천만 명으로 추정되는 텔레비전 관중들이 있었다. 그것의 상당한 비율이 중국에 있었다.79 이세돌을 넘어선 알파고의 승리는 국가 전체에 걸쳐 격심한 충격을 주었다. 중국에 미친 그 시합의 충격을 깎아내려서는 안 된다. 그것은 그들에게 거대한 충격을 준 경험이었다. 이세돌이 지적한 바와 같이, '밤새, 중국은 인공지능의 열풍에 빠져들었다.' 80 중국의 '스푸트니크 충격' 으로 리카이푸Kai-Fu Lee[20]가 묘사한 것에는 중국 정부가 그 시합 이후 깨달았던 것은 막대한 잠재력을 보유하고 있는 기술에서 서양에 뒤져있다는 것이었다.81 원래 '스푸트니크 충격' 은, 물론, 우주에 인공위성을 쏘아 올린 소비에트 연방의 성공에 크게 당황한 후에, 미국이 갑작스럽게 우주경쟁Space Race에 뛰어든 순간이었다.82

중국 정부는 발 빠르게 인공지능에서의 투자에 대한 야심 찬 신속한 프로그램을 시작하기로 결정하였다.83 2017년 10월 18일–그 시합 이후 1년 6개월이 지난 시점–중국의 시진핑Xi Jinping 주석은, 2030년까지 인공지능 개발 분야에서 미국을 추월하는 것을 기대하며, 인공지능에 투자하는 중국을 위한 새로운 계획을 발표하였다.84 카이푸는 통찰력 있게 논평하고 있다. '만일 알파고가 중국의 스푸트니크 충격이라면, 중국의 인공지능 계획은, 미국에 달 착륙을 추구하는, 존 F. 케네디 대통령의 기념비적 연설과 같다.' 85 사실 일부에서는 중국이 이미 미국을 추월하였다고 주장한다. 만일 인공지능 관련 발표논문의 수를 토대로 평가하고, 2025년까지 대부분 인용된 논문들을 위한 1위 자리를 주장하기 시작한 것을 본다면 말이다.86

만일, 그렇다면, 미국에서의 원래 스푸트니크 충격이, 그 자체로 냉전冷戰의 징후manifestation였던, 우주 경쟁으로 이끌었다면, 중국에서의 두 번째 스푸트니크 충격은 인공지능 경쟁으로 이끌지 않겠는가? 그것 자체가 새로운 형태의 냉전 말이다.87 비록 인공지능이 군사적 목적으로 사용될 수 있다 하더라도, 그것의 진정한 가치는 분명히 전 인류에게 이익이 될 새로운 기술을 열어젖히는 데에 있다. 냉전보다, 산업혁명 혹은 전기의 발명과 비교되어야 한다. 그러나 그것은 확실히, 이세돌이 적절히 언급한 바와 같이, 적어도 중국의 측면에서 '게임' 과 '전환점game changer' 둘 다였다.88

그 시합은 또한 한국에서 인공지능에 대한 투자 유치funding에 심대한 영향을 미쳤다. 그 시합이 있고 불과 이틀 후인, 3월 17일에, 한국 정부는 향후 5년에 1조원(8

억6천3백만 달러)을 인공지능 연구에 지원하기로 약속했다. 한국의 박근혜 대통령은 그 시합에 감사를 표했다. '무엇보다, 한국 사회는 역설적이게도 행운입니다. "알파고 쇼크"에 감사합니다. 너무 늦기 전에 인공지능의 중요성을 배웠습니다.' [89]

인공지능과 가시성AI and visibility

인공지능의 역사는 가시성visibility과 불가시성invisibility의 역사로 읽힐 수 있다. 사람들 대부분은 대체로 인공지능을 알지 못한다. 그리고 그것이 하는 일에 대해 거의 이해하지 못한다. 그리고 종종 그것이 실제로 하는 일을 이해하는 사람조차도, 그것이 어떻게 작동하는지를—딥 러닝의 경우에서처럼— 이해하지 못한다.

이러한 것이 주목을 받기 위해 남의 시선을 끄는high profile 이벤트를 취하는 인공지능의 눈에 띄지 않는 점the low profile이다. 이것은 스티븐 호킹Stephen Hawking 혹은 일론 머스크Elon Musk와 같은 저명인사의 뉴스헤드라인 논평이 될 수 있다. 혹은 그것은 텔레비전 무대에 올려진 경기competition가 될 수 있다. 대중의 상상력을 진정으로 사로잡는 것은 크게 눈에 띄는 이러한 순간들이다. 이세돌과 알파고와의 시합은 대규모의 TV 시청자들이 시청하였을 뿐만 아니라 다큐멘터리 수상작인 *AlphaGo*의 주제가 되었다.[90] 그에 비해, AlphaGo Master와 실제로 세계 챔피언인 커제Ke Jie와의 뒤이은 시합에 대해서는 거의 들은 사람이 없다. 이 두 번째 이벤트는 완전히 같은 방식으로 미디어에 홍보되지 않았다.[91] 사실상, 어쩌면 보는 것 중에서 가장 멋진 성취는 알파제로AlphaZero의 개발을 이루어 낸 것이다. 이 프로그램은 —대체로 알려지지 않은 채 지나쳐버리는 비범한 업적인—강화학습reinforcement learning을 이용하여 전적으로 스스로를 훈련시켰다. 간단히 말해, 인공지능은 대부분 사람들에게 크게 알려지지 않은 채로 사라진다. 남의 시선을 끄는 일련의 순간들을 제외하고서는 말이다.

인공지능 그 자체는 보이지 않은 만큼, 인공지능에 관한 연구 역시 대부분 일반 대중에게 알려지지 않은 채 지나간다. 어떤 경우에는, 여전히 진행 중인, 연구 정보를 누설하지 않도록 하기 위한 충분한 사업적 이유들이 있을 수 있기 때문이다. 그러나 대부분은 인공지능 연구의 '불가시성invisibility' 은 단순히 그 연구가 충분히 흥미롭지 않다거나 언론이 취재하여 일반 대중이 접근할 수 있느냐 하는 두 가지 중 하나라는 사실에 이르기까지 한다. 미디어의 관점에서 보자면, 이벤트가 만약 뉴스로서의 가치가 없다면 이벤트가 아니다. 마찬가지로, 일반 대중의 입장에서 보자면, 만약 언론이 취재하지 않는 이벤트라면 이벤트가 아니다. 같은 원리가 그 장면의 뒤쪽에서 열심히 노력하는 많은 사람에게 적용된다. 오늘날 인공지능을 만들기 위해 도움을 주어 왔던 사람들 말이다. 가시성이 모든 것이다.

이러한 세간의 이목을 끄는 이벤트들은 재미있는 것일지도 모른다. 그러나 그 이벤트들 이면에 놓인 실제 의도는 인공지능을 소개하고 상업적 잠재력에 대한 인식을 끌어올리고, 재정적 지원자들에게 감동을 주기 위한 것이다. 그렇게 함으로써 인공지능의 보이지 않는 논리가 보이도록 만드는 것이다. 그것은 단순히 마케팅의 문제다. 우리가 잊지 말아야 할 것은 —마케팅의 관점에서— 인공지능 그 자체는 '장면의 뒤쪽에서' 보이지 않게 작동한다. 우리에게, 이전의 우리 연구 보고서가 제안하는, 제품들을 위한 광고를 제공하면서 말이다. 그것은 우리가 매력적인 것을 발견할지도 모르는 어떤 것이다. 몰래 광고하는 것이다.

잠재적으로 더욱 당황스러운 것은 의도purposes가 눈에 띄도록 인공지능을 이용하는 반대의 경향이다. 실제로 사용되는 인공지능이 조금 있거나 혹은 없을 때조차도 말이다. 예를 들어, 한센전자Hansen Electronics는 휴머노이드 로봇humanoid robot 소피아Sophia를 어느 정도 성공적으로 판매해오고 있다. 소피아는 인간처럼 보이지 않을 뿐만 아니라—블레이드 러너Blade Runner의 복제품들을, 또한 인공생명체, 훨씬 더 닮았다.— 마치 '그녀'가 인간처럼 생각하는 것으로 묘사되고 있다. 2017년 10월에, 사우디아라비아의 시민이 되는 최초의 로봇이 되었다.[92] 그리고 2017년 11월에 유엔 개발계획United Nations Development programme에 의해 '혁신 챔피언Innovation Champion'으로 명명된 최초의 로봇이 되었다.[93] 소피아는 마치 의식이 있는, 감각이 있는 존재인 것처

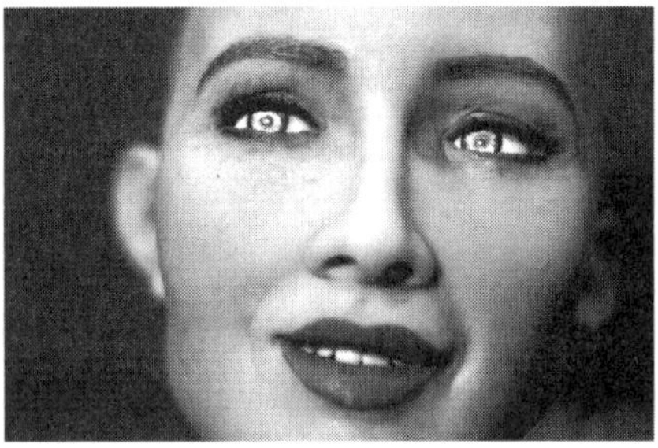

그림 2.5 소피아, 한센 로보틱스Hansen Robotics에서 생산한 휴머노이드 로봇, 2017년 6월 7일 제네바 세계정상회담 'AI for Good'에서 촬영하였다. 사진: Fabrice Coffrini, Getty(693354896).

럼 홍보되었다. 그러나 사실 소피아는 결코 의식을 지닌 존재가 아니며, 인공지능 사회에서는 공공연히 비난받아 왔다. 로드니 브룩스Rodney Brooks에게 있어서, 소피아는 '완전히 가짜에다 완전한 엉터리' 다. 동시에 베네딕트 에반스Benedict Evans에게 있어서, 소피아는 '고무 머리를 얹은 테이프 레코더' 에 불과하다.[94]

소피아가 인간존재라고 믿을 만큼 바보는 거의 없을 것이다.[95] 그러나 이것은 여기에서 쟁점이 아니다. 한편 튜링 테스트Turing Test는 컴퓨터가 감각을 지닌 인간처럼 성공적으로 가장할 수 있을지 없을지를 테스트하기 위해 고안되었다. 소피아는 감각을 지닌 로봇인 인공일반지능AGI, Artificial General Intelligence을 지닌 것처럼 가장하는 자동장치다. 그리고 이러한 가장의 의도는 일반 대중에게 좋은 인상을 주고 한셴 전자를 홍보하기 위한 것이다. 일반 대중을 흥분시키는 인공지능의 힘을 결코 과소평가하여서는 안 된다. Spacemaker AI의 마리아 단츠Maria Dantz가 언급한 바와 같이, '인공지능은 확실히 문을 여는 어떤 것이다. 왜냐하면, 사람들이 그것에 대해 듣기를 원하기 때문이다.'[96]

마찬가지로, 그것의 이름에도 불구하고 — 건축 실무 인공지능인 SpaceFactory는 실제로 어떤 디자인에서나 기록하는 그 순간의 구성 과정fabrication processes에서 인공지능을 사용하지 않는다. 비록 미래에 그렇게 하도록 계획하였을지라도 말이다.[97] 인공지능은 스팸메일과 여타의 다른 형태의 마케팅을 감지하는 데 매우 능숙한 동시에, 또한 마케팅에 이용될 수도 있다. 이름에 인공지능을 지닌 회사에 대해 의심하지 않을 수 있겠는가?

이것은 '역逆 위장inverse camouflage' 의 논리이다. 만일 위장의 논리가 무엇인가가 존재할 때, 그곳에 존재하지 않은 체하는 것—보이는 것을 보이지 않는 것처럼 만드는 것—이라면, 역 위장의 논리는 그것이 존재하지 않을 때 무엇인가가 그곳에 존재하는 체하는 것이다. 그것은 보이는 것을 보이지 않게 만드는 것, 대對 보이지 않는 것을 보이게 만드는 것에 관한 문제다. 그러나 역 위장이 교묘한 마케팅 전략이 아닐 수 있는가? — '보이지 않는 것을 마케팅한다고' ? 인공지능이 사용되고 있는지 그렇지 않은지 누가 알겠는가? 이 회사들은 자신의 역 튜링 테스트를 통과하는 것일지도 모른다. 그들이 인공지능을 사용하고 있지 않을 때 인공지능을 사용하고 있다고 일반 대중을 설득함으로써 말이다. 인공지능의 시대에, 인공지능은 무엇인가 그러나 최고의 마케팅 기회는 무엇인가?

마케팅하는 인공지능을 조심하라!

3

인공지능, 예술과 창의성AI, art and creativity

시인 바이런 경Lord Byron의 딸로서, 에이다 러브레이스Ada Lovelace는 창의성이 낯설지 않았다. 그녀는 찰스 배비지Charles Babbage가 제안한 해석기관Analytical Engine[1]을 고상한 시적 용어로 묘사하고 있다. '해석기관은 대수적algebraic 패턴들을 엮는다. 자카드 직기Jacquard loom織機[2]가 꽃잎과 나뭇잎을 짜듯이 말이다.'[1] 사실 러브레이스는 해석기관이 음악을 작곡하는 것조차 가능할 것이라고 믿었다. 그녀가 지적하기를, '만약, 예를 들어, 하모니와 음악 작곡의 과학에서 내질러진 소리들pitched sounds의 근본적인 관계들이 그러한 표현과 각색들adaptations을 허용할 수 있다고 가정하면, 그 기관engine은 복잡성과 범위에서 어느 정도 정교하면서도 과학적인 곡들을 작곡할 수 있을지도 모른다.'[2] 그러나 러브레이스는 해석기관은 오직 그것이 하도록 프로그램된 것만 할 수 있다고 덧붙여 말한다. '어떤 것을 최초로 시작하는 것이 무엇이든지 간에, 해석 기계는 자처해서 하는 것들pretensions은 없다. 그 기계는 우리가 수행하도록 명령하는 방법을 아는 어떤 것이든 할 수 있다. 그것은 분석을 따를 수 있다. 그러나 사실들에 대한 어떤 분석적 계시를 예측하는 힘은 가지고 있지 않다. 그것의 영역은 우리가 이미 알고 있는 것을 유용하게 만드는 것을 지원하는 것이다.'[3] 여기서 그녀가 지적하는 바는, 해석기관과 같은, 기계는 어떤 것을 처음 발생시키는 것은 불가능할 것이라는 점이다. 어떤 창의성이든 프로그래머로부터 나와야 할 것이다.[4] 그러나 이것이 정말로 그 사례인가?

튜링Alan Turing은 그의 유명한 논문 '계산 기계와 지성Computing Machinery and Intelligence' 에서 '기계는 생각할 수 있는가?'[5]라는 질문으로 시작한다. 실제로 튜링은 결국 기계는 인간이 할 수 있는 어떤 것이든 할 수 있으리라고 추측하였다. 소네트들sonnets[3]을 작곡할 수 있는 그 정도까지 말이다.

우리는 우리가 기계의 능력을 진정으로 알기 전까지 기계와 더불어 몇 가지 경험

> 을 해야만 한다. 새로운 가능성에 정착하기 전까지는 수년이 걸릴 수도 있다. 그러나 왜 그것이 일반적으로 인간지능이 담당하는 영역들 중 어떤 하나에 들어가서 결국 대등한 조건에서 경쟁하여서는 안 되는 것인지를 이해할 수 없다. 당신이 소네트에 대해 한정하는 것마저도 할 수 있다고 생각하지 않는다.[6]

튜링은 기계들은 학습할 수 있다는 것을 확신하고 있다. 기계학습machine learning이 고려되기 전조차도, 튜링은 기계학습의 가능성을 예측하였다. 정확하게 그 과정이 어떻게 일어나는지 알지 못할 수도 있다고 요약하면서 말이다. '기계학습의 중요한 특징은 기계의 스승은 종종 내부에서 일어나는 일에 대해 아주 대부분 알지 못할 것이라는 점이다.'[7] 참으로, 튜링이 또한 지적한 바와 같이, 기계는 놀라운 결과를 만들어 낼 수 있다. '기계는 매우 자주 나를 놀라게 한다.'[8]

컴퓨터는 또한 새로움novelty을 만들어 낼 수 있다. 리차드 서스킨드Richard Susskind와 다니엘 서스킨드Daniel Susskind가 언급한 바와 같이, '널리 퍼진 믿음과는 반대로, 기계는 지금, 원래 인간 디자이너들의 전망을 완전히 넘어서는, 참신한 결과물을 생성하는 것이 가능하다.'[9] 명백하게 컴퓨터는 배울 수 있고, 혁신적일 수 있으며, 심지어 소네트를 작곡할 수조차 있다. 그러나 기계들이 순수하게 창조적일 수 있는가?

컴퓨터는 순수하게 창의적일 수 없다는 데에 전반적인 합의가 유지되는 것 같다. 그리고 창조성은 종종 인공지능이 상대적으로 약한 영역 중의 하나로 언급된다. 그러한 비평은 컴퓨터들은 하도록 프로그램된 것만이 할 수 있다는 러브레이스Ada Lovelace의 주장과 맥을 같이한다. 컴퓨터들은 어떤 것을 시작initiate할 수 없다. 그러나 상당 부분은 우리가 창의성을 어떻게 이해하느냐에 달렸다. 컴퓨터가 창조적이라고 우리는 말할 수 있는가? 예를 들어, 의식이 없고, 그리고 심지어 그것이 창의적인 존재라는 것을 '깨닫지' 못할 때조차도 말이다. 컴퓨터가 예술작품을 생성하게 되었을 때, 멜러니 미첼Melanie Mitchell은 더 나아가서 창작된 예술작품들을 *평가*할 수 있다는 것 또한 중요하다. 그리고 이것은 인공지능이—당장은 어찌 되었든 간에—할 수 있는 어떤 것이 아니다. 왜냐하면, 인공지능이 의식을 가지고 있지 않기 때문이라고 주장한다.[10] 그처럼, 미첼은 인공지능이 창의적일 수 있다는 것을 믿지 않았다.[11]

확실히, 인공지능이 새로운 결과물을 *생성*할 수 있다는 것은 분명하다. 또한, 패턴들을 인식하고 나아가 그 패턴들을 기초로 재료를 추정할 수 있다. 그러나 인공지능이 마찬가지로 예술을 창작할 수 있는 것일까?[12]

인공지능 예술 약사略史A brief history of AI art

전통적인 후원자와 현대의contemporary 기술회사를 흥미롭게 비교한 것이 있다. 과거에는, 교회와 기관들 혹은 이탈리아 플로렌스의 메디치가家,the Medici와 같은 정착한 은행 가문들은 미켈란젤로Michelangelo와 같은 예술가와 조각가들을 지원하고 후원하였다. 그러나 현재에는, 아마존, 마이크로소프트, 애플, 그리고 구글과 같은 기술회사들이 점점 그 역할을 하고 있다. 그것은 과소평가해서는 안 되는 역할이다.

최근에, 머신비전machine vision[4]에 관심을 가지고 있는 소프트웨어 엔지니어인 블레이즈 아궤라 이 아카스Blaise Agüera y Arcas는 구글 내에 예술가와 기계지능Artists and Machine Intelligence(AMI)이라는 팀을 구성하였다. 그 팀은 예술 영역에서 기계 지능의 잠재적 응용프로그램을 탐구한다. 아카스가 묻기를,

> 예술과 기술이 서로 해야 할 일이 무엇일까? 기계 지능이란 무엇이며, '기계 지능 예술machine intelligence art' 은 무엇처럼 보이며, 어떻게 들리며, 그리고 어떤 느낌일까? 인간과 기계 사이에 떠오르는 관계들은 무엇인가? 인간적이 된다는 것은 무엇을 의미하는가? 그리고 지능, 인간에 대해서 혹은 그렇지 않으면 예술을 통해 우리가 배울 수 있는 것은 무엇인가? 우리의 미래에 대해 어떻게 생각해야 하는가?13

2018년 3월, 구글 AMI는 그레이 에어리어 재단Gray Area Foundation과 협력하여 샌프란시스코에서 전시회를 개최하였다. 그 전시회는 딥드림DeepDream으로 생성한 예술에 관한 것이었고, 인공지능으로 생성된 예술에 관한 이제까지 발견한 최초의 전시였다. 개회사에서 아카스는 딥드림이 예술계art community에 받아들여질 수 있는지 없는지를 탐색하기 위한 실험이 아니라는 점을 강조하려 애썼다.14 그는 그것보다 더 확신하였다. '우리는 기계 지능이 예술에 심오한 영향을 미치게 될 하나의 혁신이라고 믿습니다.' 15 인공지능은 점점 예술가들에게 있어서 하나의 인기 있는 수단medium이라는 것을 입증하고 있다. 비록 더 보수적인 예술계 내에서 그것에 대한 상당한 저항이 여전히 존재하고 있다고 할지라도 말이다.16

그런 다음, 2018년 후반에 파리를 기반으로 하는 예술집단 어비어스Obvious가 창조적 적대 신경망Creative Aderversarial Network(CANs)를 이용하여 생성한 초상화인 에드

그림 3.1 Obvious, Edmond de Belamy (2018). 에드몬드 드 밸라미는 파리를 기반으로 하는 예술 집단인 어비어스에 의해 신경망을 사용하여 생성되었다. 그리고 2018년 10월 25일 4십3만2천5백 달러로 크리스티스에서 판매되었을 때, 경매된 최초의 예술작품이 되었다.

몬드 드 밸라미Edmond de Belamy는 크리스티스Christie's[5]에서, 당초 예상치의 거의 45배에 달하는, 총액 4십3만2천5백 달러의 놀라운 금액으로 경매되었다. 경매에서 판매된 최초의 인공지능 생성 예술작품으로서 말이다.[17] 이것은 몇몇을 격분시키는 원인이 되었다. 그것이 인공지능에 의해 생성된 예술작품이라는 것 때문이 아니라, 오히려 어비어스가 훈련 알고리즘 혹은 데이터 세트data set를 기입하지 않았다는 것 때문에 말이다.[18] 그들은 공개 강의 웹 사이트상에서 가용한 알고리즘을 단순히 비틀었고, 그 결과를 이용하였다.

매우 의미 있는 것으로는, 인간은 창조적 적대 신경망으로 창조한 예술작품과 예술가들이 창조한 예술작품을 구분할 수 없다는 것을 발견하였다는 것이다. 그처럼 창조적 적대 신경망은 튜링테스트를 통과할 수 있다는 사실이 드러나게 되었다. 그러나 이것은 창조적 적대 신경망들, 그것들의 목적이 아니지 않은가? 만일 창조적 적대 신경망에서 생성기/예술가의 의도가 구별자/평론가가 실제라고 생각할 수 있는 이미지를 생산하는 것이라면, 그것은 엄밀하게 예술작품을 생성하는 데 있어서 창조적 적대 신경망이 하는 일이 아니지 않은가? 사실 우리는 매시간 벌어지는, —그것이 어떤 종류이든지 간에—생성적 적대 신경망GAN으로 시작하는, 튜링 테스트를 받고 있다. 튜링 테스트가 판단을 속이는 것에 대한 것이지만, 생성적 적대 신경망은 예술 비평가들을 속이는 것에 관한 것이다. 아마도 튜링 테스트와 생성적 적대 신경망 사

그림 3.2 Ahmed Elgammal, Ich bin ein Berliner나는 베를린 시민입니다 (2017). 아메드 엘가말은 럿거스대학교Rutgers University 소재 Art and Artificial Intelligence Laboratory예술과 인공지능 연구소의 설립자이자 소장이며, 그는 예술작품을 생성하기 위해 창조적 적대 신경망을 이용한다.

이에 일어나는 유일한 실질적인 차이는 생성적 적대 신경망이 실수로부터 학습할 수 있고 그것이 성공할 때까지 성능을 향상시킨다는 점일 것이다. 반면에 튜링 테스트에서는 기계가 향상시키고 재평가 받을 수 있는 기회가 없다는 것이다.[19]

예술계에 끼친 인공지능의 영향이라는 관점에서 또 다른 획기적 사건은 마리오 클링게만Mario Klingemann이, 마찬가지로 생성적 적대 신경망으로 생성한, 그의 작품 *도살자의 아들The Butcher's Son*로 루멘 금상Lumen Prize Gold Award을 수상하였을 때였다.[20] 이것은 주요 국제 예술상이 기계에 의해 생성된 예술작품에 수여된 첫 번째 상이었다. 클링게만이 언급한 바와 같이,

> 이 이미지는 완전히 생성적 적대 신경망들로 이루어진 하나의 계통을 사용하는 기계에 의해 생성되었다. 이 계통에서 임의로 생성된 막대-인물상stick-figure은 첫 번째 생성적 적대 신경망으로 사용되었다. 그것은 회화처럼 보이는 저해상도 사진 이미지를 만들어 낸다. 몇 단계를 거쳐, 낮은 해상도 이미지는 또 다른 생성적 적대 신경망에 의해 '완전히 진일보transhanced' 되고 '수준이 높아진upscaled'다. 해상도를 향상시키고 디테일과 질감을 더하면서 말이다. 나는, 선정된 데이터 세트인, 모형들의 하이퍼파라미터hyperparameters[6]들로 그 모델을 훈련시킴으로써, 그리고 최종적으로 큐레이터가 선택함으로써 이 과정을 간접적으로 통제한

그림 3.3 폴 고갱Paul Gauguin의 이름을 딴, GauGAN은 스타일 변환 알고리즘을 이용하여 단순한 스케치로부터 사진 같은 이미지를 생성할 수 있다.

다. 모델에 의해 생성된 수천 개의 변형 모형들variations 가운데, 나에게 최상이라고 말하는 그 모델을 선택함으로써 말이다.[21]

그 이듬해인 2019년에, 인공지능 예술을 위한 최초의 단독 전시회가 뉴욕 첼시 소재의 HG Contemporary gallery에서 개최되었다. 그 '예술가'는 컴퓨터 과학자이자 조건부 생성적 적대 신경망Conditional generative adversarial networks, CANs 개발자인 아메드 엘가말Ahmed Elgammal이었다. 엘가말은 이제 그 자신의 예술과, 그가 AICAN인공지능창조적적대신경망, Artificial Intelligence Creative Adversarial Network이라고 명명한 절차를 통해 예술을 창작하는 인공지능 연구소를 정착시켰다.[22] 인공지능 과학자들은 지금은 더 정통하고,street savvy 그들의 발명품들로부터 지원받은 가능성을 이용하려 든다는 생각이 든다. 보고스트Ian Bogost가 간단하게 설명한 바와 같이, '인공지능 예술 골드러시가 여기에 있다.'[23]

누가 고갱을 필요로 하겠나?who needs Gauguin?

GauGAN은 Nvidia가 개발한 실시간 인공지능 예술 응용프로그램이다. 그것은 도표식의 스케치들diagrammatic sketches을 사진에 가까운 사실적 이미지들photorealistic images로 통합한다.[24] 그 이름이 암시하는 바와 같이, 그것은 스타일 변환 기법으로 이제는 시뮬레이션할 수 있는 그림을 그리려 했던 프랑스 인상주의 화가 폴 고갱의 잠재력을 환기시킨다. 그러나 GauGAN을 그토록 특별하게 했던 것은 거친 초기의 붓 터치로부터 실시간으로 사진과 같은 경치 이미지를 창작해 낼 수 있다는 것이다. 그것은 백만 개의 실제 경치 이미지로 훈련된 것이다.

GauGAN은 인공지능계에서 찬사를 받아왔고, 2019년 시그라프SIGRRAPH[7]에서 '최고제품상Best of show' 그리고 '청중상Audience Choice' 두 개의 주요 상을 수상하였다.[25] 그 프로그램은 기술적 관점에서 분명히 인상적이며 고도로 정교하다. 그러나 예술계 내에서 그 잠재적 응용프로그램들은 불분명하다. Nvidia의 연구자인 가브리일 클림로프Gavriil Klimov는, 그는 개발팀의 일원이다, 그 장점을 판매하려 한다. '예술가로서 내용을 빠르게 생성할 수 있다는 것은 엄청난 가치가 있다. 왜냐하면, 예술가는 신속하게 반복할 필요가 있기 때문이다. GauGAN은 우리의 아이디어를 이전에는 가능하지 않았던 속도로 생성할 수 있도록 해준다. 그리고 이것은 미래에 예술가들이 사용하는 주요 도구가 될 것이다.'[26] 여기서 요점은 그 결과물들이 예술가들이 지금까지 만들 수 있었던 기여를 명확하게 도려내어 버릴 만큼 너무나 놀라울 정도로 사실적photorealistic이라는 것이다. 문제는 '당신이 GauGAN을 가지고 있을 때, 누가 고갱을 필요로 하겠나?' 하는 것보다 '실시간으로 하나의 그림을 생성할 수 있을 때에, 왜 그림 하나를 그리는데 한 달을 허비하느냐?' 하는 것이다.

그 프로그램을 가장 마음에 들어 할 사람은 확실히, 비 예술인이거나 혹은 적어도 고갱처럼 그림을 그릴 수 없는 사람들일 것이다. 이떤 의미에서는 GauGAN은 위조품을 생산하는데 흥미가 있는 자들에게 가장 적합할지도 모른다고 누군가 주장할 수조차 있을지도 모르겠다. 예술계 내에서 위작 생산의 역사를 볼 때 말이다. 물론, 올바른 예술가의 손에서는, 그러한 기법이, 예술적 상상력의 보철적prosthetic 확장처럼, 엄청나게 창의성이 풍부한 잠재력에 열릴 수도 있을 것이다. 나는 여기서 GauGAN의 개발자들에 의해 가시화된 간편한 기본적인 응용프로그램을 언급하고 있는 것이 아니다. 범위만 하더라도 여전히 믿을 수 없을 정도로 열린 2차 응용프로그램들이 예술계the artistic community에 의해 발명되었다는 것이다.[27] 그럼에도 불구하고, 진정한 예술가들이 그러한 도구를 언제가 사용하기를 원할 것인가 그렇지 않은가에 관한 문제는 남아 있다. 적어도 즉시 그 자체를 표현하는 직접적인 방식straightforward manner에서는 말이다. 예술-생성 제품art-generating product이 예술가들 그들 자신에게 마음이 들 가능성은 낮을 것 같은 생각이 든다. 누가 GauGAN을 필요로 하겠는가? 당신이 고갱을 가지고 있을 때 말이다.

하지만 누가 작가인가?But who is the author?

기술적 관점에서 주요 예술상을 받고, 세계에서 가장 중요한 경매회사 중 몇 군데에서 경매될 정도로 높은 수준의 예술작품들을 생성하기 위해 인공지능을 사용하는 것은 분명히 가능하다. 동시에, 인공지능으로 생성된 예술작품들의 소개는 예술계에 수많은 흥미로운 문제들challenges을 야기하였다. 예술계로 인공지능의 급습은 사진 발명을 반향 시킨다. 여러 면에서 사진이 회화에 영향을 주었던 문제들— 그리고 그것이 초래하였던 격렬한 항의—은 인공지능이 지금 예술에 제기하는 문제들과 흥미로운 공통점을 제공한다. 아카스Blaise Agüera y Arcas는 이 문제를 언급하며, 몇몇은 여태까지 예술로서 생각될 수도 있는 어떤 것을 생산하고 있는 인공지능의 가능성을 거부할 것으로 예측한다.

> 기계 지능이 발달함에 따라, 우리는 그것을 가지고 작업하는 일부 예술가들이 초기 사진가들 정도의 동일한 비평을 초래할 것이라 상상한다. 섬세하지 않은unsubtle비평가는 그들을 '부정행위'로 비난하거나 혹은 이러한 기술들로 생산된 예술은 '진정한 예술'이 아니라고 주장할지도 모르겠다. 좀 더 섬세한(그러나 여전히 반-기술적인) 비평가는 기계 지능 예술을 통틀어서 저속한 작품으로 무시할지도 모른다. 어떤 매체의 예술이 다 그렇듯이, 몇몇 작품들은 의심의 여지 없이 저속할 것이다. —우리는 이미 사례들을 보아왔다— 그러나 몇몇 작품들은 아름답고, 도발적이며, 놀라우며, 마음을 빼앗으며, 심란하게 하며, 계시적이고, 그리고 좋은 예술이 될 수 있는 모든 것을 갖추고 있을 것이다.[28]

만일 사진이, 발터 벤야민Walter Benjamin[8]이 주장하였듯이, 예술작품의 *아우라aura*에 도전하는 것이라면, 인공지능이 도전하는 것은 무엇인가?[29] 인공지능으로 생성된 예술작품이 지닌 문제는, 아마도, *아우라*의 파괴라기보다 잠재적 저작권 침해에 가깝다. 이것은 *에드몬드 드 벨라미Edmond de Bellmy* 초상화의 사례로 강조되었다. 누가 그 코드code의 저작권을 소유하는가? 분명한 것은 창조적 적대 신경망CAN이 예술작품에 대해 책임을 질 수 없다는 것이다. 예술작품이 생산되는 내내 창조적 적대 신경망이 유일한 매체medium였는가? 창조적 적대 신경망은 스스로 예술작품을 창작하지 않는다. 아니면 누가 작가인가?

그림 3.4 Mario Klingemann, Memories of passerby 1통행인 1의 기억들(2018). 마리오 클링게만은, 두 개의 스크린 상에 안정되지 않는 초상화들을 결코 멈추지 않는 흐름을 생성하도록 하기 위해, 17세기에서 19세기까지의 수천 개의 초상화를 바탕으로 신경망을 훈련시켰다.

저작권법은 작가를 보호하고 그 밖의 누구도 예술작품을 표절할 수 없도록 보장하기 위해 존재한다. 그러나 문제는 저작권법이 여전히 인공지능 분야의 최근 발전을 처리할 수 있도록 조정되어야 한다는 것이다. 게다가 그 법은 매우 복잡하고 국가마다 다양하다. 예술 실무 집단 어비어스Obvious는 프랑스에서 활동하고 있다. 그리고 프랑스 법률에서, 컴퓨터는 저작권을 주장할 수 없다.—저작권은 오직 인간 존재에게 있다.[30] 그리고 아직 이상하게도 영국 법률에서 저작권은 '작품의 창작을 위해 필수적인 계획들arrangements을 착수하는 사람'에게 달려 있다.[31] 이것은, 어찌 되었든 간에, 어비어스의 피에르 포트렐Pierre Fautrel이 취한 입장이었다. 그는 그들의 활동을 보호하였다. '우리는 이것을 하기도 결정하고, 캔버스 위에 인쇄하기로, 하나의 수학적 공식으로서 서명하고, 그것을 금 테두리에 넣은 사람들이다.'[32]

이것을 넘어, 저작권에 대한 그 이상의 문제가 제기되었다. 인공지능으로 생성한 예술작품의 작가가 예술가인가 혹은 프로그램된 기계인가? 클링게만Mario Klingemann에게 있어서 작가는 변함없이 여전히 예술가라는 점은 매우 명료하다.

만일 당신이 누군가 피아노를 연주하는 것을 듣는다면, '피아노가 예술가인가?' 라고 물을 건가요? 아닙니다. 그처럼 여기서도 마찬가지입니다. 단지 그것이 복

> 잡한 메커니즘이기 때문에, 그것이 규칙을 바꾸지는 않습니다. ... 타자기는 누군가 책을 쓰는 것을 가능하게 합니다. 글쎄요, 저한테는, 키보드는 코드를 적을 수 있도록 해줍니다. 그런 다음, 예 그렇습니다. 신경망이 관여되어 있습니다. 아마도 당신은 그 신경망을 두고 내가 사용하도록 배운 나의 붓이라고 말할 수 있을 겁니다.[33]

사실대로 말하자면 예술의 역사는 새로운 기법과 새로운 기술의 역사였다. 투시도의 발명이 예술이 생산되는 방식을 바꾸었던 것만큼, 재료와 기술에서의 좀 더 최근의 발전들은 마찬가지로 예술이 발전하는 방식을 변화시켰다.

그의 작품 *통행인 1의 기억들Memories of Passerby 1*에 대해 말해보자면, 인공지능으로 생성된 작품은 존재하지 않는 사람들의 초상화를 지속적으로 창작한다. 클링게만이 말하길:

> 내가 창조했던 기계는 존재하지 않는 사람들의 초상화들을 영원히 계속해서 생성할 겁니다. 그리고 그것은 그렇게 할 수 있습니다. 왜냐하면, 신경망의 컬렉션을 이용하기 때문입니다. 그리고 이런 경우에 저는 서유럽 예술 역사에 등장하는 대가들이 그렸던 초상화들을 사용합니다. 그리고, 그렇습니다. 그래서 지금 기계는 계속해서 변화를 시작하고, 사라지는, 새로운 얼굴들을 창조하는 하나의 사이클cycle 안에 놓여있습니다. 그리고 그 기계는 그 자체를 지속합니다. 그것은 피드백 회로feedback loop를 창조합니다.[34]

그러나 다른 사람의 예술작품들로 구성된 기계 데이터를 공급feeding하는 과정이 단순히 이들 예술작품의 재생산의 한 형태가 아닌지에 대해 우리는 또한 묻지 않을 수 없질 않은가? 이것은 그러나 무엇이 원작原作,original인가와 같은 질문을 구한다. 하나의 콜라주collage는 복사본으로 보일 것인가 혹은 원작으로 보일 것인가? 그리고 우리는 또한 어떤 것이 진짜 원작인지를 묻지 않을 수 없질 아닌가? 왜냐하면, 문화 그 자체는 —복사하기의 일종인— 밈memes[9]을 통해 번식되기 때문이다.[35]

기계가 하나의 예술작품을 창작하도록 훈련시키는 데 있어서, 클링게만에게 중요한 문제는 통제다. 그는 기계의 훈련을 아이들을 훈련시키는 것에 비유하고 있다. 우리는 그들을 훈련시키는데 최선을 다할 수 있다. 그러나 결국에는 우리의 통제를 넘어선다.

> 그것은 내가 미리 선택했던 연출된rendered 영상이나, 혹은 기획된curated 인쇄물, 혹은 기획된 이미지들이 아닙니다. 그것은 그 순간에 그것을 합니다. 그것은 위험부담을 안고 있는risky 것입니다. 왜냐하면, 당신은 그것이 할지도 모르는 것에 관해 얼마간의 통찰력만을 지닐 수 있는 시스템이기 때문입니다. 그러나 결국 시스템은 예술가인 나와 매체들, 그리고 재료들의 사이에 이러한 피드백이 항상 존재합니다. 그리고 그것은 적어도 아이와 같습니다. 그곳에서 나는 '이제, 넌 세상으로 혼자 나가는 거야, 그리고 나는 너를 믿을 수 있어. 내가, 네가 할 것이라고, 희망하는 것을 계속해서 해나갈 수 있어. 비록 내가 [네 곁에] 앉아서 여전히 뭔가를 바꿀 수 있지만 말이야' 라고 말할 수 있습니다. 그래서 그것은 나에게는 '이제 난 너를 믿어. 키보드에서 내 손을 떼도 좋아. 그리고 세상으로 내보내는 거야' 처럼 말하는 것과 같은 그런 힘든 순간입니다.[36]

그래서, 클링게만은 예술작품에 대한 책임이 있는가? 혹은 모든 책임을 기계에게 위임하였는가? 이 질문에 답하기 위한 하나의 방법은 예술가들이 항상 어떻게 움직여 왔는지를 되돌아보는 것일지도 모른다. 사실대로 말하자면, 우리는 어쩌면 어떤 예술학교에서의 기본적인 훈련이 그다지 다른지 그렇지 않은지를 물어야 할지도 모른다. 예술학교를 졸업하는 모든 예술가는 하나의 교육 시스템 내에서 훈련-수업-받아왔다. 거의 틀림없이 전통적으로 자유로운 사고방식의 예술세계보다 더 큰 영향력을 행사하는 그 시스템을 받아들이기를 원할 것이다. 이것은 신경망이 훈련받는 방식과 얼마나 그렇게 다른가? 한편으로 이것은 과거의 아틀리에와 다르지 않다고 우리는 또한 주장할 수 없는가? 결국, 많은 선도적 예술가들은 자신들의 작업 상당 부분을 견습생들에게 위임하고 그들이 대가의 스타일로 그것을 완성하기를 바랄 것이다.

이것은 또한 현대 건축 실무와 그다지 다르지 않다. 그곳에는 수많은 젊은 건축가들과 인턴들이 그러한 실무방식으로 디자인을 생산하도록 고용되어 있다. 따라서, 예를 들어, 자하 하디드Zaha Hadid는 특정한, 고평가되어 인식 가능한, 미학을 확립하였다. 그것은 지금 자하 하디드 아키텍츠Zaha Hadid Architects(ZHA)의 '스타일' 이 되었다. 그리고 ZHA를 위한 그들의 작업은 그들의 미학적 제약 속에서 작업해야만 한다. 비록 자하 하디드는 고인故人이 되었지만 말이다. 마찬가지로, 우리는, 이전의

ZHA의 디자인들에 대한 데이터 세트를 기반으로, 인공지능이 어떻게 새로운 ZHA와 닮은 디자인들로 환각을 일으키는지 보아왔다. 이것이 어떻게 클링게만과 그리고, '훈련받은' 방식으로 '그림을 그리도록' 세상 속으로 놓이는, 그의 '아이들'과 다른 점이 있겠는가?

창의성 다시 생각하기Rethinking creativity

지금까지의 지배적 전통은 최종 제품의 관점에서 창의성을 평가해왔다. 이것은 대체로 마라렛 보덴Margaret Boden의 생각을 기초로 한다. 그녀는 창의성을 분류하기 위한 일련의 범주들을 작성해 왔다. 보덴은 자신이 심리적 창의성psychological creativity(P-창의성)이라고 부르는 것과 역사적 창의성historical creativity(H-창의성)을 구분한다.[37] P-창의성은 그것을 창조한 인물의 관점에서 참신한 어떤 것으로서 정의할 수 있다. 반면 H-창의성은 역사에서 처음으로 창조되었던 어떤 것을 말한다.

보덴은 더 나아가 창의성을 세 개의 뚜렷한 창의성의 '유형들' 혹은 '장르들' — 조합적combinational, 탐구적exploratory, 그리고 변형적transformational — 로 구분한다.[38] 조합적 창의성은 '친숙한familiar 아이디어들로 친숙하지 않은unfamiliar 조합들을 만들어 낸다. 그리고 오로지 간접적으로만 연결되는 아이디어들 간의 결합을 통해 작업한다.'[39] 보덴에게 있어서, 콜라주는 조합적 창의성의 한 사례가 될 것이다. 반면 탐구적 창의성은 문화적으로 수용된 사고thinking 양식, 혹은 일단의 생성적 규칙에 의해 정의된 '개념적 공간conceptual space'을 기초로 한다. 회화, 건축, 음악, 그리고 일반적인 예술적 산물은 탐구적 창의성의 사례일 것이다. 그리고 보덴은 프랭크 로이드 라이트Frank Lloyd Wright의 작품에 대한 형태 문법 연구shape grammar study를 인용한다. 그것은 창조될 수 있는 많은 다른 가능한 디자인들을 제안하는 것이다.[40] 중요한 것으로는, 보덴에게 있어서, 탐구적 창의성은 변형적 창의성으로 유도될 수 있다는 것이다.[41] 마지막으로, 변형적 창의성에서, '공간 혹은 양식은 그것을 정의하는 차원들dimensions 중 하나 혹은 그 이상을 변형 (혹은 누락)함으로써 변형된다.'[42] 과학은 변형적 창의성에 관한 최상의 사례 중 일부를 제공한다. 그곳에서는 패러다임의 전환이 지식에서 일어날 수 있다. 그것은 놀라움 — 혹은 충격적이기까지 한 결과를 이끌어 낼 수 있다. 왜냐하면, 이전에는 결코 상상하지 못했던 어떤 것이 생성될 수도 있기 때문이다.

보덴에 따르자면, 그땐, 창의성은 그 '유형' 혹은 '장르'에 따라 범주화될 수 있다. 그러나 보덴이 목록−조합적, 탐구적, 변형적−을 작성한 창의성의 세 가지 범주들은 창의성 그 자체보다는 *창의적 전략*들creative strategies에 더 가까워 보인다. 건축가 톰 메인Thom Mayne은, 예를 들어, 건축디자인 프로세스에 자신이 '조합적 디자인combinatorial design'이라고 부르는 것을 적절히 사용한다. 이것은 보덴의 '조합적 창의성'에 대한 개념과 유사하게 들린다. 그러나 메인에게 있어서 이것은 그와 같은 창의성의 한 형태가 아니라, 단순히 디자인 전략이다. 디자인 전략 또한 창의성을 보장하지 않는다. 보덴은, 예를 들어, 콜라주는 조합적 창의성의 한 사례이고, 콜라주는 확실히 하나의 예술적 전략이다. 그러나 콜라주를 사용하여 생성된 예술작품이 반드시 그렇게 창의적이지 않을 수도 있다고 주장한다. 그렇다면 보덴의 접근방식에는 많은 결점이 있는 듯하다. 그녀는 창의성을 *결과물*의 관점에서 분류하는 것처럼 보인다. 그러나 우리는 창의성을 창조 그 자체의 *프로세스* 관점에서 이해하여야 하지 않은가? 창의성은 하나의 디자인을 생성하는 데 잘 관여할지도 모른다. 그러나 창의성은, 분명히, 그 프로세스를 *배양*feeds하는 무엇이다. 참으로 많은 디자이너에게 있어서 창의성은 재료들과 사용되는 도구들이 가진 지원성의 관계에서 어떻게 디자인 프로세스를 전개하느냐에 관한 문제다.[43] 디자인에 적용되는 것은 명백히 또한 창의성의 모든 분야에 적용된다. 벤 서베니Ben Cerveny가 언급한 바와 같이, '조각은 그 결과물 속에 있지 않다. 조각은 그 프로세스에 있다.'[44] 그렇다면, 그 프로세스의 결과물의 관점에서 창의성을 판단하는 것은 거의 의미가 없다. 이것은 건축물을 그 '양식'의 관점에서 판단하는 것과 유사하다.[45] 참으로 보덴은 '양식'이라는 용어를 창의성에 관한 자신의 논고에서 빈번하게 사용한다.[46] 역사가 혹은 외부 평론가는 결과물의 관점에서 작품을 판단할 수도 있다. 그러나 디자이너들에게 있어서 창의성은 분명히 바로 그 디자인 프로세스에서 표출된다.[47]

보덴의 접근방식은, 그렇다면, 결과물이라는 제한된 범위로 창의성을 축소시키는 경향이 있다. 그러나 창의성을, 창조적 개인의 행위를 통해 우러나고 다양한 방식으로 표현되는, 널리 퍼져있는 감성pervasive sensibility으로 이해하여야 하지 않는가? 창조적 개인들은 그들 존재의 모든 면에서 자신들의 창의성을 표출하지 않을까? 옷을 입고 행동하는 방식에서부터 그들이 생산하는 실제 작업에 이르기까지 말이다. 게다가 우리는 결코 창의적 프로세스의 속성을 전적으로 이해할 수 있을 것 같지 않다. 왜냐하면, 아서 밀러Arthur Miller가 주장한 바와 같이, 그것의 상당 부분이 무의식의 영역에 속하기 때문이다.[48] 실제로 프로이트Sigmund Freud에게 있어서 환상fantasies은 창의적 행위 속에 승화된 형태로 표출될 수 있다.[49] 창조적 개인은 따라서 무엇이 창의적 프로세스에 영향을 미치고 있는지에 대해 알지 못할 수도 있다.[50]

게다가, 우리는 적어도 창의성이 그러한 객관적인 방식으로 판단될 수 있다는 개념에 이의를 제기하여야 한다. 누가 창의성을 *판단*하기까지 하는 위치에 있겠는가? 그리고 만일 창조적 행위가 그 판단에 의해 인식되지 않는다면? 우리는 반 고흐van Gogh가 창의적이었다고 말하지 않을 수 있는가? 비록 그의 창의적 능력이 그의 생애에는 인식되지 않았다 하더라도 말이다. 그리고 우리는 이세돌과 알파고AlphaGo의 시합에서 그 서른일곱 번째 수Move 37의 창의성을 어떻게 평가하는가? 만일 그 수move의 창의성이 훨씬 이후에까지 인식조차 되지 않는다면 말이다. 우리가 인간의 창의성과 완벽한 창의성을 구분할 수 있을까? 어쩌면 창의성은 보는 사람의 눈에 달린 것일까? 혹은 창의성은 창조적 개인의 마음속에 존재하는 것일까? 창의적 프로세스를 전적으로 이해하기 위해서, 그 프로세스에 반영되는 눈에 띄지 않는 민감성과 열망을 설명해야만 하지 않을까? 그리고 심리적 창의성과 역사적 창의성을 구분하는 것마저 의미가 있을까? 만일 개인이 다른 누군가가 이전에 그것을 창조한 것인지를 알지 못한 채, 무엇인가를 창조한다면, 간단히 말해, 창의성에 대한 질문을 재검토해야 할 시간이 아니겠는가?

이것은 그러나 창의성에 대한 포괄적인 재再정의를 위한 장소를 제공하기 위한 것이 아니다. 창의성에 관한 이슈는 고도로 복잡한 —아닐 세스Anil Seth가 언급한 바

그림 3.5 Scott Eaton, Hyperbolic Composition 1(2019). 스콧 이튼은, 자신의 그림 중 하나를 조형적인 조각상으로 변환하기 위해 신경망을 훈련시키며, 인공지능과 협력하여 작업한다.

와 같이, 의식 그 자체에 대한 골치 아픈 문제thorny problem 보다도 훨씬 더 복잡한－것이다.52 그러나 비록 우리가 아직 어떤 의미 있는 방식으로 창의성을 재 정의할 위치에 있지 않다 하더라도, 우리는 적어도 창의성에 대해 이전에 가졌던 가설들에 이의를 제기하는 몇 가지 도발적인 질문을 할 수 있다.

인공지능이라는 거울 속에서In the mirror of AI

디지털 시뮬레이션은 종종 아날로그적 행위들을 이해하는 데 도움이 된다. 예를 들어, 크레이그 레이놀즈Craig Reynolds가 '보이즈boids[10]'를 사용하여, 새들의 무리 짓기 행동을 위한 디지털 모형을 생산하고 나서야, 우리는 실제 새들의 행위들을 이해할 수 있었다.53 이것은 인공지능이 인간지능의 '디지털 모형'으로 쓸모 있다는 말을 하려는 것이 아니다. －왜냐하면, 그 순간에는, 적어도, 인공지능이 인간의 뇌를 추적할 수 없기 때문이다－ 그러나 그럼에도 인공지능을 다스리는 원리들이 인간의 지능을 다스리는 원리들에 대한 몇 가지 실마리들을 제공할지도 모른다. 그렇다면, 인공지능은, 그 속에서 학습, 의식, 그리고 창의성 그 자체까지 인간지능의 특정한 측면들을 이해할 수 있는 거울을 제공하는 것이 아닌가?

신경망을 잡아라. 비록 뇌 속에서 느슨하게만 모형이 만들어지더라도, 신경망은 뇌가 실제로 어떻게 작동하는지를 이해하는 데 도움이 될 수 있을지 모른다. 양쪽 모두 블랙박스이다. 그 안에서 우리는 그 두 가지가 작동하는 것을 안다. 그러나 그것들이 어떻게 작동하는지에 관해서는 완전히 이해하지 못한다. 그러나 그것들이 어떠한 유사성을 공유할 수도 있다면? 예를 들어, 제프리 힌턴Geoffrey Hinton이 추측한 바와 같이, 뇌가 또한 어느 정도의 역전파backpropagation 형태를 수행할지도 모르지 않는가?54 결국, 비록 이전에는 뇌 속의 시냅스들synapases은 오직 한 방향－피드포워드feed forward－으로만 작용한다고 추정됐다 하더라도, 이제 그것은 양방향－피드포워드와 피드백feed backward－으로 작동할지도 모른다는 의견이 주장되고 있다.55 그리고 이 원리가 뇌가 자기 자신을 비평하거나 혹은 수정하도록 해줄 수 있지 않은가? 역전파가 신경망에 오류를 수정하도록 해주는 것처럼 말이다. 비록 뇌가 *정확히* 똑같은 방식으로 작동하지 않는다고 하더라도, 그것은 어느 정도 유사하게 작동하는 것처럼 보인다. 요슈아 벤지오Yoshua Benjio가 말하는 바와 같이, '역전파는 믿을 수 없을 정도로 잘 작동한다. 그리고 그것은 어쩌면 뇌가 어느 정도 유사하게－정확히

같은 것이 아니라, 같은 기능을 가지고— 작동하고 있다는 것을 시사한다.' 56

혹은 딥드림DeepDream의 논리를 보자. 건축적 시각에서, 그토록 딥드림을 매혹적으로 만드는 것은 바로 '신경망을 전도시키는inverting' 기법이 신경망의 흐름을 되돌리는 것이다. 하나의 이미지를 해석하거나 혹은 평가하는 대신, 신경망은 이제 하나의 이미지를 생성할 수 있다. 이것이 건축문화에 지닐 수도 있는 의미는 무엇인가? 건축비평가와 건축디자이너를 구분하라. 일반적으로, 건축비평가는 좀 더 비판적인 경향이 있다. 반면 디자이너는 좀 더 형태를 생성할 수 있다. 작동 방향의 반전reversal은 건축비평의 프로세스가—같은 의미에서— 건축형태생성의 프로세스의 반대로 작동하는 것이 아닌가? 이러한 현상은 따라서 왜 건축비평가들이 형태를 생성하게 될 때 좀 더 내성적인 경향이 있는지를, 반면에 건축디자이너들은 덜 비판적이 되는 경향이 있는지를 이해하는 데 도움이 되지 않겠는가?

그리고 만일 비평이 형태 생성의 반대로서 이해된다면, 이러한 반대는 생성적 적대 신경망GAN을 훈련하는데 일어나지 않겠는가? 생성기/예술가 그리고 판별기/비평가가 서로를 훈련시키는 곳에서 말이다. 그리고 우리는 이 모형을 건축가를 훈련시키는 쪽으로 확장할 수 있지 않을까? 건축과 학생들이 좀 더 그들의 디자인 생성에 좀 더 비판적이고, 비평에서는 좀 더 창의적이 되도록 독려하는 곳에서 말이다. 달리 말하자면, 비평의 역할이 오류를 수정하고 디자인을 향상시키는 역전파의 역할과 맥을 같이 할 수 없을까? 따라서 우리는 진정한genuine 창의성은 형태 생성과 비평의 상호작용으로부터 탄생한다고 말할 수 있지 않을까? 그렇다면, 우리는 창의성을 하나의 창발성emergent property[11]으로 이해할 수 있다는 것을 추측할 수도 있지 않은가?

'인공지능이 인간의 창의성을 이해하기 위한 거울이 될 수 있을까?'

히로시 이시구로Hiroshi Ishiguro[12]는 로봇에 대한 감상을 말한다. '로봇은 인간성을 반영하는 거울과 같은 종류의 것이다. 그리고 지능적인 로봇을 창조함으로써, 우리는 인간적이라는 것이 의미하는 바를 심사숙고해 볼 새로운 기회를 열 수 있다.' 57 우리는 인공지능에 대해서 유사한 어떤 것을 말할 수 있지 않을까? 인공지능이 인간의 창의성을 이해하기 위한 거울이 될 수 있을까?

4

인공지능, 미디어 아트 그리고 신경과학AI, media art and neuroscience

리들리 스콧Redley Scott감독의 영화 *블레이드 러너Blade Runner*(1982)는 리플리컨트들복제품들,replicants[1]—생체공학 로봇—을 필요로 하는involving 암울한 미래 세계를 묘사하고 있다. 그 로봇들은 타이렐 코퍼레이션Tyrell Corporation이 제작하였다. 초인간적 능력을 갖추고 그로써 식민지 행성off-world colonies에서 생존할 수 있다. 리플리컨트들은 따라서 잠재적으로 위험하다. 그리고 안전조치로서 수명이 4년으로 한정되었다. 영화에서 6개의 리플리컨트들 한 무리가 자신들의 수명을 연장하기 위한 시도 속에 지구로 돌아간다. 해리슨 포드Harrison Ford가 분한 릭 데커드Rick Deckard는 리플리컨트들을 추적하고 '은퇴시키는'—죽이는— 책임을 진 일종의 경찰/현상금 사냥꾼인, 블레이드 러너이다. 그러나 문제는 리플리컨트들— 특히 진보된 넥서스Nexus 7모델—은 인간과 거의 동일하게 보인다. 그리고 오직, 그들의 정서적 반응과 눈의 반사신경이 인간존재의 기준에 대한 부합 여부를 검사하기 위해 고안된, 정교한 '보이트 캄프Voight-Kampff[2]' 테스트를 이용해서만이 구별할 수 있다. 앞서 밀한 바와 같이, 이 영화는 원래 인간존재와 리플리컨트들 사이의 차이에 관한 것이다. 그처럼 리플리컨트들은 인간적으로 되기 위한 것이 무엇인지를 이해하게 되는 거울이 될 수 있다. 리플리컨트들의 리더 로이 베티Roy Batty 역을 분한 고故 루트거 하우어Rutger Hauer가 말하길, '여러 방면에서, 블레이드 러너는 리플리컨트들에 관한 것이 아니었다. 그것은 인간적으로 된다는 의미가 무엇인지에 관한 것이다.'[1]

블레이드 러너가 설립된 해인 2019년으로부터 그다지 오래 지나지 않은 지금으로 돌아와, 그 영화는 얼마나 선견지명이 있는지를 증명해 왔다.[2] 우리는 사회로 잠입하는 리플리컨트들을 가지고 있지 않다. 그러나 우리는 인공지능 개인비서들—시리Siri, 알렉사Alexa와 구글 어시스턴트Google Assistant를 소유하고 있다. 우리의 일상생활들을 식민지화하면서 말이다. 그리고 우리는 스팸메일을 걸러 내고 휴대폰으로 다른 업무들을 수행하는 인공지능을 소유하고 있다. 우리는 비행 자동차를 가지고 있지 않다. 그러나 우리는 자기부상열차, 드론, 그리고 자율주행 차량들을 소유하고 있다. 우리는 타이렐 코퍼레이션을 가지고 있지 않다. 그러나 기업의 생명corporate life은 그럼에도 불구하고 구글, 아마존, 애플, 그리고 마이크로소프트와 같은 하이테크 회사들의 지배를 받고 있다. *블레이드 러너*에서 예측된 바와 같이, 우리는 컴퓨터에게 말을 하고, 특히 상하이와 같은 도시에서는, 우리의 건물들을 온통 뒤덮고 있는 LED 광고가 있다. 분명히 블레이드 러너는 고도의 선견지명이 있다는 것을 증명해오고 있다.

비록 리플리컨트들이 반드시 인공지능에 의해 통제받지 않는다고 하더라도, 그들은 명백히 어떤 종류의 '지능'을 부여받은 하나의 인공생명체artificial life form이다. 게다가 다른 유사점들도 있다. *블레이드 러너* 영화 속의 체스게임에서 타이렐 코퍼레이션에 대한 베티의 승리는 1997년 카스파로프Garry Kasparov를 이긴 딥블루의 승리 전조가 된다. 게다가 리플리컨트들을 탐지하기 위한 '보이트 캄프' 테스트의 역할은 얼마나 그럴싸한 인공지능이 될 수 있는지를 결정하기 위한 튜링 테스트Turing Test 사용과 맥을 같이 한다. 생성적 적대 신경망GAN에서도 마찬가지로 판별 회로는 생성기의 결과가 얼마나 그럴싸한지를 결정한다. 따라서 그것들은 인공지능과 관련한 화제들을 말하기에 생산적인 수단이다. 특히 인간지능에 대한 논쟁의 맥락에서는 말이다.

영화 *블레이드 러너*는 필립 K. 딕Philip K. Dick의 소설, *안드로이드는 전기 양의 꿈을 꾸는가?Do Androids Dream of Electric Sheep?*를 토대로 하였다. 따라서 그것은 인공지능이 꿈꿀 수 있는지 없는지에 대한 도발적인 질문을 시작한다. 꿈꾸기에 관한 테마는, 물론, *블레이드 러너*를 관통한다. 바로 이 제목으로 저자는 '꿈꾸는' 안드로이드/로봇의 잠재력에 관한 하나의 중요한 질문을 제기한다. 참으로 꿈꾸기에 관한 테마는 두 편의 *블레이드 러너* 영화들을 관통한다. 블레이드 러너에서 데커드Rick Deckard는 한 마리의 유니콘unicorn을 꿈꾼다. 반면 후속작인 *블레이드 러너 2049Blade Runner 2049*에서, 아나 스텔린Ana Stelline은, 우리가 그녀를 발견하는 것은 그녀가 데커드와 그의 연인인 레이첼Rachael 사이의 딸이라는 것이다, 리플리컨트들을 위한 꿈의 고안자이다.[3] 왜냐하면 리플리컨트들은 인간처럼 태어나고 길러지는 것이 아니기 때문에, 그들에게 꿈을 제공할 필요가 있다. 마치 그들에게 기억을 제공할 필요가 있는 것처럼 말이다.

꿈꾸는 기계들Dreaming machines

일본의 컴퓨터 건축가이자 인공지능 전문가인 와타나베 마코토 세이Makoto Sei Watanabe[3]는 1994년 이래로 건축에서의 인공지능의 잠재력을 탐구해오고 있다.4 그러나 일련의 조사를 마친 후, 와타나베는 다소 낙담하게 되었다. 인간존재는 한계를 지닌 반면, 기계는 훨씬 더 많은 한계를 지니고 있다는 것을 깨닫고서 말이다. 와타나베는 컴퓨터는 '꿈' 꿀 수 없다고 결론지었다. '기계들은 수많은 뒤얽힌 조건들을 가진 복잡한 문제들을 해결하는 데에는 인간들보다 낫다. 그 영역에서 인간은 기계의 상대가 되지 못한다. 그러나 사람들은 아직 존재하지 않는 이미지를 창조할 수 있는 유일한 존재다. 기계들은 꿈꾸지 않는다.' 5

그러나 우리는 딥 러닝deep learning을 통해 인공지능이 아직 존재하지 않는 사물들objects에 대한 이미지를 생성하는 것이 완전히 가능하다는 것을 알고 있다. 이것은, 결국, 딥 러닝을 기반으로 하는 웹사이트 *This person does not exit*를 떠받치는 원리다.6 그렇다면, 솔직히 한 가지 점에서, 와타나베는 틀린 것 같다. 컴퓨터는 이미지를 혹은 아직 존재하지 않는 사물들에 관한 이미지를 생성할 수 있다.

그러나 이제껏 진정으로 참신한 것이 있었는가? 알파고가 둔 고도로 혁신적인 서른일곱 번째 수Move 37을 사례로 들어보자. 이 같은 수move의 가능성은 항상 이미 존재해왔다고 주장할 수 있을 것이다. 그것은 단지 이전에 그것을 직면해 본 사람이 없었다는 것이다. 또는 페니실린의 예를 들어보자. 페니실린이 실제로 '발명' 되었는가 혹은 있는 그곳에 쭉 존재하다가 그리고 인간존재에 의해 단순히 발견되었는가? 같은 원리가 건축에도 적용된다. '아직 존재하지 않은' 형태가 있을 수도 있다는 바로 그 개념이 그 자체로 이론의 여지가 있다. 코스타스 테르지디스Kostas Terzidis[4]에 의하면, 예를 들어, 다른 무엇보다 인공지능이 입증하는 것은 모든 가능한 형태들이 그 외부에 이미 존재하며. 그리고 그것은 단지 검색하기searching의 문제라는 것이다.7 이 같은 논리를 따르자면, 건축가들이 지속적으로 새로운 형태들을 '생각해 내는dreaming up' 비범한 창조자들이라는 아이디어는 명백히 터무니없는 것이다. 그런 논리에서는, 아직 존재하지 않는 형태를 발명하는 것은 아주 불가능할 것이다. 거의 틀림없이, 그렇다면, 우리가 참신한 어떤 것을 디자인할 때, 우리는 어떤 것을 발명하는 것이 아니라 그저 잠재력이 항상 이미 존재해왔던 어떤 것을 찾아내는 것에 불과한 것이라고 주장할 수도 있을 것이다.

꿈꾸는 건물들Dreaming buildings

건축 분야에 인공지능을 도입하는 데 있어서 중요한 인물 중 한 사람은 레피크 아나돌Refik Anado이다. 분명히 하기 위해, 아나돌은 건축가가 아니다. 그는 미디어 아티스트다. 종종 '인공지능 아티스트' 혹은 '데이터 조각가'로서 묘사되는 그는 이미지와 영상에서의 환각을 일으키기 위해 인공지능을 사용한다. 그러나 그는 자기 작품의 상당 부분에서 건축에 초점을 맞춘다. 자신의 미가공 데이터raw data로서 건축 이미지를 사용하는 것뿐만 아니라 그는 종종 건물 위에 자신의 작품을 투사한다. 만일 크리스토와 장 끌로드Christo and Jenne-Claude가 건물과 다른 사물들을 포장함wrapping으로써 명성을 얻었다면, 아나돌은 건물 위에 이미지를 투사함으로써 명성을 얻었다. 아나돌에게 있어서, 건물들은 그의 캔버스이자 예술적 재료이다.

아나돌은 터키의 이스탄불에서 성장하였다. 여덟 살에 그는 자신의 어머니로부터 *블레이드 러너*의 카세트테이프를 받았다. 그것은 그에게 지대한 영향을 미친 선물이었다. '나는 로스앤젤레스의 놀라운 건축물들의 광경에 매혹되었던 것을 선명하게 기억한다. 이전에는 결코 보지 못했던 장소 말이다. 그 광경은 내 몽상 중에 일종의 주요한 것staple이 되었다.' [8]

아나돌이 UCLA의 디자인 미디어아트 학부Department of Design Media Arts에서 공부를 시작하기 위해 2012년 로스앤젤레스로 이사하였을 때, 그는 *블레이드 러너*의 그 도시를 마주하기를 희망하였다. 그러나 그가 마주했던 것은 그의 기대에 미치지 못했다.[9] 그는 차가 비행하는 하이테크 도시와 타이렐 코퍼레이션 본사와 같은 거대한 고층건물들을 마주치지 않았다. 그리고 렘 쿨하스Rem Koolhaas가 주장했던 바와 같이, 만일 '도시가 몇몇 강렬한 장소들red hot spots이 있는 포장도로의 평면'이라고 하면, LA는, 강렬한 장소로 묘사될 수 있는 적은 수의 다운타운을 제외하고는, 대부분 제멋대로 뻗어가는 교외의 포장도로로 이루어진 평면이다.[10] 그러나 결코 그를 실망시키지 않았던 한 건물이 있었고, 그것은 건축의 영웅 프랭크 게리Frank Gehry가 디자인 한 월트 디즈니 콘서트 홀Walt Disney Concert Hall이었다. 비록 그것이 기묘하고 어두운 것처럼 보였지만, 아침의 이른 시간에 그가 처음 그것과 마주했을 때, 완벽하게 등불이 켜져 있지 않은 채였다.

내가 처음 LA로 이사하였을 때, 우연히 마주친 첫 번째 건물은 월트 디즈니 콘서

> 트홀이었어요. L.A. 필하모닉의 홈이죠. 새벽 2시 15분에 LA에 도착하면서, 나는 기묘하게 생긴 어두운 물체를 보았어요. 밝게 빛나는 월트 디즈니 콘서트홀 대신에 말이죠. 그 건물은 믿을 수 없을 만큼 홀로 그리고 고립된 것처럼 보였어요. 분명히 그들은 밤에 에너지를 절약하기 위해 조명을 끄고 있었어요. 나는 결코 그것을 짐작하지 못했던 것 같아요. 나는 그 건물이 소리를 내고, 생각하고, 그리고 자체적으로 배울 수 있는 하나의 실체entity로 여겼던 것으로 기억합니다.11

월트 디즈니 콘스트 홀에 활기를 띠게 할 기회가 생겼다. 아나돌이 2018년 LA 필하모닉의 100주년을 기념하기 위한 데이터 조형물data sculpture의 창작을 의뢰받았을 때 말이다, 게다가 이 프로젝트는 아나돌에게 공공공간을 활용할 기회 또한 제공하였다. 그것은, 그에게 있어서, 특별한 매력이 있었다. 공공공간이 훨씬 폭넓은 관중들에게 그의 작품을 노출시킬 뿐만 아니라 건물 내부의 제약조건들에 의해 작품이 한정되지도 않았다. '공공공간은 나에게 중요한 작업장field입니다. 공공공간은 문, 천장, 그리고 바닥이 없습니다. 시작도 없고 끝도 없습니다. 그것이 하나의 아이디어입니다. 누구에게나, 어느 시간에나 열려 있다는 것 말입니다.' 12

그 프로젝트는 꿈과 기억에 관한 연구가 되었다. 월트 디즈니 콘서트홀 프로젝트를 위한 영감의 자료는 좀 더 초기의 프로젝트인 *Melting Memories**녹아내리는 기억*였다. 그 작품에서 아나돌은 기억들이 뇌 신호를 기반으로 하는 방법을 이해하고, 뇌파데이터EEG(Electroencephalogram) data를 기반으로 한 데이터 조형물을 창작하기 위해, 캘리포니아 샌프란시스코 대학교University of California San Francisco Neuroscape Laboratory의 신경과학자들과 협업하였다. '우리가 기억하기의 순간을 목격witness할 수 있을까? … 우리가 그것을 기계 지능의 도움으로 3차원 표면으로 변형시킬 수 있을까?' 13

영감의 또 다른 자료는 *블레이드 러너*에서 레이첼 그녀 자신이 다른 누군가의 꿈들을 받아왔다는 사실을 깨닫는 장면이었다. 이 장면은 아나돌에게 다음과 같은 질문들을 촉발시켰다. '기계가 다른 누군가의 꿈으로 무엇을 할 수 있다는 것인가? … 만일 기계가 기억을 가공process할 수 있다면?, [그것이] 또한 꿈꿀 수 있다면? 환각을 일으킬 수 있다면? 본의 아니게 기억할 수 있다면?, 혹은 다양한 사람들의 꿈과 연결될 수 있다면?' 14

'우리가 꿈꿀 때,' Google AMI[5]를 특히 언급한다. '우리의 정신은 이미지들과 아이디어들의 새로운 조합들을 형성하기 위해 기억을 가공한다.' 15 이것이 그 프로젝트의 이면에 놓인 핵심 아이디어로 이끌었던 원동력impulse이었다. LA 필하모닉의 100년 동안의 보관된 '기억들'과 월트 디즈니 콘서트홀 그 자체에 대한 기록들 모두를 수집하자는 아이디어 말이다.

> 이 질문에 답하기 위해, LA 필하모닉과 월트 디즈니 콘서트홀의 아카이브에 기록된 모든 것들을 수집하기로 결정하였다. 정확하게 말하자면, 테라바이트 용량의 디지털 기록으로 보관된 기억들이었다. 기계 지능을 이용하여 전체 기록은, 100년을 거슬러 올라가며, 건물의 표피에 투사projection되었다. 마흔두 개의 영사기들이 LA의 심장에서 미래의 공적 경험을 성취하며, 블레이드 러너의 LA에 더 가까워지고 있다. 만일 건물이 언젠가 꿈을 꿀 수 있다면, 그것은 바로 이 순간이다.[16]

이러한 투사의 이면에 놓인 의도는 세 개의 뚜렷한 단계들 속에서 월트 디즈니 콘서트홀에 '의식'을 부여하기 위한 것이었다.[17] 첫 번째 단계－'기억'－는 LA 필하모닉의 아카이브로부터 수집한 수천 개의 이미지와 사운드 기록들을 분류함으로써 신경망을 '훈련시키는 것'을 포함한다.[18] 이 데이터는 그런 다음 신경망에 의해 처리되었다.[19] 두 번째 단계－의식－는 자료들 내에서 유사성을 발견함으로써 그것들을 범주화하고 재배열하기 위해 신경망을 사용하는 것과 관련이 있다.[20] 세 번째 단계－'꿈꾸기'－는 본격적인 '환각'이 일어났을 때이다. 그리고 세 개의 단계 중 가장 화려하였다.

> 그것은 철저히 기계 환각이었다. 건축 문화적 등불beacon이 그 표피를 재구성한다 ... 건물은 인공의 바다, 자신의 피부 위에 데이터 점들을 이용하여 인공 대양ocean을 만든다. 그리고 마지막에 그 빌딩조차 환각을 꿈꾸기 시작하는 순간에 도달한다. 그리고 우리는, 작동 시스템을 여는 것에서부터 그것이 상상하는 지점까지, 한 건물의 전全 인식을 실제로 목격하고 있었다는 것을 깨닫는다. 이 둘 사이의 여정이 그 이야기이다.[21]

2018년 9월 28일 저녁, 마침내 일련의 마흔두 개의 강력한 영사기들의 전원이 켜졌다. 그리고 월트 디즈니 콘서트홀은 그 외관 위에 투사된 데이터 조형물에 의해 화

그림 4.1 Refik Anadol, *WDCH Dreams*, 로스앤젤레스 필하모닉의 100주년을 기념하기 위하여, 아나돌과 그의 팀은 45테라바이트 용량의 아카이브 데이터를 게리 파트너스Gehry Partners가 설계한 월트 디즈니 콘서트홀의 외관에 투영된 환각을 생성하기 위해 기계학습 알고리즘을 사용하였다.

려하게 꾸며졌다. 데이터 조형물은 Google AMI와 컴퓨터 사운드 엔지니어인 파라그 미탈Parag Mital[6]과의 협업하여 아나돌에 의해 생성되었다.[22] 아나돌이 자신의 작품을 건물 위에 투영한 것은 이번이 처음이 아니었다. 또한, 건축 영역에서 인공지능의 사용을 탐구한 것도 아나돌이 처음이 아니었다. 그러나 그럼에도 불구하고 그처럼 유명한 건축 걸작 위에 그러한 규모의 데이터 조형물을 투영하는 것에 대한 상징적 의미는 건축계로의 인공지능의 도입이라는 문턱의 순간threshold moment을 기념하는 것이었다. 그것은 또한 거의 틀림없이 블레이드 러너에 대한 인상이 LA의 건축으로 성장한 것이었고 그의 팀은 월트 디즈니 콘서트홀을 활기차게 하는 데 성공한 것은 말할 것도 없었다. '건축은 늦은 밤에 더 이상 홀로 어둡지 않다.'[23] 알레한드로 이냐리투Alejandro Iñárrito[7]가 논평한 바와 같이, '"공상과학"을 접할 수 있었던 것은 그것이 처음이었다.'[24]

월트 디즈니 콘서트홀에 데이터 조형물을 투영한 것은 아나돌이 건물에 데이터 조형물을 처음으로 투영한 것이 아니었다. 사실 그는 건축물의 내부에 투영된 일련의 데이터 기반 작품들로 인해 관심을 끌기 시작하였다. 그의 초기작 *Infinity Room*무한의 방(2015)은 자신의 유년 시절 꿈과 기억들에 의지하고 있다, 두 영역은 그의 작품에서 중요한 역할을 한다.[25] 따라서 *Infinity Room* (2015)은 기억들과 꿈들뿐만 아니라

그림 4.2 Refik Anadol, *Machine Hallucinations*, ArteHouse, New York(2019). 이 기계 환각을 창작하기 위해 아나돌은 뉴욕시에 관한 모든 단일 가용 사진 기억을 가공하기 위해 커스터마이즈 된customised StyleGAN 알고리즘을 사용하였다.

하나의 공간에 대한 환각hallucinating의 잠재력으로 통하는 문을 열었다. 마찬가지로 그의 데이터 기반 작품인 *Virtual Depictions: San Francisco가상의 묘사: 샌프란시스코* (2015)는 Skidmore Owens and Merrill(SOM)이 디자인한 건물의 출입 로비 내의 벽면 위에 투사되었다. 이 작품은, 도시에 관한 지리적 위치가 표시된 트위터geolocation-tagged Twitter활동과 3차원 포인트 클라우드 데이터3D point cloud data를 결합한, 실시간 데이터 조각 파이프라인data sculpture pipeline을 기반으로 하였다. 날씨 데이터를 기반으로 한, *Wind of Boston보스턴의 바람*(2017), 레이더 데이터를 기반으로 한 *Bosphorus보스포루스*(2018)와 같은 다른 설치물들installations이 건물들의 벽체 위에 전시된 이러한 일련의 데이터 조형물들을 지속시켰다.[26]

뉴욕에 있는 Artehouse[8]를 위한 아나돌의 *Infinite Space무한의 공간*(2019) 프로젝트는 월트 디즈니 콘서트홀 프로젝트를 위해 개발된 인공지능 기반 기법들이 더 발전하였다.[27] 그러나 여기서, 그는 뉴욕시의 통합적인synthetic 건축 '기억들'의 효과를 시뮬레이션하기 위해 그 기법들을 활용한다. 아나돌과 그의 팀은 도시 내 건물 중 공적으로 이용 가능한 사진들을 2억 천3백만 장 이상 다운로드하였다. 그들은 그런 다

그림 4.3 Refik Anadol, *Quantum Memories*, Melbourne, Australia (2020). 이 프로젝트를 생성하기 위해, 아나돌은, Google AI Quantum과의 협업을 통해, 2억 만장 이상의 자연관련 이미지를 양자컴퓨터 소프트웨어를 이용하여 가공하였다.

음 그 사진 들 중 사람이 있는 사진을 제거하기 위한 알고리즘을 도입하였다. 이미지의 수를 9천 5백만 장으로 줄이면서 말이다. 그리고 그런 이후 그들은 이 데이터 세트를 기반으로 기계가 '꿈' 꿀 수 있도록 또 다른 알고리즘을 도입하였다. 그리고 결과로 생긴 30분 분량의 영상을, 사용되지 않는 보일러실을 전시 공간으로 바꾼, 내부공간에 투사하였다.[28] 이로부터 한층 더 진보된 발전이, 양자컴퓨터의 잠재력을 탐구하는, Quantum Memories project양자기억 프로젝트(2020)이다.

아나돌은 또한 StyleGANs의 커스터마이즈 된 버전을 이용하여 이 책의 표지 이미지를 생성을 위한 책임을 맡았다.[29] 자명한 것처럼, 그 이미지는 Zaha Hadid Architects(ZHA)의 디자인을 닮았다. 이것은 놀랍지도 않다. 이미지 속에 그것은 ZHA에 의한 디자인 이미지들의 데이터 세트를 기반으로 인공지능을 사용하여 '환각' 을 일으키게 한 것이다. 그 결과물은 ZHA 이미지들을 입력한 것에 분명히 영향을 받았다. 중요한 것은 그것이 그 이미지 중 어떤 하나의 복사물이 아니라, 전체 데이터 세트를 기반으로 한 보간법interpolation[9]이라는 것이다. 게다가 그것은 이미 존재하는 어떤 것에 대한 이미지가 아니라 존재할 수 있는 무엇인가에 대한 환각이다.

기계 환각들Machine hallucinations

인공지능으로 생성된 이미지들을 묘사하기 위해 종종 사용되는 용어는 '기계 환각' 이다. 비록 우리는 '기계 환각' 이 인간의 환각과 근본적으로 다르다고 생각할지도 모르지만, 놀라운 유사성이 존재한다. 그리고 인공지능이 작동하는 방식과 우리 자신이 작동하는 방식을 직접적으로 비교할 수 있다.30 사실상, 인공지능은 훈련된 데이터라는 렌즈를 통해 세상을 바라본다. 우리가 훈련된 렌즈를 통해 세상을 보는 것처럼 말이다. 예를 들어, 만일 누군가에게 무지개에는 몇 가지 색상이 있느냐고 묻는다면, 여러 번의 기회들이 있다면 그들은 '일곱' 이라고 대답할 것이다. 비록 무지개를 구성하는 스펙트럼 속에는 무한대 수의 색상들이 있다고 할지라도 말이다.31 이것은 우리가 학교에서 무지개에는 일곱 가지의 색상이 있다고 이해하도록 훈련받았기 때문이다. 그리고 만일 우리가 건축가에게 '기능주의' 건축물은 어떻게 보이느냐고 묻는다면, 여러 번의 기회가 주어지면, 그들은 평지붕을 가진 *필로티* 위의 백색 건물로 묘사할 것이다. 비록 평지붕들이, 누수가 되는 경향 때문에, 대부분의 국가에서 매우 기능적이지 않음에도 불구하고 말이다. 이것은 우리가 건축학교에서 기능주의 건물들은 평지붕들을 가지고 있다고 이해하도록 훈련받았기 때문이다.

우리가 특정 방식으로 세상을 보도록 조건 지어진다는 생각은 '예측 지각predictive perception' 에 관한 이론으로부터 나왔다. 이 이론은 신경과학에서 어느 정도 견인력을 얻기 시작하고 있다.32 신경과학자 아닐 세스Anil Seth[10]에 따르면, 뇌는 어떤 빛이나 소리 없이 두개골 속에 갇혀있다. 그리고 전기적 자극을 제외하고는 외부 세계에 대한 정보를 거의 가지고 있지 않다. 그것으로써 뇌는 외부에 벌어지고 있는 것에 관하여, 감각 정보와 이전의 경험들을 토대로, ' 최상의 추측best guess' 을 제공하려 한다. 그러한 이유로 지각perception은 객관적으로 여겨질 수도 있는 만큼 객관적이지 않다. 그것은 또한 단순히 외부로부터 뇌가 신호를 수용하는 것에 대한 문제만도 아니다. 뇌는 느끼고 있는 것을 이해하기 위한 시도에 적극적으로 참여한다.

> 외부 세계에서 오는 신호들에 크게 의존하는 지각 대신에, 뇌는 역방향으로 흐르는 지각적 예측들perceptual predictions에도 그만큼, 만일 그것이 아니라면 더 많이, 의존한다. 우리는 그저 수동적으로 세계를 인식하지 않는다. 우리는 적극적으로 세계를 생성한다. 우리가 경험하는 세계는 외부에서 내부로 오는 만큼이나, 만일

그게 아니라면 더 많이, 내부에서부터 외부로 나온다.[33]

세스는 따라서 뇌는 지각되고 있는 것에 대해 예측들predictions— 혹은, 그가 그것들을 명명하는 것처럼, '환각들'을— 만들어 낸다고 주장한다. 그러나 이러한 환각들은 부정확한 예측을 방지하기 위해 억제될 필요가 있다. 일정 정도의 통제가 개입될 필요가 있다. 세스는 딥드림 알고리즘을 사용하여 가공된, 영상으로 이것을 설명한다. 그 영상은 지나치게 강력한 지각적 예측이 어떻게 기묘한 환각적 지각으로 유도될 수 있는지를 보여준다. 그 영상에서 관찰자들은 그들이 보는 모든 것들을 개의 이미지로 읽게 된다.[34] 이것은 세스로 하여금 만일 환각이 통제되지 않은 지각의 한 형태라면, 그땐 지각 그 자체는 '통제된 환각'의 한 형태이어야만 한다는 결론에 도달하도록 하였다.[35]

> 만일 환각이 일종의 통제된 지각이라면, 그땐 바로 여기 그리고 바로 지금의 지각 또한 환각의 일종이다. 그러나 통제된 환각, 그 안에는 뇌의 예측들이 세계로부터의 감각 정보에 의해 억제된다. 사실상, 우리는 모두 내내 환각을 일으키고 있다. 바로 지금을 포함해서 말이다. 우리가 그것을 실제라고 부르는 그것은 단지 우리가 우리의 환각에 대해 동의하는 때이다.[36]

여기서 흥미로운 것은 세스 또한 그 방식을 설명하기 위해 딥드림을 사용한다는 것이다. 그 방식에서 우리는 예측 지각이라는 형태를 통해 세계를 이해한다. 게다가 우리가 딥 러닝을 통해 생성된 이미지들을 묘사하기 위해 '기계 환각'이라는 표현을 사용하는 것처럼, 세스는 인간에 관한 것으로 예측 지각의 프로세스를 묘사하기 위해 '통제된 환각'이라는 표현을 사용하고 있다. 이러한 논리에 따르자면, 우리가 세계를 바라볼 때, 우리는 적극적으로 환각을 일으키는 것이다. 기계가 이미지들을 생성할 때 '환각'을 일으키는 방식과 유사하게 말이다. 그렇다면 인간의 지각과 컴퓨터의 이미지 생성 사이에서 그려지는 암묵적인 유사점이 있다. 그 둘은 우리가 처음 상상했을 수도 있는 것만큼 닮지 않은 것이 아니라는 것이 드러날 것이다.

유사하게, 컴퓨터 예술가 메모 애크텐Memo Akten[11]은 우리가 어떻게 세계를 보도록 훈련받는지를 설명하기 위해 인공신경망을 사용한다.[37] 그의 'Gloomy Sunday 우울한 일요일' 상호작용 실험에서, 애크텐은 어떻게 인공신경망이 사물을 해석하는지에 대한 설명을 제공한다. 그것이 훈련받았던 방식을 토대로 말이다. 게다가 만일 꽃들에 대한 이미지들로만 구성된 데이터 세트로 훈련받았다면, 인공신경망은 그것이 보는 모든 것을 꽃들에 대한 이미지들로 읽을 것이다. 애크텐이 언급하는 바와 같이, '우리의 의식적 정신conscious mind으로 우리가 보는 그 그림은 외부 세계에 대한 거울 이미지가 아니라, 우리의 추측expectations과 사전 신념prior beliefs을 토대로 재구성된 것이다.' 38 연장하자면, 이전 경험들은 뒤이어 오는 경험들에 대해 일종의 필터로 작용한다. 그 경험들은 우리가 세계를 보는 방식을 왜곡하고 색깔을 입힌다. 달리 말하자면, 지각은 '사전 신념' 을 토대로 한다는 애크텐의 개념은 지각은 '이전 경험' 을 토대로 한다는 세스의 개념과 대단히 유사한 것처럼 보인다. 유사하게, 애크텐의 'Gloomy Sunday' 실험은, 그것은 훈련받은 신경망을 사용하였다, 딥드림을 사용하는 세스의 실험과 매우 가깝다. 요약하자면, 애크텐은 세스의 예측 지각에 관한 이론을 확증하는 것처럼 보인다.

마찬가지로, 우리는, 세계에 대한 우리의 지각 속에서 작동하는 '통제된 환각' 에 관한 세스의 개념과 우리가 세계를 지각하는 렌즈의 역할을 하는 슬라보예 지젝Slavoj Zizek[12]의 '판타지fantasy' 개념과 비교할 수 있을 것이다. 지젝의 견해는 라캉의 사고에 기초를 두고 있다. 라캉Lacan에 의하면, 우리는 '*주이상스jouissance*,향락[13]' 의 순간을 제외하고 실재계the Real에 다가갈 수 없다.39 우리가 실재the real라고 생각하는 것은 그 자체의 실재가 아니라, 실재에 대한 하나의 겉모습appearance이다.40 사실상, 실재에 대한 우리의 지각은 '상상력이라는 미로를 관통하는 우회로detour를 경유하여' 우리에게로 온다. 그것은, 우리의 세계관이 세계를 보기 위해 훈련받아 왔던 방식에 의해 왜곡되는 것 못지않게, 우리의 상상력에 의해 색이 입혀지고 왜곡된다. 세스와 애크텐에 의한 두 개의 '실험들' 이 보여주는 것처럼 말이다. 더욱이 지젝에게 있어서, 실재에 대한 우리의 지각은 실재에 대한 하나의 '*판타지*' 이다.41 판타지는, 그렇다면, 우리가 '실재' 를 이해하는 방식에 중요한 역할을 하는 것이다. 사실상 판타지는, 지젝에게 있어서, 그야말로 '우리가 실재를 어떻게 보느냐에 대해서 구성적' 이다. 즉 '우리가 "실재를 사실상 있는 그대로 보는 것"을 가로막는 우리의 꿈들이라고 하는 일종의 파편들로 존재하는 것과는 거리가 먼, 판타지는 우리가 실재라고 부르는 것에 대해 구성적constitutive이다. 가장 일반적인 신체적으로bodily "실재"는 상상력이라는 미로를 관통하는 우회로를 통해 구성된다.' 42

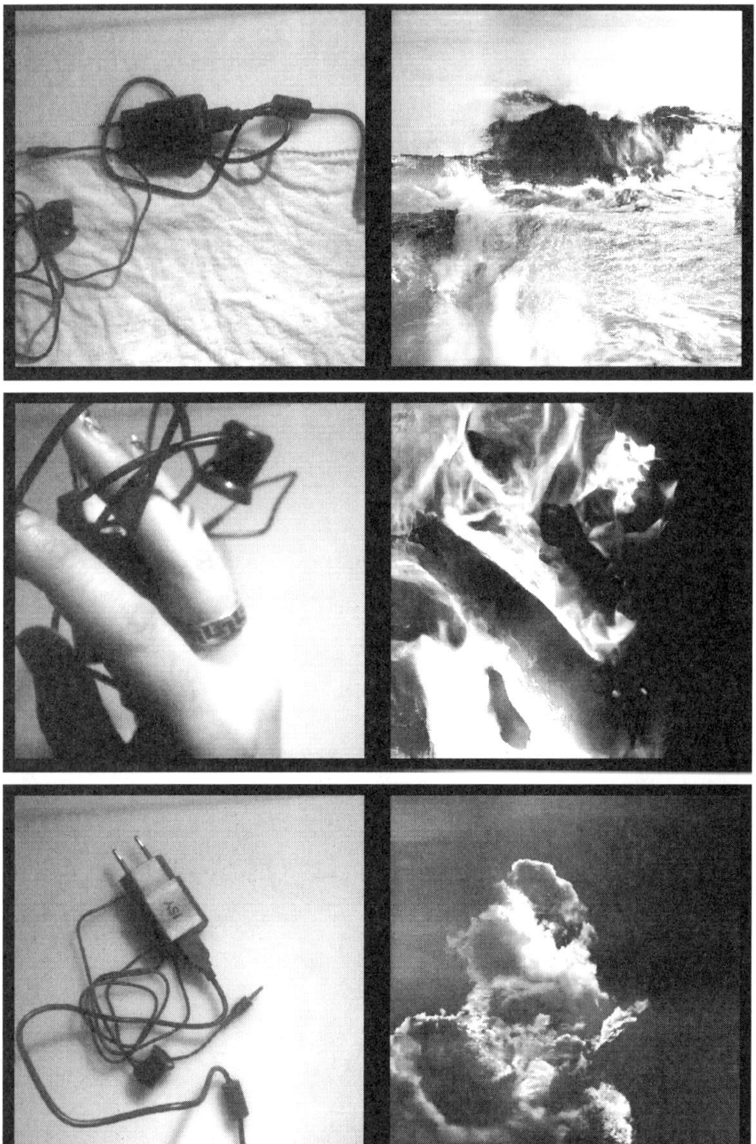

그림 4.4 Memo Akten, *Gloomy Sunday* (2017). 애크텐은 다른 이미지 세트들 즉 물, 불, 그리고 구름들로 신경망을 훈련시켰다. 그런 후 그는 훈련된 신경망을 이용한다. 이런 방식으로, 테이블 위에 있는 일상생활의 사물들을 바라보는 '하나의 렌즈'가 된다. 결과적으로, 신경망은 테이블 위에 있는 모든 것들을 물, 불, 그리고 구름들로 해석한다,

지젝은 더 나아가서, 우리가 인간의 사고를 더욱더 가깝게 시뮬레이션하기 위해 컴퓨터 연산computation을 사용하는 것처럼, 정반대가 일어날 수도 있다고 추측한다. 인간의 사고가 컴퓨터 프로그램을 모방하기 시작하고, 세계 그 자체에 대한 우리 자신의 이해가 하나의 모형이 될 정도로 말이다.

> 만일 이 '모형'이 이미 '원형the original' 그 자체에 대한 하나의 모형a model이라면, 만일 인간지능 그 자체가 컴퓨터처럼 작동한다면? '프로그램된 것이라면? 등등 컴퓨터는 순수한 모습으로 겉모습semblance에 관한 문제를 제기한다. 이 담론은 시뮬라크룸simulacrum[14]은 아닐 것이다. 즉 어떤 의미에서 컴퓨터는 오로지 생각을 '흉내 낸다'는 점은 분명하다. 하지만 사고thought에 대한 완전한 시뮬레이션과 '실제real' 사고가 어떻게 다른가?[43]

다시 말해서, 지젝은 우리는 시뮬레이션 속에 살아가고 있는 것일지도 모른다고 추측하고 있다, 이 주장은 원래 사회학자 장 보드리야르Jean Baudrillard[15]에 의해 제기되었고, *영화 매트릭스The Matrix*에서 유명해졌다. 그러나 그 이후 다른 좀 더 최근의 철학적 논쟁으로 이어지고 있다.[44] 마찬가지로, 우리는 이러한 견해와 세스와 여타의 신경과학자들이 세계에 대한 우리의 지각을 이해하는 방식을 비교해 볼 수 있다.

그림 4.5 Fernando Salcedo, *Deep Perception* (2020). 이것은 사우디아라비아 리야드Ryadh 소재 king Abdullah Petroleum Studies and Research Center에 대한 이미지들로 훈련받은 CycleGAN을 이용한 연구이다. 그 건물을 위한 다른 가능한 디자인들의 환각을 생산하기 위해 왼쪽의 의복에 대한 이미지들을 재해석하기 위한 연구이다.

사전 신념들과 경험을 토대로 구축된 지각으로서 말이다. 그로써 우리가 지각하는 것은 또한 세계에 대한 하나의 모형—하나의 시뮬레이션—이다.

이것은 지젝으로 하여금 '가상현실virtual reality' 을 실재보다 덜 한 형태로 낮게 평가하는 것은 잘못된 것일 수 있다는 결론에 이르게 하였다. 가상현실이 보여주는 것은 이제 가상현실이 얼마나 '가상적virtual' 인가가 아니라, 오히려 '실재real' 에 대한 우리의 이해가 얼마나 '가상적' 인가하는 것이다. 즉 '가상현실에 대한 궁극적 교훈은 매우 참된 현실the very true reality을 시각적으로 보여주는 것visualization이다.' 45

건축화Architectualisations

건축으로 전환하여, 우리는 마찬가지로 우리가 건축가로서 훈련받는 그 방식을 인공신경망이 훈련받는 방식에 비유할 수 없을까? 2020년 플로리다 인터내셔널 대학(FIU)의 건축과 학생인 페르난도 살세도Fernando Salcedo는, 'Gloomy Sunday' 와 다르지 않은, 상호작용적 인공지능 실험을 착수하였다. 그곳에서 그는 두 개의 이미지 세트로 신경망을 훈련 시켰다. 하나는 일반적인 모더니스트 건축에 기초하였고, 다른 하나는 ZHA가 디자인한 킹 압둘라 석유 연구 및 리서치 센터King Abdullah Petroleum Studies and Research Center를 기반으로 하였다.46 신경망은, 그런 다음, 의류품을 포함하여 그것이 보는 모든 것들을 건축형태로 읽는다. 예측 지각의 원리와 유사한 프로세스를 통해서 말이다. 세계에 대한 이처럼 기묘하게 왜곡된 시선view에서, 단순한 넥타이는 고층빌딩으로, 그리고 구겨진 셔츠는 ZHA 프로젝트를 포장한 버전으로 읽힐 수 있다. 그러나 중요한 것은, 신경망은 객관적인 방식으로 형태를 읽고 있지 않다는 것이다. 오히려, 신경망은 형태들을 하나의 필터를 통해 읽고 있다.47 이 실험은 몇 가지 흥미로운 질문들을 유발한다. 어쩌면 이것은 건축가가 세상을 보는 방식이 아닌가? 그들이 보는 모든 것들을 잠재적 건축물로 읽는 것처럼 말이다.48 다시 말해, 건축교육을 통해, 건축가들은 특정 방식으로 세상을 보도록 훈련되는 것이 아닌가? 신경망이 세계를 보도록 훈련되는 것처럼 말이다.

주장하고자 하는 것은 이것이 순수한 유추를 토대로 하나의 주장을 세우게 될 수도 있는 경우라는 것이다. 그 자체로 이 실험은 어떤 것을 증명하지 않는다. 그럼에도 불구하고, 그것은 이런 유형의 조사를 더 추구하도록 유혹한다. 예를 들어, 이 실험은 영감inspiration 그 자체의 특성—특수한 렌즈를 통해 세계를 읽고 디자인 그 자체로 그 비전을 재再표현하는 '행위' —에 대한 통찰을 우리에게 제공하지 않을 수도 있지 않은가?

우리는 이러한 프로세스를 '건축화'의 한 형태로 묘사할 수 있을 것이다. 요컨대, 건축가들은 그들이 무엇을 보든지 간에 '건축화' 하고, 건축적 관점에서 세계를 읽는 경향이 있다.[49] 이것이 많은 비非 건축적 항목들—생물학적 존재들, 동물들, 곤충들, 지질학적 형태들, 그리고 실로 잠재적으로 어떤 것이든—로부터 영감을 받고, 그것들을 자신들의 건축적 표현으로 통합할 수 있도록 해준다.[50] 이것은 예른 웃손Jorn Utzon이 어떻게 요트의 부풀어 오른 돛들로부터 영감을 받아 시드니 항을 굽어보는 오페라 하우스의 잠재적 둥근 천장으로서 그것들을 계속해서 읽었는지를 설명할 수 있을지도 모른다. 또한, 건축가들이 왜 그토록 자주 질 들뢰즈Gilles Deleuze[16]에 의해 활성화된 '주름fold[17]'과 같은 철학적 개념들을 오해하는지, 그리고 그 개념들이, 비록 형태 혹은 건축 같은 것들과 아무런 관련이 없음에도 불구하고, 건축형태의 참조사항인지를 추정하는 데 도움이 될지도 모른다.[51] 그것은 마찬가지로 몇몇 건축가들과 건축평론가들이 —'분리된discrete' 혹은 '화소화pixelation'와 같은— 디지털적인 것the digital을 언급하는 용어들을 택하는 데 있어서 어떻게 실수를 하는지, 그리고, 비록 디지털적인 것들 그 자체는 비물질적이고 형태를 가지고 있지 않음에도 불구하고, 그들은 잠재적으로 건축형태들을 언급하고 있다는 것을 추정하는 데 도움이 될지도 모른다.[52]

나아가, 왜 건축가들이 그들이 보는 모든 것을 '심미화aestheticise' 하는 경향이 있는지를 설명할 수도 있을 것이다. 세상을 미학적 관심사라는 관점에서 읽고, 어떤 경제적 혹은 사회적 그리고 정치적 고려사항들이 지닌 관심사들을 씻어 내면서rinsing 말이다.[53] 예를 들어, 비록 경제적 요인들이 어떤 디자인의 견인차임에도 불구하고, 많은 건축가가 경제적 요인들에 비해 디자인 관심사들에 특권을 부여하는 경향을 지니는 것은 왜 그런가? 참으로, 건축에 관한 책들에는 경제적 고려사항들에 대한 참고사항들이 왜 그토록 적은가? 뒤표지에 적힌 책값과는 별개로 말이다. 그것은 마치 건축가들이 항상 세계를 특정한 시선 즉 장밋빛으로 심미화하는 렌즈를 통해 보는 경향이 있는 것 같다.

그렇다면, 건축가의 시선이 중립적이지 않다는 것을 이해하는 것이 중요하다. 신경망이 훈련되어 온 것에 못지않게 그것 역시 훈련되어왔다. 우리가 이처럼 조절된 시야outlook를 '통제된 환각'의 한 형태와 같은 세스Anil Seth의 말로 이해하든, 혹은

'판타지'를 통해 구성되는 존재처럼 지젝의 말로 이해하든, 건축가들은 세계를 있는 그대로 보는 것이 아니라 그것을 보도록 훈련받은 대로 본다는 것은 분명하다. 그러나 이것은 데리다Jacques Derrida[18]에 의해 만들어진 용어인 '해체deconstruction'의 이면에 놓인 메시지와 그다지 다르지 않지 않은가?

데리다는 인공지능에 사용되는 데이터가 특정한 편견을 수반하는 것처럼, 세계에 대한 우리의 지각은 특정한 편견을 수반한다고 주장한다.[54] 세계에 대한 우리의 지각은 따라서 '구축된다.' 그리고 이러한 '구축된constructed' 지각은 왜곡된 지각이다. 우리가 무지개에 대한 표준적인 해석을 통해 보았던 것처럼 말이다. 드러낼 필요가 있는 것은, 그렇다면, 세계에 대한 우리의 이해가 어떻게 '구축되어' 왔느냐는 것이다. 그리고 세계 그 자체를 이해하는 이러한 '구축된' 방식은 '해체deconstructed' 되어야 할 필요가 있다. 똑같은 이슈가 건축에 적용된다.

'절대 잊지 말자'고 데리다는 적고 있다. '건축에 대한 건축이 있다는 것을.'[55] 바꿔 말하자면, 건축에 대한 우리의 이해는 그 자체가 '구축되었다.' 평지붕이 있는 건물을 언급하는 것과 같은 '기능주의'에 대한 표준적인 지각을 통해 보아왔던 것처럼 말이다. 건축에 대한 우리의 이해는 따라서 '해체' 되어야 할 필요가 있다. 여기에서의 모순은 건축가들은 대체로 데리다를 잘못 해석한다는 것이다. 그들은 '해체'라는 용어를 건축의 구축과 어떤 방식으로 관련되어 있다고 생각하는 경향이 있다. 그런데 사실은 그것은 단순히 하나의 건축적 은유다.[56]

이 무슨 오해인가? 아니라면, 건축화의 또 다른 사례라는 것인가?

기계는 꿈꿀 수 있는가?Can machines dream?

그렇다면, 기계는 꿈꾸지 않는다는 와타나베Makoto Sei Watanabe의 주장이 옳다는 것인가?[57] 거의 틀림없이 이제 기계는 '꿈'꿀 수 있다고 주장할 수 있다. '꿈'이라는 용어는, 결국, 아나돌의 작품에 대한 그의 묘사를 통해 등장한다. 그것은 또한 딥드림DeapDream기법과 오토데스크의 소프트웨어인 드림캐처Dreamcatcher의 이름 속에도 등장한다. 마찬가지로 우리는 '환각'과 같은 이미지를 생성하는 다른 꿈과 유사한 방식들과 관련한 언급들을 발견할 수 있다. 미첼Melanie Mitchell은 인공지능은, 그것이 생성하는 어떤 것에 대한 예술적 질을 평가하기 위해, 의식을 요구할 수 있다고 주장한다. 미첼에서 있어서, 의식은 따라서 창의성에 대한 품질보증hallmark이다.[58] 그러나 꿈들 그 자신들은 필연적으로 의식에 의존할까?

프로이트Sigmund Freud에 따르면, 꿈들은 많은 규칙을 가지고 있다. 예를 들어, 억압된 감정repressed feelings은 꿈속에서 표출될 수 있다. 그 감정들은 *패러프락시스 parapraxis, 실착행위*[19]의 프로세스를 통해 본의 아니게 말로 폭발할 수 있거나 혹은 어떤 창조적 행동으로 승화된 형태로 표출될 수 있는 것과 같이 말이다. 마찬가지로 꿈들은 무의식에 이르는 하나의 '편리한 방법왕도,royal road'을 제공한다. 프로이트가 간단하게 말한 바와 같이, 의식적 사고 동안에는 접근할 수 없는 정신의 한 부분에 접근할 수 있게 해 준다.[59] 다시 말해서, 꿈들 그 자체는 의식과 반드시 관계가 있는 것은 아니다. 그리고 디자인하기라는 창조적 행위 속에서 승화된 형태로 제시될 수 있다. 이러한 시각에서 보자면, 꿈은 의식에 의존하지 않는다.

그 대신에, '확장된 지능'에 대한 담론의 관점에서, 인공지능 작품의 생성은 사실은 의식과 관련이 있다고 주장할 수 있을 것이다. 그것은 의식을 가공processes하는 것은 인공지능이 아니라 바로 인간이라는 것이다. 사실상 이것은 어떤 컴퓨터 연산 작용에서도 항상 있는 경우라고 주장할 수조차 있을 것이다. 거기에서 컴퓨터는 결코 스스로 실행하지 않는다. 종국에는 이용자가 관리한다.[60] 겉으로 보기에 컴퓨터 연산 프로세스의 객관적 속성에도 불구하고, 그 결과물은 항상 주관적인 이용자를 만족시켜야만 한다. 그리고 만일 그 결과물이 이용자를 만족시키지 못한다면, 그땐 알고리즘은 이용자를 만족시키는 결과를 생산할 때까지 약간의 수정이 계속해서 반복될 수 있다.

그로써, 인공지능에 관해 별개로 이야기하는 것은 거의 의미가 없다. 우선은, 적어도, 그것은 항상 인간-인공지능 협력의 형태에 관한 문제다. 즉 인공지능이 적을수록 그 자체로, 더 많이 '확장된 지능extended intelligence'이다. 그리고 이용자는 의식을 지니고 있다는 것 때문에, 정의에 따라 이러한 협력 자체는 의식과 관련된다. 이러한 관점에서 알 수 있는 것처럼, 그것은 단순히 인공지능을 *통해 꿈꾸*는 이용자 혹은 인간의 상상력에 대한 하나의 확장으로서 인공지능을 적용하는 이용자에 관한 문제이다. 게다가 많은 이들이 지적해 왔던 것처럼, 단 하나의 존재만이 인공지능보다 우수하다. 그리고 바로 그것은 '인공지능을 덧붙인 인간humans plus AI'이다. 그리고 명백히 '인공지능을 덧붙인 인간'은 인공지능을 가지고 있지 않은 인간보다 우수하다. 그렇다면, 와타나베의 질문은 '기계는 꿈꿀 수 있는가?'가 아니라 '인간은 그들 자신의 꿈을 강화하기 위해 기계를 이용할 수 있는가?'가 되어야 하지 않을까?

만일 우리가 와타나베의 논평들을 그 논평들의 전체 맥락 속에 놓고 본다면, 그러나 이것이 실제로 와타나베가 의도하는 것이라는 점은 분명하다. 와타나베에게 있어서, 비결은 인공지능을 별개로 읽으려는 것이 아니라, 잠재적인 인간-인공지능의 공생symbiosis의 관점에서 읽으려는 것이다. 와타나베는, '인공지능을 확장하는 능력' 혹은 '상상력을 확장 시킬 수 있는' 인공지능과 같은, 맥락에서 인공지능을 언급하고 있다.

와타나베에게 있어서, 뇌의 작동— 다른 말로 '직관적 통찰intuition' —은 항상 일종의 '블랙박스black box' 다.61 우리는 뇌가 어떻게 작동하는지를 이해할 수 없다. 한편 인공지능도 마찬가지로 '블랙박스' 일 수 있다. 딥 러닝의 경우에, 예를 들어, 컴퓨터과학자들조차도 그것이 어떻게 작동하는지 완전히 알지는 못한다. 기계와 인간 사이의 이러한 공생은, 그렇다면, 두 개의 블랙박스 간의 '협력' 의 한 형태가 된다. 흥미롭게도, 와타나베는 꿈을 꾸는 기계의 잠재력을 인간과 기계 간의 경쟁이 아니라 통합의 관점에서 본다. 그곳에서 인간과 기계는 서로를 보완한다.

> 이 해답이 항상 사실일 수 있을까? 기계가 꿈꾸는 날이 올까? 그날을 준비하는 것은 뇌와 기계 간의 잠재적 협력 경로를 탐색하는 것과 관련될 것이다. 이것은 양 영역—화이트 박스white boxes[20], 다시 말해, 과학적 접근법 혹은 알고리즘 디자인, 그리고 블랙박스black boxes, 협력적 방법론을 지향하는, 혹은 다시 말해, AI Tect—에서의 작업을 필요로 할 것이다. 이것은 우리의 좌뇌와 우뇌가 다른 기능들을 담당하고 놀라운 성능을 발휘하는 데 있어서 협력하는 방식과 유사하다.62

그래서 로봇은 꿈꾸는가? 그리고 로봇을 따로 생각하는 것이 말조차 되는가? 혹은 우리는 오직 인간존재와의 협력 속에서만 로봇을 생각하고 있어야 하는가? 와타나베는, 어쨌든, 이러한 협력에 흥미를 느낀다. 로봇과 함께 작업하는 것은 건축가들로 하여금 그들 자신에게 허락된 것일 수도 있는 상상력보다 훨씬 더 큰 범위의 선택권들options을 생각해 내는 데 도움이 될 수 있다. 전통적으로 우리는 로봇을 오직 기계적 업무만을 수행할 수 있는 기계적 장치로 보아 왔다. 그러나 인간존재와 함께 작업하며, 상상력을 위한 공간을 열 수 있다. 마이클 한스마이어Michael Hansmeyer[21]에게 있어서 이것은 핵심적인 단계이다. '우리는 우리의 효율성과 정확성을 증대시키기 위해 컴퓨터들을 사용해오고 있다. 그 컴퓨터를 우리의 뮤즈, 디자인에 있어서 하나의 파트너로, 그리고 우리의 상상력을 확장하기 위한 하나의 도구로 보자.' 63

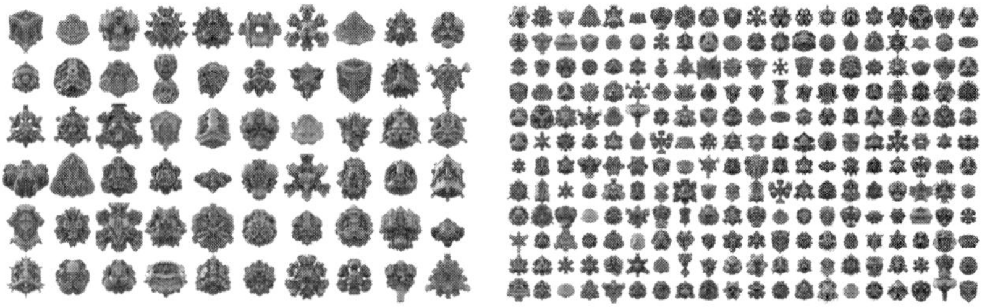

그림 4.6 Michael Hansmeyer, Learning Beauty in Architecture (composite image). 이 연구 습작은 학습 기계를 이용하여 미美를 어떻게 측정할 것인가에 관한 일종의 탐사다.

2019년 런던의 바비칸 아트센터Barbican에서 개최된, *AI: More than Human인공지능: 인간보다 더한*이라는 제목의 인공지능에 관한 전시회가 있었다.64 그 전시의 이면에 놓인 전제는 인공지능에 관한 개념은 지적 생명체를 인공적으로 창조하고자 하는 욕망의 연장이라는 폭넓은 맥락에서 이해되어져야 한다는 것이었다. 그 전시는 이러한 주장을 하는데 확실히 설득력이 있었다.

그 전시의 제목은, 그러나, 인공지능이 어쨌든 '인간보다 더 나을' 수 있다는 것을 함축하는 것으로 보인다. 그러나 그것이 비교에 관한 질문인가? 우리는 인공지능과

> '인공지능의 역할은
> 우리를 더 인간적이
> 되도록 하는 것이 아닌가?'

인간과의 관계를 경쟁 관계로 보아야 하는가? 이 제목은 공포 팔이fear mongering가 아닌가? 혹은 우리는 인공지능의 역할을 인간존재의 역할에 보완하는 것으로 보아야 하는가? 인공지능의 역할 중 하나가 특정한 반복적 작업의 고역으로부터 우리를 해방시키고 우리가 가진 모든 너무나 인간적인 상상력을 확장하도록 하는 것이 아닌가? 인공지능의 역할은 우리를 더 인간적이 되도록 하는 것이 아닌가?

인공지능이여, 나의 뮤즈가 되어 주소서!

5

인공지능과 건축AI and architecture

헤르난 디아즈 알론소Hernán Díaz Alonso[1]가 전시기획을 맡고, 케세이 렘Casey Rehm이 디자인한 *The Architectural Beast* 展이 프랑스 오를레앙의 FRAC 센터FRAC Center에서 2019년 10월 11일 문을 열었다. 이것은 주요 건축 갤러리에서 인공지능을 이용한 최초의 전시회였다.[1] 이 전시회는 17명의 남부 캘리포니아 건축연구소Southern California Institute of Architecture(SCI-Arc) 출신의 건축가들과 예술가들의 작품으로 구성되었다.[2] 날마다 작품은 인스타그램Instagram, 플리커Flickr, 그리고 다른 플랫

그림 5.1 *The Architectural Beast* (2019) 프랑스 오를레앙의 Fonds Régional d'Art Contemporain(FRAC)지역현대미술기금의 비엔날레. *The Architectural Beast*는 헤르난 디아즈 알론소가 전시기획하였다. 전시의 인공지능 측면은 Laure Michelon, Jiahao Ye, Daman Jovanovic, 그리고 Kellan Carledge의 지원을 받아, 케세이 렘이 디자인하였다.

폼들 상의 가장 인기 있는 온라인 건축 이미지들에 대한 인터넷 검색과 비교하여, 그들의 '좋아요' 횟수를 기초로, 조작됨으로써 점점 변형되었다. 그렇게 함으로써, 초기의 진보적인 이미지들은 점점 더 시간이 흐를수록 보수적으로 변했다. 그 의도는 초기 작품이 이러한 프로세스를 통해 점점 오염되는 것이었다. 그래서 두 달 후 임계점에 도달하는 것이었다. 그리고 초기 내용이 그 결과인 혼성체hybrid entity의 절반보다 적게 구성되는 것이었다.

디아즈 알론소에게 있어서, 그 전시는, 문화 그 자체의 진화와 맥을 같이 하는, 건축문화 내에서 작동하는 교차오염cross-contamination[2] 과정을 흉내 내기 위한 시도다. 게다가 건축 그 자체는 기술적 그리고 문화적 양 측면의 변화에 대응하며 시간이 흘러감에 따라 변화하는 종種,species으로 대우받고 있다.

> 진화의 전全과정에서, 종species의 궤적에 돌연변이를 시작하는 가능성을 부여한 극도의 오염의 시대가 있었다. 지난 30년 동안, 디자인은 새로운 방법론들의 분출로 생성된 다양한 패러다임의 전환들을 경험하였다. 이 전환들은 주로 새로운 기술로부터 기인하였지만, 마찬가지로 일련의 문화적 변화들로부터도 유래하였다. 디자인, 건축 그리고 예술의 문화에서 각자 개편을 재촉하면서, 오래된 질서를 어지럽히고, 그것을 역사적이며 시대에 뒤처진 것으로 묘사하면서 말이다.[3]

혼종의 이미지들은 매일 변하는 글들과 함께 배치되었다. 그 글들은 전시하고 있는 그들의 발표된 작품들로 훈련한 신경망이 생성한 설명문captions을 토대로 하였다. 그런 다음 렘Casey Rehm[3], 다미얀 요바노비치Damjan Jovanovic[4]와 리암 영Liam Young[5]의 이론적이고 비평적인 글쓰기로 훈련한 두 번째 신경망에 의해 확장되었다. 처음 보면 그 설명문들은 이치에 맞는 것처럼 보인다. 그러나 좀 더 자세히 들여다보면, 그것들은 '건축 담론'에 대한 순전히 엉터리 사례들이라는 것이 명백해진다. 여기에 생성된 글 중 하나의 사례가 있다.

> 우리는 새 오피스로 이사할 기회가 있었고, 나는 오피스에 들어가 둘러보기 위해 복도를 통해 들어가려 하였다. 우리는 훌륭한 직원들과 좋은 의뢰인이 있는 매우 깨끗하고 심플한 사무실을 가지고 있었다. 우리는 매우 좋은 친구들이 되었다. 이 프로젝트를 작업하면서 말이다. 그리고 프로젝트가 진보하는 것은 항상 그런

> 식이었다. 내가 이 위치로 오도록 하는 데 도움이 되었던 것은 그저 그것은 특별한 것 이상이었다는 점이다.[4]

우리는 무엇으로 이러한 무의미한 글들을 작성하는가? 많은 방식 중에, 글들은—인공지능으로 생성된 시poetry의 발전과 매우 흡사하게— 초현실주의에 의해 실행된 자동 시automatic poetry의 전통을 상기시킨다. 그것은 창조적 프로세스를 자유롭게 하고, 의식이 통제하는 창조적 프로세스를 해방시키기 위한 의도였다. 사실상, 렘Casey Rehm은 이러한 연습의 이면에 놓인 불합리를 인정한다. 그러나 그것 역시, 마치 이러한 글들은 의도적으로 무의미한 것처럼, 그리고 대체적으로 건축 담론의 종종 과도하게 허세부리는 특성에 대한 하나의 일반적인 패러디로서 의도된 것이다.[5] 그 글들은 마찬가지로, 탈근대성postmodernity의 시기 동안 건축디자인 문화에 너무나도 만연해있는, 의미에 관한 담론에 대한 하나의 비평적 논평으로 읽힐 수 있다.[6]

그런데, 전시회에서 이미지들을 생성하는 그 프로세스를 그토록 신랄하게 만드는 것은 건축문화 내에서 이미 벌어지는 프로세스를 흉내 내기 위해 인공지능을 사용하는 것이다. 인공지능은 데이터 세트들을 다른 데이트 세트들과 교차 수분cross-pollinate[6]하는 데 사용될 수 있다. 건축 분야가 다른 분야의 아이디어들과 교차 수분됨으로써 변하는 것처럼 말이다. 더는 별개의 것이 아닌, 건축은 하나의 혼합물이 되었다. 그 혼합물은 다른 분야들과 아이디어를 공유한다. 어떤 단일 아이디어의 기원들을 불분명하게 하는 나른 사극들impulses의 혼중적이고 오염된 혼합물로 유도하면서 말이다. 디아즈 알론소가 말하길:

> 오늘날, 어쩌면 결코 이전과 같지 않게, 우리는 학문 분야에서 학문 분야로 흐르는 전문어technical language를 공유한다. 이전에는 분리되었던 지식 분과의 경로를 변경하면서 말이다. 많은 실용분야—예술, 건축, 패션, 영화, 음악—는 유사한 야망ambitions, 즉 분야들을 가로질러 분야 간에 파문을 일으키는 아이디어들을 탐험한다. 저작권authorship에 대한 개념은 유동적이다.[7]

그러나 만일 그 전시회가 건축이 생성되는 그 프로세스를 단순히 패러디하는 것뿐만 아니라, 또한 어떤 방식으로 그 프로세스를 복제하는 것이라면? 참으로, 이러한 건축 전시회에서의 바로 그 인공지능의 사용은 그 자체로 교차-오염의 한 형태다.

그림 5.2 그리고 그림 5.3 케시이 렘Casey Rehm, 브랜단 호Brendan Ho and 린 케이퍼Lynne Keiffer(Ishida Rehm Studio), NN_House 1, Joshua Tree, California (2018), 외관. 이 주택을 위한 디자인은 루드비히 미스 반 데어 로에LudwigMies van der Rohe의 브릭 하우스Brick Country House와 알바 알토Alva Aalto의 빌라 마이레아Villa Mairea 이미지를 보간하기 위한 신경망을 이용하여 생성되었다.

건축가들은 항상 외부로부터의 아이디를 수용하는 편이며, 약간 까치magpies처럼 활동한다는 평판을 얻고 있다. 최근의 반짝이는 아이디어들과 기술들을 타 학문 분야로부터 도용하는 것 말이다. 아이디어의 관점에서, 하이데거와 같은 좀 더 보수적인 철학자들 혹은 자크 데리다 혹은 질 들뢰즈와 같은 진보적인 철학자들 어느 쪽이든지 간에, 철학자들은 종종 외적 영향의 근원이었다. 참으로 철학은 종종 새로운 건축이론을 증진하는 데 도움이 되는 멋있는 지적 겉치레로 취급된다.[8] 철학자를 알게 되면, 이론화하려 들 것이다.

기술에 대해서도 마찬가지다. 건축가들은 항상 다른 분야의 기술들을 전용轉用하려는 경향이 있다. 마야Maya 소프트웨어는 건축가들을 위해 고안된 것이 아니었다. 유니티Unity도 아니었고, 쿠카 로봇Kuka robots도 아니었다. 어떤 경우에는 건축가들은 다른 분야를 위해 고안된 소프트웨어들을 적용하였다. 디지털 프로젝트의 경우에, 항공 산업에서 사용하기 위해 프랑스 회사인 다쏘Daussault에 의해 개발된 소프트웨어인 카티아catia프로그램이 게리 테크놀로지Gehry Technologies에 맞추어진customized 것처럼 말이다. 하지만 극소수의 기술들만이 건축문화로부터 유래한다.

만일 그야말로 인공지능이 건축문화에 영향을 미친다면, 우리는 학문적인 디자인 스튜디오, 워크숍 그리고 학술대회에서의 실험 작업을 넘어 건축 실무 그 자체를 보아야 한다. *The Architectural Beast*와 같은 건축문화에 대한 매혹적 전시를 위한 이미지를 생성하기 위해서 뿐만 아니라 실제적인 건물들을 디자인하는데 기여하기 위해 사용되는 인공지능은 어떤 것이 있을 수 있을까?

쿱 힘멜블라우Coop Himmelb(l)au

오스트리아 비엔나를 기반으로 하는 진보적인 건축디자인 실무집단인, 쿱 힘멜블라우의 수석디자이너이자 CEO인 울프 프릭스Wolf Prix는 인공지능의 잠재력을 탐색한 최초의 인물 중 한 명이다. 그러나 초기에 프릭스는 다소 인공지능에 대해 의구심을 가졌다.[9] 사실 그는 전반적으로 컴퓨터 연산에 대해, 특히 파라메트릭paramatricism에 대해 회의적이었다. 왜냐하면, 그것은 폐쇄적 시스템으로 보였기 때문이다.[10] 그러나 그는 지금 인공지능이 가능성을 닫기보다, 오히려 열 수 있다는 것을 인정한다.

물론, 프릭스는 불타는 날개와 같은 초년시절에 도발적인 선언문 쓰기와 자동생성 도면 탐구와 같은 실험 작업이 낯설지 않다. 프릭스는 언제나 현재 상황에 도전하고 건축에 새로운 가능성을 열고자 하였다.[11] 프랭크 게리Frank Gehry, 렘 콜하스Rem Koolhaas, 피터 아이젠만Peter Eisenman, 자하 하디드Zaha Hadid, 등과 함께, 그 또한, 1988년 뉴욕의 현대미술관Museum of Modern Art에서 개최된 *해체주의 건축展*에 포함된 진보적 건축가 중의 한 명이었고 건축에서 혁신적인 실험 작업의 선두주자로 남았다.[12] 우리는 또한 프릭스가 항상 표현에서의 개방성과 자유를 선호해왔다는 것을 염두에 두어야 한다. 사실대로 말하자면, *열린사회와 그 적들The Open Society and its Enemies*의 저자인 칼 포퍼Karl Popper는 그의 영웅 중의 한 명이었다.[13] 개방성을 증진하는 것은 무엇이든 찬양하였고 기회를 가로막는 것은 무엇이든 이의를 제기하였다. 그렇다면, 프릭스를 위해, 우리는 인공지능에 의해 지원받는 가능성에 대해 항상 개방적이어야 한다. '인공지능을 배제하지 마시오! 당신은 그것을 통합하고 사용해야 합니다.'[14]

프릭스는 자신의 팀에게 인공지능이 얼마나 중요한지에 대한 깊은 인상을 심어주기 위해 노력하고 있다. '인공지능은 그저 하나의 도구이지만, 우리 사무실에서 가장 중요한 협력자는 인공지능입니다.'[15] 프릭스에게 있어서 인공지능의 진정한 이점은 디자인 프로세스를 더 효율적으로 만들고 새로운 언어들new languages을 탐색할 시간을 더 많이 남겨둔다는 것이다. 프릭스가 보기에 이것은 건축이 위기에 처한 시간에 온다. 건축은 바로 지금 '흔들리는 지면shaky ground' 위에 놓여 있다. '그곳에는 중력이 거의 없다.'[16] 건축은 매우 불안정하다. 오래된 구조들은 사양길로 접어들고, '새로운 구조들'이 탄생하고 있다. 비록 이 '새로운 구조들'이 아직 준비되지 않았다 하더라도, 하나의 가능성은 인공지능이 그들의 발전에 영향을 미치는 데 있어서 중요한 역할을 할 수도 있다는 것이다. 프릭스가 보기에, 건축과 학생들은 그것의 잠재력을 탐색할 필요가 있다. 그러나 만일 인공지능이 학생들의 사고를 제한한다면 유용하지 않다. — 인공지능은 그들의 사고를 지원해야 한다. 어떤 내용이 없으면, 형상도 없을 것이다.

동시에 프릭스는 인공지능에 대해 약간의 의구심을 남겨두고 있다. '그것은 단지

'건축가는 앞좌석에
그리고 인공지능은
뒷좌석에 앉아야 한다.'

그림 5.4 Coop Himmelb(l)au, *DeepHimmelb(l)au* (2020). DeepHimmelb(l)au는 다른 수준에서 특별한 속성들이 관리되도록 하는 의미 속성semantic features을 해독하는 것disentangle을 학습한다. 그것에 의해 새로운 해석과 새로운 세계를 생성된다. 그 신경망은 디자이너로 하여금 습관적인 해석의 범위를 넘어서 새로운 구성방식을 탐색하는 것을 가능하게 해준다. 신경망은 디자이너들이 의미 있는 것으로 생각하는 특정 속성들에 대한 인식 전환이 가능하다.

하나의 유행인가? 우리를 죽일까?[17] 그리고 분명히 인공지능은 그 한계가 있다. 사실상, 프릭스는 인공지능은 선형적linear이지만, 반면에 인간의 뇌는 다차원적이라고 말하는, 신경과학자 싱어Tania Singer[7]를 인용하는 것을 좋아한다. 그리고 프릭스는 또한 우리에게 알고리즘에 의해 통제되는 존재에게 맞서라고 경고한다. '의구심을 가지세요! 비평적이어야 합니다!' [18] 건축가들이 여전히 통제하여야 한다. '건축가들은 앞좌석에 그리고 인공지능은 뒷좌석에 앉아야 한다.' [19] 무엇보다 프릭스는 영행렬zeros[8]과 'zero-zero architecture' 로 이끄는 컴퓨터 연산들 중의 영행렬에 맞서라고 경고한다. 그리고 프릭스에 대한 최고의 비유는? 놀랍지도 않지만, 아마도 비엔나 출신의 건축가인 프릭스는 인공지능이 일종의 대용代用,ersatz 건축으로 유도할 수도 있다는 위험성을 인정한다. 카페인을 뺀 커피처럼 말이다. '그것은 커피와 같다. 그것은 커피와 같은 냄새가 난다. 그러나 커피가 아니다.' [20]

그러나 프릭스는 마찬가지로 인공지능의 잠재력에 놀라워한다. 지금까지 쿱 힘멜블라우가 착수한 인공지능으로의 가장 중요한 진출foray은 DeepHimmelb(l)au 프로젝트이다. 이 프로젝트는 잠재적 건물들을 '환각처럼 생성hallucinate' 하기 위해 CycleGANs와 여타 형태의 생성적 적대 신경망들GANs을 이용하는 시도이다.[21] 앞서 언급한 바와 같이, CycleGANs는 두 개의 쌍을 이루지 않는unpaired 데이터 세트들을 이용하여 작업한다. 이 경우에, 데이터 세트 A는 지형의 형성geomorphic formations과 관련한 참조 이미지들을 기반으로 하며, 데이트 세트 B는 실제적인 쿱 힘멜블라우의 프로젝트들을 토대로 한다. 그 결과물은 쿱 힘멜블라우와 같은 건물 형태들인 상상의 지형landscape을 통해 여행하는 영상물이다. 여기서 강조할 중요한 점은 이 건물들은 실제로 존재하지 않는다는 것이다. 그 건물들은 단순히 '기계 환각들' 에 불과하다.

쿱 힘멜블라우가 우리에게 보여준 것은 생성적 적대 신경망들을 이용하는 상대적으로 설득력 있는 디자인들을 '환각적으로 생성하는 것hallucinate' 이 꽤 가능하다는 점이다. 게다가 한편으로 데이터 세트들을 마련해야 할 필요가 있는 상당한 작업이 있으면서도 고품질의 최종 생산물을 위해 많은 획기적 사건들을 요구한다. 결국 생성적 적대 신경망들은 매우 신속하게 디자인들을 생성하는 것이 가능하다. *DeepHimmelb(l)au*의 생성에 대한 책임을 맡은[22] 컴퓨터작업 건축가인 다니엘 볼로얀Daniel Bolojan이 언급하고 있는 바와 같이, '그것이 젊은 만큼, 명료하게 규정된 영역 내에서, *DeepHimmelb(l)au*는 해석interpretation과 재현representation의 속도와 그것이 만들어 낼 수 있는 일관된 해석들의 양에 있어서는 디자이너들의 작업능력을 능가한

다.' [23]

*DeepHimmelb(l)au*의 이면에 놓인 의도는 디자인 프로세스들을 '증강augmenting' 시키고 기존의 디자인들에 하나의 레이어를 추가하는 방법을 발견하는 것이다. 그 프로젝트는 또한 사무소 내에서 디자인 프로세스의 증강을 위한 더 큰 비전의 한 부분으로 이해되어야 한다. 볼로얀이 지적한 바와 같이, '그러한 디자인 프로세스들은 물리적 모형 해석에서부터 실시간 분석, 실시간 렌더링, 2차원과 3차원의 영역 전환domain translations, 디자인 공간 탐색들에까지 걸쳐 있다.' [24]

그러나 *DeepHimmelb(l)au*는 또한, 처리해야 할 필요가 있는 몇 가지 과제들을 노출하고 있다. 생성적 적대 신경망들이 건축사무소에서 정말로 중요한 역할을 할 수 있다는 것 이전에 말이다. 비록 *DeepHimmelb(l)au*에 의해 생성된 이미지들이 투시도 안에 있는 것으로 보이지만, 그 이미지들은 영상에서 추출된 이미지로 남는다. 더 설득력 있고 전체적인 접근을 발전시키기 위해서, 사무소는 3차원으로 옮겨갈 필요가 있을 것이다. 그리고 그것은 더 많은 데이터의 개발과 깊이, 물질성, 레이어들 등등을 차별화하는 것과 같은 렌더링의 사용을 수반한다.[25] 지금으로서는 대부분 생성적 적대 신경망들을 이용하는 작업에 있어서 가장 중요한 과제 중의 하나는 2차원에서 3차원으로 전환하는 것이다. 또 다른 중요한 과제는 이미지들을 만족스럽게 통제하는 기법을 개발하는 것이다. 이미지들을 건축도면으로 만들어지도록 말이다.

모포시스Morphosis

프리츠커상Pritzker Prize의 수상자이자 모포시스의 디렉터인 톰 메인Thom Mayne 역시 인공지능의 가능성에 매료되었다. 비록 그의 사무소는 인공지능의 잠재력을 탐색하는 데 있어서 진전이 적었음에도 불구하고 말이다. 실제로 메인은 기술적 혁신이 가져다주는 기회들 때문에 그것을 항상 받아들였다. 그러나 메인에게 있어서 도구가 없다는 것이—인공지능조차 아니다— 기적의 도구다. 그리고 인간의 사고는 여전히 본질적인 것으로 남아 있다. 그리고 확실히 메인은 자신을 물질세계에 기초를 둔 아날로그 인간으로서 보고 있다. 그는 컴퓨터 업무를 사무소의 다른 사람들에게 의존한다. 그러나 컴퓨터 연산computation은 메인에게 중요하다. 왜냐하면, 그것은 사고에 더 폭넓게 다가가는 것을 촉진하기 때문이다. 그리고 그것으로 인해 사무소는 이미 디자인에 더 유연하게 접근하기 시작하였다. '디지털 디자인은 우리가 신속하게 확장할 수 있게 해주고, 잠재력이라는 관점에서 건축을 확장하는 몇 가지 정말로 흥미로운 것들을 만들 수 있도록 해줍니다. 그리고 그것은 단순한 데카르트적인 고정된 시스템에서 벗어나 역동적인 시스템으로 가는 길을 열었습니다.' [26] 이것이 정확히 메인이 현재 그토록 인공지능의 잠재적 기여를 열정적으로 추구하는 이유이다.

메인에 따르면, 만일 우리가 모든 것을 그저 인간의 직관적 통찰에 맡겨둔다면, 우리는 곧 아이디어가 고갈된다고 한다. 마키 후미히코Fumihiko Maki를 예로 들자면, 그는 메인이 크게 존경하는 사람이고 하바드 GSD에서 메인은 학생으로서 그의 가르침을 받았다. 그러나 마키는 20년 동안 어떤 것도 디자인하지 않았다. 왜냐하면, 그는 자신을 —르 꼬르뷔제와 같이— 재발명하고 신선함을 유지할 수 없었기 때문이었다. 바로 이 지점이 전략적 사고가 그만큼 중요한 역할을 하는 곳이다.

베르나르 추미Bernard Tschumi, 피터 아이젠만Peter Eisenman, 그리고 그의 세대의 다른 건축가들처럼, 메인은 대상object에 그다지 많은 흥미를 느끼지 않았지만, 대상들의 관계와 전략적 접근법을 개발하는 데에 관심을 가졌다. 특히 메인은 *선험적priori* 사고에 이의를 제기하는 접근방식에 흥미를 느낀다. '*선험적* 사고*priori thinking*는 오직 당신이 알고 있고 보아왔던 것만을 기초로 합니다.' [27] 선험적 사고 대신, 결코 예측하지 못했던 결과물을 생성하기 위해서, 우리는 작전상의operational 전략들에 포커스를 맞추어야 한다. '흥미로운 결과를 가져오게 되는 것은 당신이 알려지지 않은 어떤 것을 생산하고 있다는 것입니다. 그것은 중독성이 강했어요. 일단 당신이 그러한 방식으로 디자인을 시작했다면, 나는 오직 내가 인식하지 못하는 것에만 흥미를 느낍니다.' [28]

메인은 컴퓨터 연산 작업computation이 건축사무소에서 디자인 프로세스에 속도를 올릴 수 있다는 데에 항상 인상을 받았다. '기술은 진보해왔고, 엄청나게 지루한, 기술적인 의미에서요, 그 도면작업 과정을 대체 하였습니다 ... 기술이 한 것은 우리에게, —디지털 기술의 적용에 앞서— 굉장히 숙련된 도면작업을 하는 사람들이 필요한, 엄청나게 복잡한 디자인으로부터 나노 초nanosecond 내에 그 작업을 하는 도구를 준 겁니다.' [29] 메인에게 있어서, 컴퓨터 연산작업은 항상 새로운 아이디에 열린 채 존재하는 것, 그리고 기존의 아이디어들에 대한 새로운 반복iterations에 관한 문제였다. '당신이 당신을 쇄신할 새로운 현대적contemporary 프로세스들을 찾는 중이라면, 그것이 당신에게 무언가 발명하기 위한 새로운 재료를 가져다줍니다.' [30]

메인은 또한 우연성과 '조합적 디자인combinatorial design', 그리고 그래스호퍼

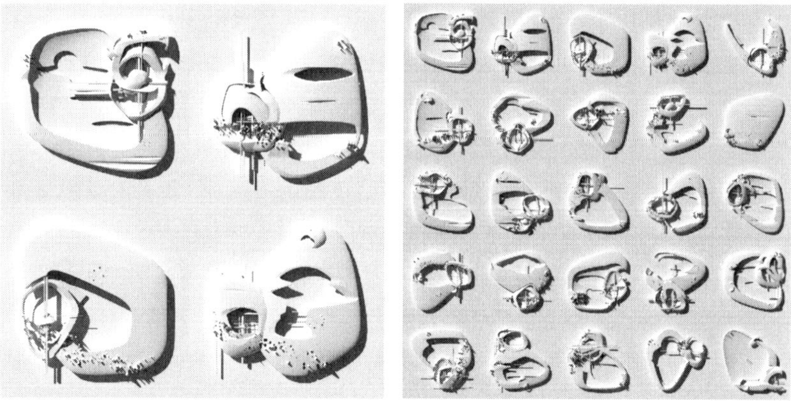

그림 5.5 Morphosis, Combinational Design Studies. 하나의 형태 연구에 대한 그래스호퍼 정의 Grasshoper definition는 더 넓은 범위의 조합적 옵션들을 제공하기 위해 조정된다.

Grasshopper(매우 광범위한 의미에서 인공지능의 한 형태로 이해할 수 있다)와 같은 한층 더 상대적으로 직접적인 도구의 기여에 관심을 두고 있다. 그로써 그의 사무소는 아주 짧은 시간 안에 다양한 다른 옵션들을 생성할 수 있다. 내가 그의 사무소를 방문하였을 때, 메인은 디스플레이 중인 그의 대표적인iconic 형태 연구들, 놀라운 감수성을 지닌 거장의 작품들, 중 몇 개를 언급하였다. 메인을 깜짝 놀라게 한 것은 자신의 사무소 소속의 건축가 다니엘 프루스케Daniel Pruske가 그 작품 중 하나에 대한 그래스호퍼 정의Grasshopper definition을 짜고, 그리고 난 뒤 아주 빠르게, 제약조건들을 살짝 비틀고 반복 후에 또 반복함으로써, 동일한 연구에 대한 100가지의 다른 버전들을 생성할 수 있었다는 점이다. 메인이 다시 말하길, '저는 이것들을 바라보면서, 말하고 있었어요. "빌어먹을, 이거 흥미로운걸!" 이건 우리가 찾던 그런 거야. 지금 우리는 차별화를 이야기하고 있어...' 31 메인은 항상 이론적 시각에서 이상주의에 맞서왔다. 그러나 지금은 컴퓨터가 그에게 매우 실무적인 디자인 시각에서 그 개념에 이의를 제기하는 것을 허락하고 있다.

> 이것을 보면 흥미롭다. 왜냐하면, 그것이 나의 두뇌brain를 해방시키기open 때문이다. 내가 그것을 좋아하고 좋아하지 않고는 중요하지 않다. '그것을 좋아한다.' 혹은 '그것을 좋아하지 않는다.'에 대한 생각은 내던져버려야 할 그런 것이다. 나는 이상주의에 관한 생각에 맞서는 것에 대해 배워왔다. 이상적인 것과 같

> 은 그런 것은 없다. 유토피아는 없다. 단지 불확정의 세계contingent world에서는 옵션들만이 있을 뿐이다. 이제 나는 이것을 보면서, 그리고 '저것들은 오로지 단어들일 뿐이다.' 라고 말한다. 그리고 지금은 가장 좋아하는 구성scheme이 있다고 확실히 당신에게 말할 수 없다. 그것들은 다르다. 그리고 다른 특성이 있다. 나는 소피의 선택Sophie's choice[9]에 처해 있다. 나는 두 가지 성격들을 보고 있다. 나는 다른 것보다 하나를 더 사랑하는가? 아니다. 난 그들을 다르게 사랑하고 있다. 혹은 나는 얼굴들을 보고 있다. 그리고 전통적으로 아름다운 얼굴은 아니다. 그러나 매력이 있는 얼굴이다. 그리고 그 얼굴은 전통적으로 아름다운 얼굴보다 실제로 더 흥미롭다. 그것은 당신은 미의 개념에 이의를 제기하고 있다는 것을 의미한다.32

메인으로 하여금 그의 사무소에서 인공지능을 사용하는 것을 탐색하도록 부추긴 것은 엄밀히 말해 —어떤 특이점을 피하고, 직관적 통찰의 경계를 넘어 여는, 그리고 다른 반복들을 통해 순환하는— 조합적 디자인의 이 같은 전략이다.33 그래스호퍼가 다양한 결과물들을 생성할 수 있는 한편, 이들은 일정 기간에 걸쳐 차례로 수동으로 생성되어야 했다. 반면에 더 진보된 인공지능 도구들의 아름다움은 거의 무한대 수의 옵션들을 즉석에서 생성할 수 있다는 것이다. 그러나 모포시스에게 있어서 과제는 이 형태들을 3차원으로 생성하는 방법—쿱 힘멜블라우도 마찬가지로 직면하고 있는—뿐만 아니라 그 도구들을 건축적 틀 내에서 유용하게 만들도록 충분히 통제 가능한 방법에 관한 것이다.

전통적인 디자인은 본질적으로 직관적이다. 그리고 따라서 주관적이다.34 와타나베가 언급한 바와 같이, '건축가들은 그들이 판단과 선택에 도달하기 위해 사용하는 정신적 프로세스에 대해서는 보통 의식하지 않는다.' 35 그처럼 컴퓨터 연산작업이 가져다주는 기회는 디자인 프로세스를 더 객관적으로 만드는 것이다. 그것을 외면화함externalising으로써 말이다.36 인공지능 기법들의 장래성은 따라서 디자인을 더 과학적으로 만드는 것이다. '그 기법들은 디자인 활동을 —지금까지는 경험과 직관을 통해 이루어져 왔다— 과학적 활동으로 만든다.' 37

그러나 생성적 적대 신경망들GANs이 지닌 문제는 그들이 수행하고 있는 특정한 작동들에 대한 방법 혹은 이유를 말할 방법이 없다는 것이다. 이러한 의미에서 신경망들은 직감intuition과 약간 다르다. 생성적 적대 신경망들과 인간의 직관 모두, 앞서 언급한 바와 같이, 블랙박스들이다. 이러한 관점에서, 생성적 적대 신경망을 사용하는 데 있어서 어떤 과학적 객관성을 찾는다는 것은 무의미한 것처럼 보인다. 그 자신이 모포시스에서 컴퓨터 연산작업을 해온 건축가인, 스기하라 사토루Satoru Sugihara는 이 문제를 다음과 같이 요약하고 있다.

> 이 시스템들의 결과물들이 우리에게 이치에 맞을 수도 있지만, 만일 우리가 뉴런과 연결점들의 신호 프로세스를 차례로 엄밀하게 추적한다면, 우리는 그 전체 프로세스를 통한 그 시스템의 행동을 반드시 이해할 수 있는 것은 아닐 것이다. 이러한 이해의 부족은 인간의 지성에 관한 우리의 수많은 가설에 비유될 수 있을 것이다. 그 속에 우리는 여전히 우리의 뇌 활동이 어떻게 우리의 행동을 결정하는지에 대해 이해하지 못한다. 비록 우리가 지금 뇌의 뉴런들의 정밀한 활동들을 추적할 수 있다 하더라도 말이다.[38]

생성적 적대 신경망들은 실험적 디자인에 더 적합할 수도 있다. 참신하고 놀라우며 영감을 주는, 즉 상상력에 크게 충격을 주고 새로운 가능성을 여는, 결과물을 찾는 접근법 말이다. 이것은 그 자체로 작은 기여가 아니다. 그러나 전문적 실무 내에서 작업하는 건축가들을 위한 과제는 정밀하게 통제된 제약조건 세트들 내에서 작동하며 건물을 디자인하기 위한 것이다. 결국, 건축은 제약조건이 없으면 아무것도 아니다.

자하 하디드 아키텍츠Zaha Hadid Architects

자하 하디드 아키텍츠의 수석디자이너인, 패트릭 슈마허Patrik Schumacher는 ZHA 사무소와 AA 디자인 연구소AA Design Research Laboratory(DRL)에서 인공지능의 잠재력을 탐색해 오고 있다. 그러나 인공지능에서 슈마허의 흥미는 다른 관심사에 의해 동기부여가 되었다. 프릭스Wolf Prix와 메인Thom Mayne과는 달리, 슈마허는 디자인 프로세스의 속도를 높이거나 다양한 디자인 옵션들을 생성하는 것에는 관심이 없었다. 그는 공간구성spatial organisation이 어떻게 사회적 행위social behaviour에 영향을 미칠 수 있는지 – 반대로, 사회적 행위가 어떻게 공간구성에 영향을 미칠 수 있는지를 시뮬레이션하는 데 관심이 있다. 유틸리티 AIUtility AI 내에서 거주자의 행위 모형을 만들기 위해 인공지능 정보에 근거한 '행위자agent' 의 모집단populations을 사용함으로써 말이다.

> ZHA와 AA 디자인 연구소, 양 영역들에서 —그리고 두 영역은 실제로 서로를 반영한다— 인공지능의 사용은 우리가 창조하는 거주환경과 디자인들 속에서 거주occupancy와 생활과정life processes의에 대한 진보된 시뮬레이션을 개발하는 것과 관련이 있다. 현대 사회적 기관들의 복잡성과 역동성의 수준에서는, 특히 기업의 본사와 캠퍼스, 대학과 연구캠퍼스의 세계에서 ... 이것은 더 이상 수용시설의 고정된 스케줄로는 처리될 수 없으며, 건축적 신념이라는 것에 대한 더 복잡한 의미와 관련되어야 한다고 우리는 믿고 있다. 소위 매개변수적으로 다양한 사건 시나리오들 말이다. 그래서 이것들은 행위자 집단agent populations으로 시뮬레이션 될 것이다.[39]

슈마허는 이 영역에서의 자신의 연구를 '행위자 기반 파라메트릭 기호학agent-based parametric semiology' 으로 표현한다. 그가 '기호학' 이라는 용어를 사용하는 것은 이 환경들이 '풍부한 정보' 이기 때문이다: '그 환경들은 단지 물리적 장애물들, 통로들, 그리고 기회들이 아니라 의미론적으로 암호화된 사회적 규약들로 가득 차 있다. 그리고 사회적 상황적 의미들은 이러한 건조 환경들에 장착되고 새겨진다.'[40] 따라서

그림 5.6 Daniel Bolojan, Parametric Semiology Study (2017), In doctoral research undertaken under Patrik Schumacher, 다니엘 볼로얀은 기계학습 알고리즘ML Algorithm, 결정 트리Decision Trees, 그리고 영향도Influence Maps(게임 인공지능)를 사용한다. 제안된 공간의 레이아웃을 테스트하기 위한 목적으로, 인간 행위자의 행동을 모형으로 형성하기 위해, 유니티3DUnity3D에서 실행되었다.

행위자들은 이러한 기호학적 암호들에 차등을 두어 반응하는 능력을 갖추어야 할 필요가 있다: '예를 들어, 기업의 영역을 보자면, 우리는 다양한 부서의 소속들, 팀 제휴들, 그들이 외부 상담자 혹은 내부 직원이든 아니든 위계적 계급(들)을 본다. 따라서 그들은 고도로 차별화된 행위자들이다.'[41]

슈마허는 왜 이를 위해 인공지능을 사용하는가? 기술적으로, 실제 공간에 실제로 존재하는 사람들의 영상화면을 분석하는 것이 꽤 가능하기 때문이다. 사회적 상호작용과 그러한 상호작용을 유도하는 요인들의 다양한 유형들을 밝히기 위한 시도에서 말이다. 그러나 이러한 접근법으로는 한계가 있다. 그것은 피 관찰자들의 프라이버시 문제를 초래할 뿐만 아니라 대안적 공간구성을 테스트하는 데 있어서 가구를 재배열하기 어려울 수 있다. 결과적으로, 컴퓨터 작업 모형들이 훨씬 더 적합하다. 왜냐하면, 그 모형들은 다양한 사회적 시나리오들과 공간구성들을 시뮬레이션하는 데 사용될 수 있기 때문이다. 이것은 데이터를 유형, 위치와 상호작용 기간, 그 장소의 특성과 공간구성 등등을 고려하여 수집하도록 한다. 그리고 이것은 그 이후에는, 특정한 공간구성으로 인해 지원을 받든 혹은 방해를 받든, 사회적 상호작용의 유형들에 대한 정보를 제공한다. 최종적으로, 기계학습은 그 이후에 수정된 공간구성을 토대로 사회적 활동의 강도를 테스트하기 위해 재사용될 수 있다.[42] 이것은 시뮬레이션이 후속 연구를 위한 엄청난 양의 데이터를 제공하는 방식에 관한 또 다른 사례이다.[43] 그것은 또한 기존 건물의 성능을 테스트하기 위한 '디지털 트윈digital twin'을 사용하는 것에 내한 잠새력을 깅조한다.[44]

그렇다면, 여기서, 우리는 각자가 자신들의 디자인 실무에서 인공지능을 사용하는 데 있어서 다른 접근법을 탐색한, 다른 동기를 지닌 세 명의 현대 건축가들을 알고 있다. 프릭스는 디자인 프로세스의 속도를 높이는 데 관심이 있으며, 메인은 차별화의 가능성에 흥미를 느끼며, 슈마허는 공간구성과 사회적 행태 간의 관계를 테스트하는 데 관심이 있다.[45] 이것은 인공지능을 하나뿐인singular, 획일적인monolithic 기법으로서가 아니라 오히려 다양한 다른 방식들 속에 사용될 수 있는 기법들의 범위로 이해하여야 한다는 것을 강조한다.[46]

그림 5.7 AI Build, Daedalus Pavilion, Amsterdam (2016). AI Build는 Nvidia GPUs를 이용하여 만들었다. 그것은 암스테르담에서 개최된 GPU 국제회의를 위한 파빌리온을 3D 프린팅하는 데 있어서, 속도와 정확성을 증대시키기 위해 컴퓨터 비전computer vision과 딥 러닝 알고리즘의 조합체를 구동하기 위한 것이다.

인공지능 제조AI fabrication

딥 러닝은 지각과 관련한 업무에서 매우 효율적이다. 그러나 스튜어트 러셀Stuart Russell이 지적한 바와 같이, 다른 분야에서 운용하기 위한 기능은 상대적으로 제한적이다.

> 지각은 매우 중요하고 딥 러닝은 지각에 충분히 적합하면서도, 인공지능 시스템에 부여할 필요가 있는 많은 유형의 능력이 있다. 이것은 특히 우리가 장기간에 걸쳐 발생하는 활동들에 관해 이야기할 때에는 정말이다. 혹은 공장을 짓는 것과 같은 매우 복잡한 활동들이다. 그런 종류의 활동들은 순전히 딥 러닝 블랙박스 시스템에 의해 조정될 가능성은 없다.[47]

자신의 요점을 설명하기 위해, 러셀은 공장을 짓기 위해 딥 러닝을 사용하기 위한 시도에서의 과제들을 기술하고 있다. 사례는 건축가들과 많은 관련이 있다.

> 우리가 공장을 짓기 위해 딥 러닝을 사용하려 한다고 상상해보자. (결국, 우리 인간은 공장을 짓는 방법을 알고 있다. 그렇지 않은가?) 그래서 우리는 딥 러닝 알고리즘을 훈련시키기 위해 공장 짓기의 무수한 이전 사례들을 가져올 것이다. 우리는 사람들이 공장을 지어왔던 모든 방식을 보여줄 것이다. 우리는 그 모든 데이터를 취하여 그것을 딥 러닝 시스템에 입력하고, 그런 다음 시스템은 공장들을 짓는 방법을 알게 된다. 우리가 그렇게 할 수 있을까? 아니다. 그것은 그저 완전히 꿈같은 이야기다. 그러한 데이터는 없다. 그리고 그것은 아무런 의미도 없다. 비록 우리가 그러한 방식으로 공장들을 짓기 위한 데이터를 가지고 있다 할지라도 말이다. 우리는 공장을 짓기 위한 지식이 필요하다. 우리는 계획들을 세울 수 있는 능력이 필요하다. 우리는 물리적 장애물들과 그 건물의 구조적 특성들을 판단할 수 있는 능력이 필요하다. 우리는 이러한 실제 세계 시스템들을 해결하기 위해 인공지능 시스템을 구축할 수 있다. 그러나 그것은 딥 러닝을 통해 이루어지지 않는다. 공장을 짓는 것은 완전히 다른 유형의 인공지능이 필요하다.[48]

사실상, 그 자체만으로, 인공지능은 어떤 것을 제작할 수 없다. 이에 대한 이유는 솔직히 충분하다. 재료들은 아날로그다. ―그리고 확장하자면, 건물들도 마찬가지다― 디지털은 비물질적인 데 반해 말이다. 이러한 관점에서, 디지털 건물과 같은 그러한 것은 존재하지 않는다.[49] 그리고 우리가 '디지털 제조'를 언급할 때조차도, 실제적 제조는 태초부터 주변에 존재했던 아날로그적 프로세스analogue processes에 의존한다.[50] 3D 프린팅이라는 것은 부가적인 가공의 한 형태가 아닌가? 벽돌 쌓기와 마찬가지로 말이다. 그리고 컴퓨터 수치 제어 밀링Computer Numerically Controlled [CNC] milling이라는 것은 절삭가공subtractive manufacturing의 한 형태가 아닌가? 새김질, 정질, 톱질과 마찬가지로 말이다.[51] 그처럼, '디지털 제조'라는 용어는 오도하고 있다. 엄격히 말해서, 우리는 '디지털적으로 제어된 제조digitally controlled fabrication'라는 표현을 사용하여야 한다. *컴퓨터 수치 제어*라는 용어가 명료하게 하는 것처럼 말이다.[52]

확장하자면, '인공지능 제조'와 같은 것은 존재하지 않는다. 비록 '*인공지능으로 제어된 제조AI controlled fabrication*'가 있을 수 있다손 치더라도 말이다. 인공지능은 알

그림 5.8 Alisa Andrasek and 브루노 유리치치Bruno Juričić, *Cloud Pergola*, Croatian Pavilion, Venice Biennale (2018). 이 구조물은 벡터의 영역을 따라 방향 지어진 3D화소들로 구성되어 있고 다중 에이전트 시스템multi-agent system을 이용하여 디자인되었다. 구조물은 AI Build의 도움으로 3D 프린트되었다.

그림 5.9 Autodesk, Brickbot. 브릭봇은 오토데스크 인공지능 연구소의 연구프로젝트이다. 로봇이 환경에서 일어나는 일을 추론하고 그런 다음 할당된 업무를 완수하기 위해 플라이fly 위에 적용할 수 있도록 하기 위해 컴퓨터 비전과 기계학습을 이용한다. 로봇은 이제 장난감 벽돌들을 조작할 수 있다. 그러나 곧 현실 세계 응용프로그램으로 넘어갈 것이다.

고리즘으로 구성되어 있다. 그리고 알고리즘들은 단순히 지시사항instructions이다. 알고리즘이 어떤 것을 제조하지 않는다. 알고리즘들이 할 수 있는 일이란 기껏해야 제조 프로세스를 제어하는 것이다.[53]

그러나 '제어'에 관한 쟁점은 더 나아간다. 그것은 또한 체계적으로 조직되지 않은 환경unstructured environments에서의 지각perception과 운동 능력motor skills에 관한 질문들에 적용할 수 있다. 비록 인공지능 제어 로봇들이 대부분의 반복적 업무에 능숙하다 할지라도, 그 로봇들은 상대적으로 단순한 신체적 업무들을 처리하는 데 어려움을 겪는다. 벽돌을 선택하고 그것을 다른 벽돌 위에 놓는 것과 같은 것 말이다. 비록 이것이 인간에게는 상대적으로 단순한 업무라 할지라도, 로봇에게는 무척 힘든 업무이다. 지금까지는 —다소 놀랍게도 어쩌면— 로봇들은 전혀 충분할 만큼의 높은 수준의 민첩함을 가지지 못하고 있다. 로드니 브룩스Rodney Brooks가 조소를 섞어 말한 바와 같이, '모든 사람이 말하는 로봇들은 세상을 빼앗기 위해 오고 있다. 그런데도 우리는 언제 로봇이 우리에게 맥주를 갖다 줄 것인가에 대한 질문에 대한 답변조차도 못하고 있다.'[54]

그럼에도 이것은 정확하게 오토데스크社가 몰두하고 있는 과제이다. 오토데스크의 새로운 인공지능 연구팀은 로봇 팔이 건설하는 방식을 배울 수도 있을 그 방법을 조사해왔다. 초기 과제는 로봇 팔이 레고 벽돌들을 인지하고 집어 들게 하고, 최종적으로 그것들을 쌓아 올려 하나의 구조물을 만들게 하는 방법이었다. 여기서 그 해답은 로봇 팔을 물리적 세계에서가 아니라 '디지털 트윈'을 개발함으로써 시뮬레이션된 환경에서 훈련시키는 것이다. 알파고AlphaGO와 제로ZERO가, 자신을 상대로 초당 20회의 엄청난 횟수의 게임을 함으로써, 강화학습을 통해 스스로 바둑을 둘 수 있도록 가르치는 것처럼, 마찬가지로 오토데스크 인공지능 연구팀은 로봇 팔을 디지털 시뮬레이션에서 훈련시켜 왔다. 셀 수 없을 만큼 반복해서 말이다.[55] 이것은 로봇 팔이 완벽하게 스스로 벽돌들을 분류하고 쌓는 것에서부터 말 그대로 하룻밤에 재구성된 전체 조립 공정에까지 일정 범위의 가능성을 열었다.

그러나 최종 과제는 명백하게 로봇 팔이 실제 벽돌을 건설현장에서 쌓도록 만드는 일일 것이다. 얼마나 걸릴까? 우리가 로봇에게 무엇인가를 직조하도록 요구할 수 있기까지 말이다.

쿠카Kuka[10], 벽 하나 세워줘.

6

건축사무소의 미래The future of the architectural office

미래의 건축사무소에서 인공지능은 어떤 역할을 할까? 보통의 건축사무소의 관점에서, 가장 보편적인 인공지능 응용프로그램은 오토데스크社와 같은 기존 건축 소프트웨어 회사들이 개발한 소프트웨어를 기반으로 하는 인공지능에 의존할 것으로 보인다. 사실 오토데스크 소프트웨어의 상당수는, Fusion 360[1]을 포함하여, 인공지능으로 구동되고 있다. 오토데스크에서의—다른 모든 곳에서처럼— 비전은 '인공지능 대對 인간'이 아니라 오히려 '인간을 지원하는 인공지능'이었다. 인공지능은 —적어도 가까운 미래에— 인공지능의 보조자라는 형태를 취할 것이다.

오토데스크 연구소Autodesk Research의 기계 지능 인공지능 연구실Machine Intelligence AI Lab의 선임이사 마이크 헤일리Mike Haley는 미래의 사무소에서 일하는 것은 어떤 모습일까에 대한 자신의 예측을 말한다. 헤일리의 말에 의하면, 우리는 말 그대로 우리의 컴퓨터와 이야기할 것이고 스크린 위에서 우리가 볼 수 있는 것을 토대로 지시를 내릴 것이다.[1]

헤일리 '좋아, 오토데스크, 의자를 디자인하고 싶어'

오토데스크 '여기 몇 가지 인기 있는 의자들이 있습니다. 스크롤 하여 몇 가지 샘플을 선택해 주십시오, 당신이 좋아할 것 같은 의자 유형에 대한 아이디어를 저에게 주도록 말입니다.'

헤일리 '좋아, 지금 몇 가지들을 선택했어, 그것들을 모두 같이 보여줄 수 있겠어?

오토데스크 '좋습니다. 여기에 당신이 선택했던 의자들이 있습니다.'

헤일리 '좋아, 저 의자들이 흥미롭군. 저 의자 중에서 모든 가능한 쌍들을 묶어볼 수 있겠어? 뭐가 있는지 찾아봐.'

오토데스크 '알겠습니다. 가능한 열다섯 쌍이 있습니다. 모든 쌍 간의 형태를 합성하고 있습니다. 넓은 범위에서 조합을 만들어 내면서 말입니다.'

헤일리 '좋아 오토데스크, 이 형상들 사이의 입체효과space를 알아보고 싶어. 이 디자인들을 결합하고, 섞고, 엮어볼 수 있겠어?'

오토데스크 '열다섯 쌍 각각에 다섯 가지의 가능성이 있습니다. 가능한 디자인들은 총 일흔다섯 가지입니다.'

기타 등등.

이것은 비현실적 비전이 아니다. 결국, 이러한 시나리오를 위한 기술들의 상당수는 이미 가용한 상태다. 우리는 이미 시리Siri, 알렉사Alexa, 그리고 여타의 인공지능 어시스턴트들에게 이야기한다. 그렇다면 우리는 마찬가지로 우리의 컴퓨터와 이야기하지 않겠는가?

그러나 이것에 대한 약간 설득력이 더 적은 측면이 한 가지 있다. 이렇게 시뮬레이션 된 시나리오에서, 오토데스크는 '인기 있는 의자들의 범위를 보여준다.' 그러나 우리는 언젠가 그리 머지않은 미래에 오토데스크는 이미 우리가 선호하는 것을 알고 그 선택을 고객에 맞출 수 있으리라고 주장할 수 있지 않을까?[2] 휴대폰이 우리가 선호하는 뉴스를 알고 있는 것처럼, 스포티파이Spotify[2]는 우리가 선호하는 음악이 무엇인지를 알고, 핀터레스트Pintrest[3]는 우리가 어떤 이미지를 선호하는지를 안다. 그리고 아마존Amazon은 우리가 어떤 종류의 책을 선호하는지 알고 있다. 그렇다면 미래에는 분명히 우리의 컴퓨터들은 우리가 선호하는 디자인들을 알 것이다. 알고리즘은 우리의 모든 디자인 의사결정들을 추적하고 그것들을 기록할 수 있을 것이다.[3] 그처럼, 오토데스크는 우리가 선호하는 의자 디자인이 무엇인지를 이미 알 것이다. '여기 몇 가지 인기 있는 의자들이 있습니다.' 라고 말하는 대신, '여기 당신이 좋아할 것 같은 몇 가지 새로운 디자인들이 있습니다.' 라고 말할 것처럼 여겨진다. 그뿐만 아니라 결국 인공지능은 확실히 이미 알려진 우리의 미학적 선호사항들에 맞춘 새로운 디자인 옵션들을 생성할 수 있을 것이다. 그렇다면 그다음 단계는 인공지능에게 단순히 우리를 위해 의자를 디자인하라고 요구하는 것뿐이다. '오토데스크, 나를 위해 의자를 디자인 해줘'

슈퍼 유저들Superusers

랜디 도이치Randy Deutsch[4]는 약간 다른 비전을 제시하고 있다. 그는 미래의 사무소는 그가 '슈퍼 유저들'이라고 칭하는 것에 의해 지배될 것이라고 믿고 있다. ―'고성능, 고기능, 고도로 연결되고 동기화된' 디자인 기술 전문가들이, 그가 믿기에, 건축의 가까운 미래를 대표한다.[4] 확실히 최근 몇 년 동안 우리는 선도적인 사무소들이 운영하고 있는 컴퓨터 연산적으로 진보적인 연구조사 팀들computationally advanced research units의 성장을 목격하였다. ―두세 가지 예를 들면, 포스터 앤드 파트너스Foster + Partners의 Specialist Modelling Group, 게리 앤드 파트너스Gehry and Partners내의 Gehry Technologies, 그리고 자하 하디드 아키텍츠Zaha Hadid Architects내의 ZHCODE가 있다. 많은 사례에서, 이 팀들은 오늘날 점점 더 복잡한 건축계에서 디자인 과제들을 처리하기 위해서는 진보된 컴퓨터 연산 기술들advanced computational skills이 필수적이라는 것을 증명해왔다.

그러나 건축사무소에 인공지능을 도입한 것이 *필연적*으로 이러한 경향을 더 확대되도록 유도할까? 기술의 역설은 바로 점점 복잡한 컴퓨터 연산 직업computation에 의존할 수도 있다는 것이다. ―그리고 분명히 인공지능은 여기에서 예외가 아니다― 그러나, 평균적인 유저들users과 관련해서는, 대체로 인공지능은 지금까지 이용하는 것이 더 쉬워지고 있다. 우리가 휴대폰을 '갖다 됨swipe' 수 있는 방식을 예로 들어보자. 혹은 우리는 이제 휴대폰들의 전원을 켜기 위해 안면인식을 이용할 수 있는 그 방식을 예로 들어보자. 사실 안면인식은 우리가 곧 여권, 키, 신용카드 혹은 현금을 가지고 다닐 필요가 없다는 것을 의미한다. 사실상 중국에서는 이미 안면인식을 이용하여 물품 대금을 지급할 수 있다. 역설적으로 컴퓨터 연산적으로 복잡한 기술은 종종 삶을 더 복잡하게 만들기보다 더 단순하게 만든다.

이것은 그러한 겉으로 보기에 쉬워 보이는 기술적 진보들을 기술적으로 처리하는 것이engineer 쉽다고 말하려는 것이 아니다. 그와 반대로, 그것은 극도로 어렵다. 여기에서의 논리는 미니멀리즘의 논리와 다르지 않다. 미니멀리즘 건축을 단순하고 쉽게 보이도록 하기 위해서는 복잡한 것들을 해결하는 데 있어서 상당한 노력을 투자하여야 한다. 디테일들을 강박적으로 통제하고 연결부들은 감추어야 할 필요가 있다.[5] 단순성과 손쉬움은 쉽게 나오지 않는다.

그렇다면 인공지능은 실제로 삶을 더 쉽고 더 단순하게 만들 것처럼 보인다. 여기서 한 가지 유사점을 그래스호퍼Grasshoper의 도입에서 발견할 수 있다. 라이노스크립트RhinoScript, MEL(마야 내장 언어Maya Embedded Language), 비쥬얼 베이직Visual Basic, 3D맥스스크립트3dMaxScript, 혹은 여타의 컴퓨터 프로그래밍 언어에 코드를 입력하면서 많은 시간 혹은 날들을 보내왔던 사람은 이제 그래스호퍼로 작업하는 것이 얼마나 훨씬 더 쉬운 일인지를 알 것이다. 라이노를 위한 플러그인plug-in인 그래스호퍼는 정보가 있는 그림 문자형태들을 이용하여 코드입력을 건너뛴다.bypasses 그리고 거의 틀림없이, 인공지능을 가지고 작업하는 것은 여전히 작업을 한층 더 쉽게 만들어 줄 것이다. 이것은 우리는 그냥 우리의 컴퓨터에게 말할 것이라는 헤일리Mike Haley의 견해와 비슷하다.

오토데스크 대 슈퍼 유저들Autodesk v the Superuser

그렇다면, 여기에는 서서히 밝혀지고 있는 철저히 다른 두 개의 시나리오가 있다. 한편으로는 헤일리가 믿는 것은 오토데스크와 같은 회사들이 유저 친화적인 인공지능 응용프로그램을 디자인 프로세스를 더 쉽게 만들기 위해 개발할 것이라고 점이다. 어떤 것을 그릴 필요조차 없을 수도 있을 정도로까지, 기술에 대한 어떤 향상된 이해는 말할 것도 없이 말이다. 다른 한편으로는, 도이치가 미래의 사무소는 컴퓨터 연산적으로 진보된 '슈퍼 유저들'이 차지할 것이라고 믿는 것이다.

그러나 결국, 두 가지 상황들이 만연해질 것처럼 보인다. 대부분의 유저들은 인공지능 기반 도구들이 이용하기에 지극히 쉽다는 사실을 발견할 것이다. 그러나 일부는 도구들의 완전한 잠재력을 활용하기 위해 사용자의 요구에 맞추기를 원할 것이다. 요약하자면, 비록 헤일리가가 인공지능이 평균적인 유저들에게는 삶을 더 쉽게 만들 것이고 추정한 것은 옳다 할지라도, 랜디 도이치가 미래의 사무소는 디지털 기술이 지배할 것이고 슈퍼유저들이 점점 중요한 역할을 할 것이라고 가정하는 것도 마찬가지로 옳다.

개발자 인공지능Developer AI

부동산 서비스업체들은 인공지능의 잠재력과 부동산을 매매하기 위해 인공지능의 조력을 받는 운영에 눈을 떠왔다. 인공지능은 부동산 가치와 잠재적 가격 변동을 예측하는데, 소비자 응용프로그램을 개인화하여 맞추는데, 그들의 기호嗜好, 온라인 활동, 구매이력, 사실 확인 목록들을 토대로 잠재적 의뢰인들을 겨냥하는데, 그리고 일반적으로, 한 회사가 수수료비용을 부동산 가격의 2%까지 감소시켜왔다고 주장할 정도의 효율성과 비용 절감을 위해 사용되어 왔다.[6]

그러나 디자인과 부동산 개발 그 자체는 어떤가? 건축가들이 개발자들을 위해 일할 때 인공지능은 얼마만큼 도움이 될 수 있을까? 여기서 인공지능은 부동산 개발 정보를 제공하는 상대적으로 복잡한 범위의 요인들을 처리하는데, 그리고 주어진 부지의 극대화된 이익을 실현하기 위한 디자인 해법을 찾는 데 중요한 역할을 한다. 이러한 쟁점을 이야기하는 수많은 창업회사 중에서 규모와 그들이 유치한 투자의 측면에서 두드러진 두 회사가 있다. 노르웨이 오슬로에 기반을 둔 Spacemaker AI (Spacemaker), 그리고 중국의 선전에 기반을 둔 Xkool Technology(Xkool)이다.

Spacemaker AI

스페이스메이커는 2016년 후반 오슬로에서 건축가 하바드 하우클랜드Håvard Haukland, 컴퓨터 엔지니어 칼 크리스텐슨Carl Christensen, 그리고 금융분석가 안데르스 크베일Anders Kvale에 의해 출범되었다. 스페이스메이커는 곧 시장으로 침투하기 시작했다. 벤처 캐피털 펀딩의 첫 번째 중요한 라운드에서 스페이스메이커는 2천5백만 달러를 획득하였다. 2017년 말까지 스페이스메이커는 *Hello Tomorrow*에 가장 흥미로운 500대 창업회사들 가운데 하나로 이름을 올렸다.[7] 2018년에는 노르웨이의 가장 선도적인 비즈니스 신문인 *Dagens Næringsliv*오늘의 사업에서 '일하기 가장 핫한 장소hottest place to work'로 이름을 올렸다.[8] 그리고 2019년까지 스페이스메이커는 노르웨이의 '올해의 창업회사Start Up of the Year'로 선정되었다.[9] 스페이스메이커에는 100명이 넘는 고용인들이 있으며, 최근에 바르셀로나, 스톡홀름, 그리고 하버드와 MIT 캠퍼스에 가까운 케임브리지와 매사추세츠에 추가로 지사를 설립하였다. 2020년 11월에 오토데스크가 스페이스메이커를 2억4천만 달러로 인수하였다는 사실이 발표되

그림 6.1 Lund Hagem Architects, Tjeldbergvika Development, Svolvaer, Norwary (2019) 스페이스메이커 인공지능은 태양조건, 바다조망, 바람, 주광조명, 그리고 소음조건 등을 최적화하기 위해 사용되었다.

었다.10

스페이스메이커의 주된 의도는 어떤 건물터가 지닌 잠재력을 실현하기 위한 가장 현명한 방법을 찾는 것이다. 스페이스메이커는 근본적으로 부동산개발poverty development 전문가들이 사용하는 것을 의도하였다. 스티브 오 헤어Steve O'Hear가 언급한 바와 같이 말이다,

> 부동산 개발 분야에서 '세계의 최초의' 인공지능 지원 디자인과 건설 시뮬레이션 소프트웨어로 묘사된 것처럼, 스페이스메이커는 부동산 개발자, 건축가, 도시계획가와 같은 부동산 개발 전문가들에게 여러 동의 주거개발multi-building residential development을 위한 최적의 환경 디자인을 재빨리 생성하고 평가할 수 있다고 주장한다. 이를 성취하기 위해, 스페이스메이커 소프트웨어는 물리적 데이터, 법규들, 환경적 요인들, 그리고 기타 참고사항들을 포함한 다양한 데이터를 오독오독 씹는다.crunches11

스페이스메이커의 이면에 놓인 전제조건은 도시환경 내의 건물들에 대한 디자인은 점점 더 건축가들에게 힘겨워지고 있다는 것이다. 거기에는 그냥 너무 많은 데이터가 있고 복잡하다. 그리고 이것이 스페이스메이커가 세상에 나온 이유이다. 스페이스메이커 팀은 건축을 수학으로 전환하는 것을 그 역할로 보고 있다. 이를 위해, 스페이스메이커는, 입력데이터와 이용자가 정의한 참고사항들을 토대로, 다른 해법을 지닌 건물들을 생성하고, 최적화하며, 그리고 분석하는 엔진을 개발해왔다.

일단 부지가 정해지고, 다양한 제약조건과 매개변수들이 입력되었다. 인공지능 엔진은 그런 다음 관여하였다. 그리고 건축가에게 일정 범위의 최적화된 해법들이 제시된다. 빌랄 초우드리Bilal Chowdhry가 설명하는 바와 같이;

> 그러니까 건축가들은 이제 정말로 폭넓게 다양한 대안적 해법들을 탐색할 수 있다는 겁니다. 오로지 하나의 감당하기 어려운 해법 대신에 말이죠. 그리고 동시에 그들이 살펴보는 해법들은 공간 활용을 극대화하는 데 목적이 있습니다. 그 지역의 요구조건이나 규정을 또한 만족시키면서 말이죠. 이것은 건축가가 완전히 다른 방식으로 작업할 수 있다는 것을 의미합니다. 훨씬 많은 정보가 제공되고 반복적인 프로세스에서 말입니다.12

결과적으로 일어나는 일은 디자인 프로세스 그 자체 내에서의 단순한 변화가 아니다. 그것은 또한 건축가들이 디자인하는 방식에서의 변화를 의미한다. 그로써 인공지능은 '보이지 않는 조력자' 가 된다.

스페이스메이커는 또한 클라우드를 사용하는 플랫폼을 제공한다. 그것은 하나의 프로젝트 내의 다양한 투자자들이 제안된 건물의 '대용 모형들surrogate models' 을 연구하기 위해 함께 모이는 것을 가능하게 한다. 이것은 그들에게 다양한 성능 요인들을 실시간으로 '균형을 맞추도록trade off' 해준다. 그렇게 해서 그들은 그들에 가장 적합한 해법을 빠르게 발견한다. 이러한 의미에서 하우클랜드Håvard Haukland는 그 플랫폼을 개발자 의뢰인들developer clients에게는 특별한 호소력을 지니는 '고객가치customer value' 를 제공하는 것으로 여긴다. 참으로, 하우클랜드가 언급한 바와 같이, 개발자 의뢰인들은 건축가들은 디자인 과정에서 인공지능을 사용하고, 그로써 건축가들이 자신들의 의뢰인을 위한 가장 효과적이고 효율적인 해법을 찾는다고 주장하기 시작했다. '개발자들은 실제로 건축가들이 스페이스메이커를 이용하기를 원한다.

그 기술은 그들이 원하는 어떤 것이다. 그것은 의뢰인들의 요구사항이다.' 13

겉으로 보기에 사용 후에 버리는 이러한 논평은 진지하게 받아들여야 한다. 이것은 분명히 건축 전문직 내에서 인공지능 혁명을 이끌 단 하나의 가장 중요한 요인이다. 의뢰인들은 건축가들에게 자신들의 투자수익return on investment(RoI)을 극대화하고 건물의 성능을 최적화하기 위해 인공지능을 사용하는 것을 원할 것이다. 그것은 그만큼 단순하다. 점진적인 미학은 잊어라, 실험은 잊어라. 일단 의뢰인 대다수가 자신들의 건축가에게 인공지능을 사용할 것을 주장하기 시작하면 지속되는 인공지능의 충격은 보장받을 것이다. 그 후 우리는 건축가들이 의뢰인들을 유치하기 위해 실무를 기반으로 하는 인공지능의 사용이라는 측면에서 그들 스스로 가시화하기 시작하리라는 것을 예측할 수 있다. 그들이 지금 환경적 지속가능성의 측면에서 LEED[5] 혹은 BREEAM[6]을 보증받는 것으로 자신들을 가시화하고 있는 것처럼 말이다.

중요한 것으로, 그 플랫폼은 유저들에게 다른 옵션들을 탐색할 수 있게 해준다는 것이다. 그러므로 스페이스메이커가 최근 출시한 생성적 플랫폼의 이름이 Explore다. 클라라 바튼Klara Vatn은 자신들의 플랫폼 Explore가 작동하는 방식을 다음과 같이 묘사하고 있다; 'Explore를 사용하여, 건축가들과 도시계획가들은 다른 부지의 제안서들을 지속적으로 생성하고 검토할 수 있다. 그리고 거시적 · 미시적 양 수준에

그림 6.2 Schmidt Hammer Lassen Architects, Molobyen Development, Bodø, Norway, 201-2020. 스페이스메이커 인공지능이 다양한 요인들을 고려하며 디자인을 최적화하기 위해 사용되었다.

초점을 맞추고 반복할 수 있다. 유저들은 계획 과정의 어떤 지점에서 변화를 줄 수 있다. 그리고 자신들의 부지에 대한 영향과 대안적 옵션들을 즉각적으로 볼 수 있다. 하나의 빠르고 방해받지 않는 작업 흐름 속에서 모든 것들을 말이다.' 14

그들의 플랫폼은 옵션들의 범위를 증가시키는 것을 보조하는 역할을 할 뿐만 아니라 옵션들을 제안하기도 한다. 옵션 중 몇 가지는 즉시 눈에 띄지 않을 수도 있다. 사실 가끔 그 플랫폼은 건축가가 이제껏 그것을 상상해 본 적 없지만, 그럼에도 불구하고 최상의 해법을 제공하는 제안들을 내놓을 수 있다. 하우클랜드는 자신들의 '기린Giraffe' 프로젝트라는 다정한 이름으로 알려진 특별한 프로젝트를 예로 든다. 그 프로젝트에서 컴퓨터는 경험적인 건축적 마인드에서는 적절한 것으로 생각할 수도 있는 것과는 완전히 정반대의 것을 발견할 수 있었다.

> 건축가가 높은 건물을 짓는 것이 현명하다고 생각했던 그 장소들, 그리고 두꺼운 벽체를 쌓는 것이 현명하다고 생각했던 장소들, 그들이 현명하다고 직관적으로 생각했던 모든 것들—왜냐하면, 그들이 수 백 가지의 프로젝트들에 대한 경험이 있기 때문에—은 뒤집혔다. 왜냐하면, 당신이 다양한 목적을 지닌 구성적 문제에 대해 복잡하게 생각할 때에는, ... 사실상 컴퓨터가 발견할 수 있는 패턴을 보는 것은 불가능하다. 그래서 일어났던 일은 컴퓨터는, 당신은 결코 생각하지 못할, 그 부지를 해결하는 방법과 관련한 패턴을 발견할 수 있었다는 것이다.15

다시 말해, 그 가능성은 항상 존재해왔다. 그러나 —알파고 시합에서 서른일곱 번째 수처럼— 누구도 그것에 대해 이전에는 생각하지 않았다. 이것이 시사하는 바는 전략적 관점에서, 계획과 바둑 게임은 처음에 명백한 것처럼 여겨지는 것보다 공통적으로 더 많은 것을 가지고 있을지도 모른다는 것이다.

그 플랫폼은 인공지능을 기반으로 하는 조력자로서 기능한다. 건축가를 대체하려는 것이 아니라, 디자이너들의 능력들에 대한 보철적 확장prosthetic extension으로서 기능하도록 의도되었다. 클라라 바튼이 상술한 바와 같이 말이다: '*Explore*는 창의성을 대체하지 않는다. 대신에, 그것은 영감을 제공한다. 그것은 막대한 수의 옵션들을 산출하기 위해 인공지능을 사용한다. 그러나 그것은 유저에게 달렸다. 자신들의 경험을 이용하면서, 자신들이 더 조사하고자 하는 옵션들을 선택하기 위해서 말이다. 즉 유저가 제어하는 것이다. 자신들의 의사결정을 지원하는 스페이스메이커를 가지고서 말이다.' 16

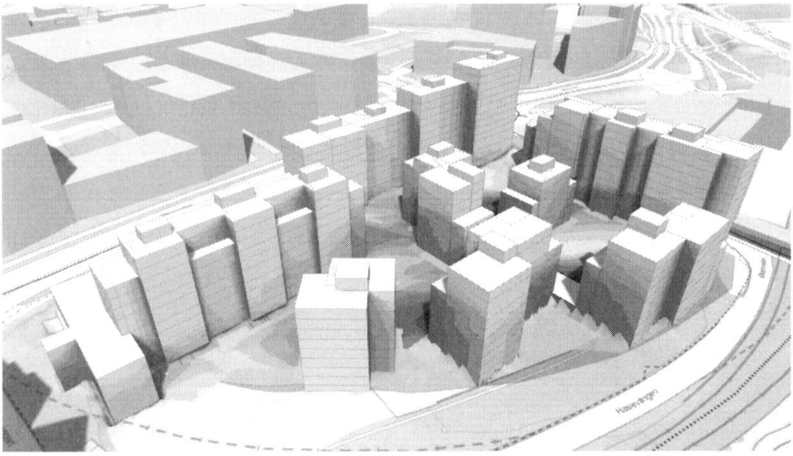

그림 6.3 NREP, Proposal for Okernvelen, Norway, 2020. 스페이스메이커 인공지능은, 태양, 전망, 그리고 소음조건의 측면에서, 겉으로 보기에 반反직관적인 제안들을 발전시키기 위해 사용되었다.

칼 크리스텐슨Carl Christensen은 자신들의 접근방식을 자율주행 차가 작동하는 방식과 유사한 것으로 묘사하고 있다. 자율주행 차는 인공지능에 의존한다. 그러나 그것은 마찬가지로 수많은 다른 기술들에도 의존한다. 스페이스메이커는 더 진보된 인공지능을 통합하기 위한 전망을 가지고, 딥 러닝을 포함하여, 수많은 다른 기술들과 함께 실험 중이다. 비록 스페이스메이커 팀은 그들이 사용하고 있는 것을 상세하게 밝히고 있지 않지만, 당장은 그들의 최우선 주안점이, 딥 러닝이라기보다, 위상학적 최적화와 기계학습인 것으로 여겨질 수 있을 것이다.

그것은 다른 것들로 이루어진 진정한 혼동입니다. 왜냐하면, 핵심 아이디어는 모든 것을 하나의 플랫폼 안에 모으는 것이기 때문입니다. 그래서 우리는 수많은 기계학습을 사용합니다. 그러나 우리는 마찬가지로 세계를 모델링하는 다른 알고리즘들과 방법들도 사용합니다. 그리고 우리가 일반적으로 말하는 것은 자율주행 차와 같은 인공지능은 하나의 인공지능이라는 것입니다. 그것은 수없이 많은 것들을 합쳐서 하나의 결과물을 창조하는 것입니다. 그래서 우리는 제너레이티브 디자인generative design과 최적화를 이용합니다. 우리는 세계에 대한 시뮬레이션 모형을 이용합니다. 우리는 많은 것들을 위해 기계학습 모형들을 이용합니다. 물리적 환경을 이해하기 위한 대용 모형surrogate models들처럼 말입니다. —예를 들어, 동시에 많은 요인을 위해 디자인을 더 좋게 만들기 위해 디자인을 어떻게 바꿀 것인가 하는 것입니다.[17]

참으로, 크리스텐슨Carl Christensen은 인공지능의 역할을 '인간들의 어깨 위에서' 휴식을 취하는 것으로 본다. 그들을 안내하고 또한 초능력을 그들에게 주는 두 가지를 하면서 말이다. 그로써 인간은 여전히 확고하게 통제력을 가진다. '인공지능이 성공하기 위해서는, 인간의 어깨 위에 머무를 필요가 있다. 그들에게 해야 할 것을 말하는 것이 아니라 초능력을 주면서 말이다. 그것은 가기를 원하는 곳에서 운전하는 자율주행 차와 같을 것이다.'[18] 그럼에도 불구하고 마리아 단츠Maria Dantz가 설명하고 있는 바와

**'인공지능을 사용하는 건축가는
사용하지 않는 건축가를
대체할 것이다.'**

같이, '우리는 플랫폼이다. 그러나 우리는 이용자들의 능력이 향상되기를 원한다. 그래서 우리는 인공지능이 어떤 것을 대체할 것이라고 믿지 않는다. 그러나 인공지능을 사용하는 미래의 건축가는 그렇지 않은 건축가를 대체할 것이라 확고하게 믿고 있다.'[19] 이것은 스페이스메이커에서의 핵심 신념 중의 하나이며, 잠재적으로 엄청나게 중요한 것 중의 하나다. 그것은 반복될 만한 가치가 있다. '미래 건축가의 업무장소에서 인공지능을 사용하는 건축가는 사용하지 않는 건축가를 대체할 것이다.'[20]

이런 일이 일어나는 원인이 될 수도 있는 하나의 요인은 보험료의 인상이다. 인간 운전자의 보험료는, 인간의 운전 기술이 줄어드는 만큼, 자율주행 차의 시대에 인상될 것과 마찬가지로, —인간의 운전이 엄청나게 비싸지면서— 같은 일이 건축디자인에서 일어날 수도 있다는 것을 상상할 수 있다. 인공지능은 위험관리 측면에서뿐만 아니라 오류 최소화 측면에서도 필수적인 검사기준을 제공할 수 있다. 보험의 관점에서는 헤아릴 수 없을 만큼 귀중한 도구를 만들면서 말이다. 따라서 인공지능을 사용하지 않는 건축가들을 위한 전문적 손해배상보험이 급등하리라는 것을 알 수도 있지 않을까? 건축가들에게 인공지능을 사용하라고 강요하며, 인공지능을 사용하는 건축가들이 사용하지 않는 건축가들을 대체할 것이라는 스페이스메이커의 예언을 이행하면서 말이다.

세드릭 프라이스Cedric Price는 잘 알려진 바대로 예전에 다음과 같이 물었다, '기술이 답이다. 그러나 무엇이 문제인가?' 21 그와는 대조적으로, 하우클랜드Håvard Haukland에게 있어서, '기술은 단지 고객의 문제를 해결하기 위한 하나의 수단lever이다.' 22 하우클랜드는 자신들의 플랫폼을 '대중들을 위한 성능을 기반으로 하는performance-driven 도구' 로 보고 있다.23 이것은 두 가지의 중요한 논쟁점을 초래한다. 하나는 어떻게 인공지능이, 이전 장에서 보아왔던 것과 같이 어느 정도 시각적으로 놀랄만한 디자인들을 창조하면서 심미적으로 구동하는aesthetically-driven 디자인 도구로서만이 아니라, 비용효율과 성능을 기반으로 하는 해법들을 창조하면서 성능 주도적 도구로서 비추어질 수 있는지를 설명하고 있다. 다른 하나는 인공지능이 건축사무소에서 모두가 사용하기에 얼마나 쉬운지를 강조한다.

파라메트릭 도구들의 문제는 건축가들이 사용하기에는 종종 지나치게 진보적이라는 점이다. '사무소에서 그 도구들을 이용할 수 있는 사람은 파라메트릭 괴짜들뿐이다.' 24 그러나 인공지능을 활용한 컴퓨터 작업computation은 사용하기에 훨씬 더 쉽게 되었다. 그것은 단순히 지능적인 트레이드오프trade-offs[7]에 관한 것만이 아니다. 그것은 또한 스마트한 스케치 툴들sketching tools을 제공하고 전체 디자인 프로세스를 강화된 하나의 플랫폼으로 통합하는 데 있어서 완전한 패키지whole package의 중요성에 대한 인식의 문제이기도 하다. 하우클랜드Håvard Haukland가 언급한 바와 같이:

> 나는 고객들의 모든 요구사항과 모든 문제에 대해 진정으로 이해하지 않고서는 당신은 결코 인공지능을 새로운 방식으로 작업하도록 할 수 없다고 생각합니다. 그리고 당신이 일단 그 복잡성, 그리고 진정으로 그 가치를 이끌어 가는 것을 이해하고 나면, 그땐 인공지능은 그냥 ... 에 힘을 부여합니다. 그리고 그것이 또한 내가 개인적으로 칼Carl Christensen의 자동차에 대한 비유를 정말로 좋아하는 이유이기도 합니다. 왜냐하면, 인공지능은 정말로 운전을 더 쉽게 만드는 것에 관한 것이기 때문입니다.25

목표는 모두가 사용하기에 지극히 쉽고, 모두가 접근 가능한 도구들을 제공하는 것이다. 컴퓨터 작업을 하는 데 있어서 그들이 가진 배경적 경험이 얼마나 적으냐는 중요하지 않다. 이 같은 관점에서, 스페이스메이커 모형은 '오토데스크, 나에게 의자를 디자인해줘' 라도 말하는 헤일리Mike Haley의 모형에 더 가깝다. 슈퍼유저에 관한 도이치Randy Deutsch의 모형보다 말이다.

엑스쿨 테크놀로지Xkool Technology

엑스쿨 테크놀로지(엑스쿨)는 2016년 허완위Wanyu He와 양샤오디Xiaodi Yang 두 명의 건축가에 의해 설립되었다. 엑스쿨은 'ex-Koolhaas쿨하스를 초월하는' 라는 용어를 축약한 것이다. 그리고 로테르담과 홍콩의 OMA에서 렘 콜하스 사무소에서 일했던 자신의 경험과 대중적인 용어인 'Xkool', 이 용어는 *Urban Dictionary*에 따르면, 'coolness 냉정' 이 도달할 수 있는 최상위 수준을 의미한다. 두 가지 모두를 의미하는 것이다.[26]

그림 6.4 Xkool (수평적 합성 이미지), StyleGAN으로 생성된 건물 이미지들 (2019).

'딥 러닝, 기계학습, 빅 데이터와 같은 최첨단의 기술들을 도시계획과 건축디자인에 인공지능을 성공적으로 적용한 세계 최초의 혁신적 기술회사가 될 것이라는 엑스쿨의 주장은 자신들이 보유한 핵심 알고리즘 기술과 건축디자인을 토대로 하고 있다.' 27 엑스쿨은 투자를 유치하는데 꽤 성공적이었다. 2020년까지 사모 투자 회사private equity firm인 Vision Night Capital과 국가 소유의 캐피탈 투자회사로부터 중국 인민폐RMB 1백만 규모의 합작 투자를 확보하였다.28 엑스쿨은 '중국의 실리콘 밸리'로 유명한 선전Shenzhen의 Vanke Design Commune에 거점을 둔, 100명 남짓의 신생기업이다. 그러나 베이징, 상하이, 그리고 충칭에 지사를 두고 있다.

엑스쿨은 인테리어 디자인에서부터 도시계획에까지 이르는 규모의 범위에 걸쳐 인공지능을 사용하기 위하여 휴대폰에서 조차 접속이 가능한 클라우드 기반cloud-based 플랫폼을 개발해왔다. 스페이스메이커처럼, 엑스쿨은, 비록 이용자의 70%가 건축가이지만, 부동산 개발시장을 위한 서비스 또한 제공하고 있다. 그리고 스페이스메이커와 마찬가지로, 엑스쿨 또한 엑스쿨의 인공지능 기반 기술을 건축가를 대체하는 것이 아니라, '인공지능 조력자AI assistant', 즉 건축가에게 힘을 부여하는 일종의 보철적 확장prosthetic extension으로 본다. 그 아이디어는 일상적이고 반복적인 작업—어쩌면 컴퓨터가 더 신속하고 정확하게 할 수 있는 일—을 컴퓨터에게 넘겨주기 위한 것이다. 여기서 인공지능의 역할은 디자인 프로세스의 지속적으로 변하는 요구사항들에 쉬지 않고 적응하고, 정보에 근거한 제안들을 내놓는 것이다. 그가 언급한 바와 같이, '미래 도시는 여전히 인간의 의지, 그러나 다른 방식 즉 기술에 의해 힘을 얻는 방식으로 창조될 것이다.' 29

그러나 스페이스메이커와는 달리, 엑스쿨은 딥 러닝에 초점을 맞추고 있다. 엑스쿨의 목적은 디자인 프로세스를 간소화하고 딥 러닝을 사용함으로써 그것을 더 효율적이고 창의적으로 만드는 것이다. 광범위한 가능성을 철저히 조사하는 것뿐만 아니라 훈련된 모형들을 토대로 자동으로 디자인들을 생성하기 위해서 말이다. 요컨대, 엑스쿨은 일정 범위의 잠재적 해법들을 도출하기 위해 생성적 적대 신경망들(GANs)을 이용한다. 그것은 또한 가능한 결과물들을 평가하고 최상의 잠재적 해법을 확인하기 위해 부지의 상황과 환경적 요인들을 고려할 수 있다.

엑스쿨의 이야기는 끊임없이 진화하는 디자인 프로세스의 이야기로 이해할 수 있다. 허완위Wanyu He와 양샤오디Xiaodi Yang는 2011년에 선전만灣의 인공지능 Eco-Tech City를 위한 국제현상설계 출품에서 최초로 인공지능 백AI back을 사용하였다.

그것은 이후에 실제로 건립된 최초의 인공지능 지원 디자인 중 하나가 되었다. 그러나 획기적인 발전을 이룬 것은 그들이, 2016년 '디자인 뇌design brain' 와 '평가 뇌evaluation brain' 를 엑스쿨의 구성formation에 포함하여, 생성적 적대 신경망들GANs을 토대로 한 기법을 개발하였을 때였다. 간략하게 이야기하자면, '디자인 뇌' 의 역할은 이전 디자인들에 대한 대규모의 데이터 세트를 토대로 일정 범위의 가능한 디자인 해법들을 생성하는 것이다. '평가 뇌' 의 역할은 토지 가치와 다른 지역적 데이터를 토대로 이 디자인들을 평가하고 순위를 매기는 것이었다. 요약하자면, '디자인 뇌' 와 '평가 뇌' 는 함께 작동하였다. '디자인 뇌' 는 가능한 디자인들을 생성하고, '평가 뇌' 는 그 디자인들을 평가한다.[30]

그러나 이러한 첫 번째 도구 세트는 한계가 있었다. 비록 디자인 프로세스에서 속도를 높이고 비용을 절감하는 데에는 유용하였지만, 그 도구들은 정말로 실용적이기 위한 충분한 '참조 사항들references' 을 제공하지는 않는다.[31] 그 상황은 엑스쿨이 뒤이어 작동방식에 통합시켰던 기계학습의 개선과 함께 도움이 되었다.[32] 이것은 엑스쿨이 '로제타 스톤Rosetta Stone' 연구의 새로운 계획을 발표하는 계기가 되었다. 소위 그것은 다른 건축 양식들을 토대로 일정 범위의 디자인 결과물을 생성하는 것에 대한 가능성을 조사하였기 때문에, 그곳에서 이러한 양식들은 다른 언어들이나 진배없는 것으로 보였다.[33] 당시에 그들은, 이전의 건축디자인들로부터 추출한 재료를 토대로, 다른 디자인 양식들로 구성된 대규모 데이터베이스를 개발하였다.

그러나 진정한 진보는 AlphaGO ZERO 연구계획이 성공한 결과로 이루어졌다. 엑스쿨은, 그들이 기존 건물들에 대한 데이터 세트들에 의존할 필요가 없음을 의미하는, 강화학습reinforcement learning을 이용하여 새로운 기법을 개발하였다. 대신에 그 시스템은 이전의 사례로부터 그 자체의 규칙들을 추출하고 진실로 혁신적이고 창의적인 옵션들을 생성하는 것이 가능하였다.

> 2017년, AlphaGO ZERO의 공식 발표는 지능적인 디자인 도구 개발에서 강화학습기술의 응용프로그램을 증진한 연구결과들을 보여주었다. 그것은 실제 사례들로 이루어진 데이터베이스의 한계로부터 그들이 대면과 반복을 통해 배운 규칙들에 따라 생성된 초기 모형들을 직접 사용하는 방향으로 디자인 도구들을 해방시켰다. 이러한 프로세스를 반복함으로써, 인간 디자이너들의 기대에 가장 잘 부합하고(혹은 심지어는 능가하고), 새로운 것들을 탐색하기 위한 진정한 잠재력을

지닌 모형이 최종적으로 생성되었다.[34]

그들의 최종 개발 단계에서, 엑스쿨은 이제 인공지능의 역할이 인식recognition, 평가evaluation, 재구축reconstruction, 그리고 생성generation의 네 가지의 명료한 단계들로 세분된 것으로 본다.[35] '인식'은 도시들에 의해 생성된 데이터 속에서 복잡하고 감춰진 패턴들을 찾아내기 위해 사용된다. 물론 인간들도 역시 패턴을 인식할 수 있지만, 데이터의 순전한 양은 인간들이 패턴을 효과적으로 인식하는 것을 불가능하게 만든다. 그리고 종종 인간이 하는 분석에는 '사각지대들blind spots'이 존재한다. 다음 단계인 '평가'는 이러한 데이터 내에서, 보행자의 움직임 혹은 교통의 흐름과 같은, 패턴들을 찾아내는 것과 연관이 있다. 이것은 교통 혼잡 혹은 대중시설의 부족과 같은 문제들을 드러내는 데 도움이 될 수 있다.[36]

그다음에는 '재구축reconstruction' 되는데, 그것은 과제에 대한 기본적 이해를 형성하는 데 도움이 되는 백그라운드 프로세스background process[8]이다. 예를 들어 이러한 기법의 발전은 엑스쿨로 하여금 2019년에, 건물 이미지들에 대한 막대한 데이터 세트를 토대로 건물들에 대한 상대적으로 설득력 있는 '환각들hallucinations'을 생성할 수 있는, 'Non-Existing Architectures비존재 건축들'라는 플랫폼을 출시할 수 있도록 했다.[37] 엑스쿨은 마찬가지로, 2019년 도시계획/건축 신전 비엔날레에서의 *Eyes of the City*展에 최초로 전시된 기법인 온라인 스케치online sketch를 토대로 건물에 대한 완벽한 이미지를 구축하기 위한, AI-chitect라고 불리는 기법을 개발하였다.[38] 이것은 인공지능을 예외적으로 사용하기 쉽게 하며, 엑스쿨의 비전을 스페이스메이커의 비전에 더 근접하게 하였다.

그러나, 재구축은, 거의 인상주의 디자인impressionistic designs과 같은 정도로 적게 생산하는, 상대적으로 기본적인 수준에서만 작동할 수 있다. 따라서 재구축은 더 상세하고 세련된 결과물을 제공하는 최종 단계, '생성'에 의존한다. '생성'은 거친 스케치를 상세 디자인으로 변화시키는 프로세스와 유사하다. 엑스쿨은 이를 위해 두 가지 도구들을 개발해왔다. 첫째, 도시적 규모에서, 그들은 각 구성요소 자체가 수정될 때 도시계획안을 위한 전체 계획을 수정할 수 있게 해주는 통합된 역동적 플랫폼인 'Intelligent Dynamic Urban Planning and Decision-Making Platform지능적인 역동적 도시계획 및 의사결정 플랫폼'을 개발하였다. 이 플랫폼은 이미, 베이징-텐진-허베이 삼각경제권Beijing-Tainjin-Hebei economic triangle의 도시개발, Xiong'an New Area의 계획에

그림 6.5 Xkool, KoolPlan generated design (2019). KoolPlan은 더 세련된 상세작업이 가능한 평면계획과 파사드 디자인 지원프로그램assistant이다.

사용되었다. 둘째, 건축적 규모에서, 'AI Design Cloud Platform인공지능 디자인 클라우드 플랫폼'을 개발하였다. 이름이 암시하는 바와 같이, 이 플랫폼은 클라우드를 통해 작동하며 어떠한 소프트웨어의 설치도 요구하지 않는다.

이 플랫폼에서의 최근의 발전은 더 상세한 평면과 입면을 생성하기 위해 인공지능 지원 프로그램인 Koolplan을 도입한 것이었다. Koolplan은 디자이너들에게, 제공된 옵션 중에서 자신들이 선호하는 해법을 선택하도록, 일정 범위의 가능한 옵션들을 제공한다. 초기의 형상 문법 기법들shape grammar techniques에 관한 의미 있는 발전은 디자이너들에게 오로지 하나의 해법만을 제공하는 것이다.[39] 엑스쿨은 이제 실제적 건축도면들을 생성하는 완전히 자동화된 프로세스를 개발하는 것은 멀지 않다.

스페이스메이커 대 엑스쿨Spacemaker v Xkool

스페이스메이커와 엑스쿨 모두 2016년에 출시되었다. 양쪽 모두 건축디자인과 건설을 위한 인공지능의 지원을 받는 플랫폼을 개발하는 세계에서 최초의 회사가 될 것이라고 주장한다. 두 회사 모두 부동산 개발에 특히 초점을 맞추고 있다. 두 회사는 상당한 기금을 유치하였다. 양쪽 모두 —당장은, 어찌 되었든 간에— 디자인 프로세스에서 건축가가 여전히 중요한 역할을 한다고 믿는다. 그러나 실제로 그들은 그처럼 유사할까?

스페이스메이커와 엑스쿨을 비교할 경우, 다양한 요인들을 고려할 필요가 있다. 예를 들어, 스페이스메이커는 주로 서구 시장에 제공된다. 반면에 엑스쿨은 현재 중국 내에서만 유용할 수 있다.[40] 그러나 두 회사를 비교할 때, 우리는 그들이 어떻게 운영되는지를 정확하게 조사할 필요가 있다. 결국, 얼마나 많은 인공지능이 관여하고 있느냐, 혹은 실제로 어떤 유형의 인공지능이냐 하는 것은 항상 불분명하다. 예를 들어, 위상기하학적 최적화topological optimisation와 딥 러닝과 같은 GOFAI좋은 구형 인공지능기법들 사이에는 상당한 차이가 있다.

비록 스페이스메이커가 인공지능을 사용한다고 할지라도, 그것은 마찬가지로 일정 범위에서는 다른 기술들을 이용한다. 마리아 단츠Maria Dantz가 언급한 바와 같이, 인공지능이 반드시 그들의 프로세스에서 메인 드라이버인 것은 아니다. 그들의 고객들이 관련되는 만큼 적다.

> 현재 우리의 웹사이트는 인공지능이 핵심인 플랫폼에 관한 것이 매우 많습니다. 그러나 인공지능은 단지 전체 플랫폼의 일부에 지나지 않습니다. 이용자들이 실제로 좋아하는 것 중의 큰 부분은 분석입니다. 인공지능은 분석적이며 데이터를 이용할 수 있습니다. 이전에는 이용자들이 데이터를 이용하고 통합할 수 없었던 방식으로 데이터를 이용하고 있습니다. 그런 다음 당신은 기본적으로 데이터를 계획의 최적화와 인공지능 파트와 통합할 수 있습니다. 그처럼 단지 하나의 측면만이 있습니다. 그러나 우리의 고객들 모두에게 필수적인 것은 아닙니다.[41]

그와 반대로, 엑스쿨은 기계학습, 특히 딥 러닝을 광범위하게 사용하고 있다. 비록 회사는 KoolPlan 및 여타 기능들features을 인간과의 중재를 위해 기회를 열어놓고는 있지만 말이다. 딥 러닝의 문제는, 물론, 막대한 양의 데이터를 소비한다는 것이다. 그러나 그것은 엑스쿨이 이득을 취하는 부분이다. 그곳에서 엑스쿨은 현지의 의뢰인들과 부동산 개발자, 법적 도시 데이터 공급자, 정부 기업들과 같은 협력자들로부터 데이터를 얻는다. 참으로 중국은 어떤 국가들보다 상당히 많은 데이터를 생산하고 프라이버시 문제들에 관해서는 덜 우려한다. '만일 데이터가 새로운 오일이라면, 중국은 새로운 OPEC[9]다.'[42]라고 말하는 것처럼 말이다.

중요한 점은, 엑스쿨은 데이터 라벨링data-labelling[10] 회사들로부터도 마찬가지로 정보를 얻는다는 것이다. 중국의 인공지능 산업의 빠른 성장은, 특정 응용프로그램을 위해 고도로 특수화되고 대상을 겨냥한, 고품질의 그리고 잘 라벨링 된well-labelled 학습데이터가 없이는 이룰 수 없다. 비록 라벨링 된 오픈 소스 데이터가 다른 나라들

그림 6.6 엑스쿨은 클라우드 기반 인공지능 디자인 플랫폼이다. 그것은 건축가와 개발자들 양측 모두에게 매우 대중화되고 있다.

에서부터 이용할 수 있다손 치라도, 그러나 여전히 특정 응용프로그램에는 적합하지 않을 수 있다. 예를 들어, 일본에서 라벨링 된 주택 데이터는 중국의 주거 시장과 공존할 수 없다. 그러나 아마존의 'Mechanical Turk'와 동등한 중국의 'data farms'는 특정 응용프로그램들을 위한 호환 가능한 데이터를 공급할 수 있다. 이것은 조용하게 중국의 인공지능 신생기업과 기업들을 지원하는 새로운 산업이다.

비록 직접 경쟁하지 않지만, 딥 러닝에 대한 엑스쿨의 투자가 이득인지 그렇지 않은 지를 살펴보는 것은 흥미로울 것이다. 혹은 스페이스메이커가 인공지능을 더한 일정 범위의 도구들을 이용하는 것이 그 플랫폼을 더 쉽게 제어하고 더 이용자 친화적이게 하는지? 그리고 이제 오토데스크가 인수한 스페이스메이커에 어떤 일이 일어날 것인지? 오직 시간만이 말해줄 것이다.

디자인 재再디자인하기Redesigning design

일반적으로 컴퓨터연산작업computation과 특히 인공지능은 요즈음 우리가 운영하는 방식을 어떻게 변화시켜 왔는지에 대해서 깊이 생각해 볼 만한 가치가 있다. 예를 들어, 구글의 시대에 우리는 에세이 혹은 논문 작성을 어떻게 하는가? 우리는 아마 주제와 관련된 약간의 키워드들에 대한 구글 검색으로 시작할 것이다. 이것이 요즘 우리가 지식에 접근하는 방식이다. 지난 몇 년간에 걸쳐 검색엔진 속도의 놀랄만한 향상은 우리가 순식간에 모든 유용한 정보를 온라인에서 검색할 수 있다는 것을 의미한다. 그처럼 도서관에서 책들을 통해 '훑어보는' 전통적인 방식은 이제, 완전히 과장이 아니라고 하면, 적어도 기분전환의 놀이로까지 격하되었다.

혹은 디지털 사진의 시대에 우리는 어떻게 사진을 찍는가? 수동 사진을 찍던 옛날에, 우리는 한 장의 이상적인 샷을 위해 조심스럽게 카메라를 세팅하곤 하였다. 그러나 디지털 사진의 시대에 우리는 샘플 샷들을 터트린다. 그런 다음 그것들을 검토하고, 가장 좋아하는 샷을 선택하고, 모든 스마트 폰에서 가용한 편집기법들을 이용하여 그 샷을 조정한다. 이상적인 샷을 구성하는 것은 더는 전문 사진가의 문제가 아니다. 오히려 견본 사진들을 정렬하고 그런 다음 최상의 사진을 선택하고 개선하는 정보를 받는 이용자의 문제이다.

인공지능의 시대에 이 같은 '샘플링sampling' 혹은 '검색' 프로세스는 디자인 프로세스에서도 마찬가지로 첫 번째 단계가 되었다. 지금의 경향은 단일 디자인을 발전시키는 대신, 일정 범위의 가능한 결과물들을 생성하기 위해 제약조건들을 정의하고 검색하는 것이다. 이러한 경향은 그래스호퍼Grasshopper를 이용하여, 정의된 내용을 입력하고, 필요로 하는 만큼의 다양한 옵션들을 생성하기 위해 슬라이드를 조정하기에 이르렀다. 인공지능으로는, 일정 범위의 옵션들을 자동으로 생성할 수 있다. 이 부분에서의 가정假定은 모든 가능한 해법들이 이미 존재한다는 것이다. 그리고 단순히 그 해법들을 찾아내는 문제이다.

> 만일 우리가 '디자인'의 맥락에서 검색 논리를 통해 생각한다면, 그러한 접근방식이 제안하는 것은 만일 모든 가능한 해법들이 이미 존재한다면, 그것은 단순히 일단의 제약조건들을 정의하고 검색을 하는 문제이다. 이것이 지닌 잠재적 의미는 방대하다. 그것은 전통적 개념에 이의를 제기하는 것일 뿐만 아니라, '디자인' 프로세스에 여전히 어떤 창의성이 있다면, 그것은 첫째로 하나의 문제에 대한 일정 범위의 가능한 해법들을 생성하는 제약조건들을 정의하는데 두어야 한다. 그리고 두 번째로는 그 해법들을 필터링하거나 혹은 평가하는 효율적인 방법을 개발하여야 한다는 것을 시사한다.[43]

이것은 디자인 그 자체의 논리에 큰 의미를 지닌다. 과거 하향식의 건축가 형태 제작자는 프로세스의 관리자controller로서의 건축가에게 길을 내주고 있다. 이것은 디자

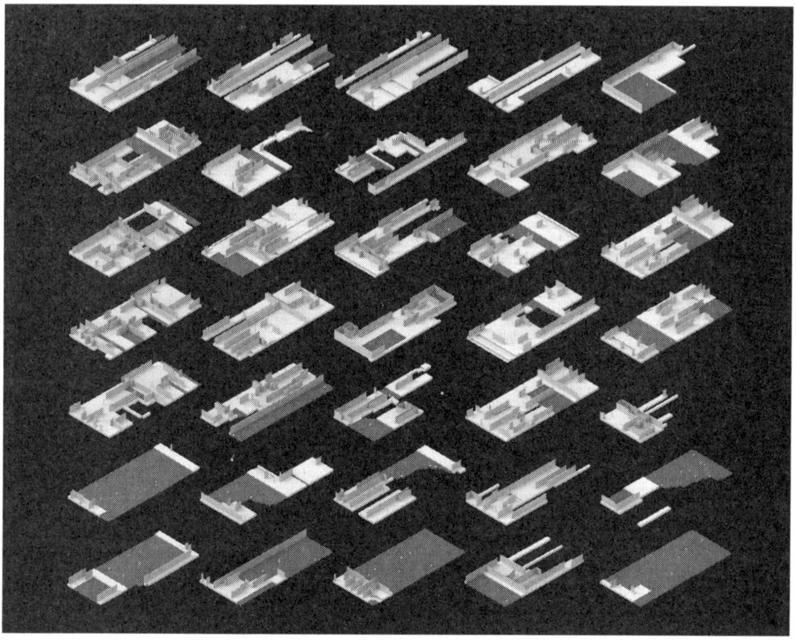

그림 6.7 Immanuel Koh, Sampling-Mies (2018). 미스 반 데어 로에의 오리지널 1929년 바르셀로나 파빌리온은 새롭게 추론된 무한대로 많은 파빌리온들 가운데서 중앙 우측에 보인다. 각각의 새로운 파빌리온들은, 자기회기적으로autoregressively 기계학습 된 바르셀로나 파빌리온의 보이드, 벽체, 기둥, 계단, 지면과 가구들 간의 형태적 관계들에서, 다양한 수준의 충실도를 유지하고 있다.

이너의 '창의성'을 강조하는 것에서부터 검색 그 자체의 정밀함으로 변화시키고 있다. 그리고 '창의적 천재'에 대한 모든 개념에 이의를 제기하면서 말이다. 그러나 우리는 여전히 결과물들을 평가하기 위해 우리의 전통적인 심미적 감수성-우리의 건축가의 '눈'을 이용할 수 있다. 참으로 건축가의 눈은 디자인 프로세스에서 가장 가치 있는 자산 중의 하나로 남아 있다. 그리고 놀라울 정도로 신속하게 평가를 할 수 있다. 결과적으로, 우리는 몇몇 건축가들과 디자이너들이 어떻게 가능한 해법들을 생성하기 위해 고도로 정교화된 소프트웨어를 배치하고 그런 다음 단순히 자신들의 '눈'을 가장 매력적인 것을 판단하기 위해 사용하는지를 목격할 수 있다.44

이에 대한 필연적 결과로, 우리가 사용하고 있는 그 용어를 다시 생각해 볼 필요가 있다. 만일 단일 디자인에 대한 개념이 일정 범위의 잠재적 견본sample 옵션들로 대체되고 있다면, 우리는 그것들을 '결과물'로 표현하지 말아야 하지 않는가? 그리고 만일 디자인하기라는 개념이 가능한 결과물들을 위한 검색으로 대체된다면, 우리는 이 프로세스를 '검색하기'로 표현하지 말아야 하지 않는가? 확실히 여기서 디자이너는 그저 프로세스의 교사자instigator일 뿐이다. 그리고 그 프로세스의 결과는 전통적 의미에서의 디자인보다 더 많은 결과물이 있다.

인공지능을 건축디자인에 도입하는 것 역시 해법 공간solution space에 대한 더욱 철저하고 포괄적인 검색을 할 수 있도록 해준다. 전통적인 디자인 프로세스에서 우리는 일정 범위의 가능한 해법들을 생각하며 시작하는 경향이 있다. 그러나 우리 자신이 가진 인간적 편견들은 종종 그 범위를 제한하곤 한다.45 그와 반대로 인공지능은 우리가 그 해법들의 범위를 확장할 수 있도록 도움을 준다.46 달리 말하자면, 인공지능은 우리가 생각해보지 않았을 수도 있는 해법들에 우리를 노출 시키는 것이다.

흥미롭게도, 구글의 공동설립자인 래리 페이지Larry Page는 심지어 인공지능은 궁극적 검색엔진이 되기를 갈망한다고 주장하기까지 한다.

> 인공지능은 구글의 최종 버전이 될 것이다. 궁극적 검색엔진 그것은 웹상의 모든 것을 이해할 것이다. 그것은 당신이 원하는 것을 정확히 이해할 것이다. 그리고 당신에게 바로 그것을 제공할 것이다. 지금 우리는 그것과는 거리가 멀다. 그러나 우리는 끊임없이 그것에 더 가까워질 수 있다. 그것이 기본적으로 우리가 하는 작업이다.47

'구글, 삶, 우주, 그리고 모든 것들에 대한 정답은 뭐야?' 48

2018년 나의 학생들의 거의 90%가 인공지능에 대한 에세이를 쓰고 있다는 것에 너무나 놀랐다. —그리고 좋은 에세이들, 전체적으로—나는 그들이 에세이를 생성하기 위해 인공지능프로그램을 사용하였을 수도 있다는 점에 대해 심각하게 우려하였다. 마침 그 일이 일어났을 때 에세이들은 인공지능으로 생성되지 않았다. 그러나 이제 GPT-3으로 매우 설득력 있는 글을 생성하는 것이 가능하다.49

인공지능, 나에게 에세이 한 편 써줘.

결국, 마찬가지로 동일한 일이 디자인에서도 현실이 될 것이다. 곧 우리는 또한 간단한 음성명령voice command으로 디자인들을 생성할 것이다. 그리고 그러한 디자인들은 최고의 수준일 뿐만 아니라 우리의 심미적 선호選好에도 완벽하게 부합할 것이다.

인공지능, 나에게 건물 하나를 설계해 줘.50

7

인공지능과 미래의 도시AI and the city of the future

미래의 도시는 어떤 모습일까? 오늘날의 도시와 현저히 다르게 보일까? 그것은, 하늘을 나는 자동차들과 우주 시대의 건물들로 채워진, *제슨 가족The Jetsons*[1]에 등장하는 어떤 도시처럼 보일까? 혹은, 약간의 새로운 건물들이 있지만, 상당 부분이 최신의 인공지능 기술들로 유지되고 단순히 개량된 기존 건물들의 재고가 유지되는 우리의 현대도시들과 훨씬 더 닮아 보일까? 달리 말해, 변화를 이끄는 주요 동인driver이 기발한 건물 형태 언어일까? 아니면 끊임없이 정교화된 인공지능 기반 기술들의 도입일까?

패트릭 슈마허Patrik Schumacher에게 있어서, 미래의 도시는 최신의 컴퓨터 연산 도구를 이용해 디자인된 기발한 건축형태들로 구성될 것이다. 2009년에 출판된 *Architectural Design(AD)*의 한 발행물인 '디지털 도시들Digital Cities' 에 게재된 그의 논문, 'Parametricism: A New Global Style for Architecture and Urban Design파라메트리시즘: 건축과 도시계획을 위한 새로운 글로벌 양식' 에서 슈마허는 파라메트리시즘[2]의 디자인 논리를 개략적으로 설명하고 있다. 그가 주장하는, 파라메트리시즘은 현재 건축의 새로운 글로벌 양식으로 모더니즘과 기타 현대 양식들을 대체하고 있다. 슈마허는 파라메트리시즘을 진보된 컴퓨터 연산 기법에 뿌리를 두고 있는 것으로 묘사하는 것으로 시작한다.

> 최근의 아방가르드 건축에서 새로운 양식으로의 지명designation을 정당화하는 전세계적 수렴점global convergence이 존재하는데, 즉 파라메트리시즘이다. 파라메트리시즘은 디지털 애니메이션 기법에 뿌리를 두고 있는 양식이다. 최근에 이루어진 개선은 향상된 파라메트릭 디자인 시스템과 스크립트 작성 방법scripting methods을 토대로 하고 있다. 지난 15년에 걸쳐 개발되어왔고 지금은 아방가르드 건축 실무의 패권을 차지하고 있는 파라메트리시즘은 이제부터 시스템적 혁신이라는 차기의 긴 물결로서 모더니즘을 계승하고 있다.[1]

그림 7.1 Zaha Hadid Architects, Kartal-Pendik Masterplan, Istanbul, Turkey (2006). Kartal-Pendik 프로젝트는 이스탄불의 아시아 측에 도시의 역사적 중심부의 부담을 경감시키기 위한 부도심을 요구하였다. 부지는 공업단지에서 재생 중이며 작은 낱알 구성의 교외 도시들을 측면에 접하고 있다.

그것은 게다가 상당히 눈에 띄기 쉬운 특징을 지닌 양식이다. 즉 '미학적으로, 그것은 질서 있는 복잡성의 우아함과 매끄러운 유동성의 느낌을 지녔다. 자연계와 유사한 그것은 파라메트리시즘의 특징hallmark을 재현한다.'[2] 그리고 파라메트리시즘은, 비록 인테리어 디자인에서부터 도시 디자인에 이르기까지 어떤 규모에서나 표현될 수 있지만, 대규모 도시개발에 가장 효율적인 양식이다; '그만큼 파라메트리시즘 기법들이 있는 응용프로그램은 널리 퍼져있다. 파라메트리시즘은 이제 건축에서부터 인테리어 디자인, 대형 도시계획에 이르기까지 모든 규모에서 증명되었다. 실제로 더 큰 프로젝트일수록, 더욱 분명해지는 것은 프로그램의 복잡성을 명료하게 표현하는 파라메트리시즘의 우수한 능력이다.'[3] 슈마허는 이스탄불, 싱가포르, 그리고 베이징을 위한 일련의 대규모 도시 계획안proposal을 사례로 자신의 논문을 설명하고 있다. 슈마허에게 있어서, 미래의 도시들은 단연 미래적으로 보일 것이고, 파라메트리시즘의 특징을 품고 있을 것이다. 이제 *Architectural Design*의 '디지털 도시들' 간행물이 출판된 지도 십 년도 더 지났다. 그리고 파라메트리시즘의 논리에 따라 디자인된 도시들이 지금까지 지어졌는지 그렇지 않은지를 조사할만한 가치가 있다.[4] 중국에서조차, 그 한 국가의 개발 규모가 대부분의 다른 국가들의 개발 규모를 능가한다 하더라도, 우리는 이에 대한 증거를 거의 볼 수 없다. 틀림없이, 지어진 수많은 대규모 주거 개발—그리고 완벽하기 조차한 도시들—사례가 존재한다. 그러나 누구도 파라메트리시즘의 논리를 지지하지 않는다. 그리고 비록 집합적으로 자하 하디드 아키텍츠에 의해 전 세계에 걸쳐 디자인된 다수의 건물이 어쩌면 전체 도시를 구성하더라도, 지금까지 파라메티리시즘의 논리에 따라 배타적으로 디자인된 개별적인 도시는 없었다. 그것은 마치, 하나의 도시를 개발할 때, 개발자들과 정책입안자들이 기발한 형태들—그리고 기발한 형태들만—을 적용하도록 내 버려두지 않았던 것과 마찬가지다.5

혹은 어떤 대규모 개발에—점진적이거나 혹은 그 이외의— 대한 증거도 많지 않다. 뉴욕, 런던, 파리, 그리고 모스크바와 같은 기존 도시들 내에서 말이다. 여기에는 분명한 이유가 있다. 무엇보다 이미 설립된 이와 같은 도시들 내에서 빈 채로 남아있는 터들은 상대적으로 적다. 그리고 기존 건물들을 철거하고 새로운 건물들을 짓는 것은 경제적으로 거의 의미가 없다. 게다가 어떤 새로운 개발은 종종 건물 보존 명령들과 계획 규제들에 따른 제약을 받는다. 요약하자면, 리노베이션, 개수, 인테리어 재설계는 종종 기존 도시들 내에서 선호하는 전략들이다.

'아이폰 도시' 'iPhone City'

*Architectural Design*이라는 동일 간행물에 기고한 에세이 '아이폰 도시'에서, 벤야민 브래턴Benjamin Bratton[3]은 완전히 다른 접근방식을 취하고 있다.6 미래적인 건축형태는 잊어버려라. 정보 프로세스를 생각하라.7 브래턴은 진보된 컴퓨터 연산 장치가 있다고 말한다. 그것은 이미 도시에서 우리의 경험을 변화시키고 있는 단순한 아이폰이다. 아이폰은 비록 지금까지는 여전히 새로운 도시 디자인에 거의 영향을 미치지 못했지만, 그것은 이미 우리의 기존 도시에서 우리가 일하는 방식에 지대한 영향을 미쳤다. 예를 들어, 스마트 내비게이션 응용프로그램의 발달은 우리에게 새로운 방식으로 길을 찾고 도시를 이해하도록 해주었다. 한편 로밍roaming의 도입은 자동차가, 하이브리드 '자동차+휴대폰' 플랫폼처럼, 새로운 사무실이 되도록 해주었다.8

2009년에 수송 인터페이스인 우버Uber가 '우버택시UberCab'로 출시되었다. 비록 휴대폰을 위한 앱은 그 이듬해가 되어서야 출시되었지만 말이다. 그처럼 브래턴은 우버가 존재하기도 전에 자신의 에세이를 작성하였다. 그러나 어떻게 그가 자동차가 '자동차+오피스'가 된다는 훨씬 더 통찰력 있는 분석을 하게 되었는지는 생각해볼 만한 가치가 있다. 그는 가정의 자동차 그 자체가 업무를 위한 잠재적 자원이 되리라는 것을 알고 있었을 것이다. 우버는 이제 리프트Lift와 같은 다수의 경쟁자를 낳았다. '우버화化,uber-ification' 로 묘사되는 과정에서, 그리고 승차乘車공유 애플리케이션들은 전 세계의 주요 도시들에 널리 퍼지게 되었다.[9] 중국에서 디디DiDi와 같은 회사들은 사실상 우버를 시장 밖으로 밀어낼 만큼 성공적이라는 것을 증명해 왔다.[10] 우버의 성공이 우리에게 보여주는 것처럼, 그 비결은 새로운 종류의 업무를 생성하는 정보 인터페이스의 능력을 이용하는 것이다. 달리 말하자면, 컴퓨터 연산computation은 우리에게 새로운 매혹적인 형태들을 제공해왔던 것이 아니라, 오히려 새로운 운용방식을 제공해주었다.

이것은 건축역사가 마리오 카르포Mario Carpo가 자신의 저서 *제2의 디지털 전회The Second Digital Turn*에서 빅 데이터는 우리에게 또 다른 양식의 건축을 초래한다는 주장에 이의를 제기한다.[11] 카르포는 오늘날 가용한 엄청난 양의 '혼란스러운messy' 데이터가 새로운 혼란을 불러일으키는 '화소화voxelated' 된 건축 양식으로 이어졌다고 주장하고 있다.[12] 확실히 이것은 '건축화architecturalisation' —비 건축적 개념을 마치 그것들이 건축형태들을 언급하고 있는 것처럼 읽는 것—의 문제를 보여주는 또 다른 사례다.[13] 빅 데이터가 건축형태와 무슨 관계가 있는지는 수수께끼로 남아 있다. 빅 데이터는 형태가 아니라 정보와 관련이 있다. 승차 공유 서비스의 도입이 실제로 어떤 것의 겉모습을 바꾸어 왔는가? 사실상 만일 우리가 우버 자동차들 그 자체를 본다면, 다른 차들과 똑같아 보인다. 이것은 그 차들이 일반적인 차들이기 때문이다. 카르포가 주장할 수도 있는 것에도 불구하고, 빅 데이터는 어떤 특정한 미학을 증진하지는 않는다. 그것은 단순히 우버와 같은 승차 공유 회사들에게 과거의 있는 그대로의straightforward 택시들보다 좀 더 효과적이고 효율적인 방식으로 운영할 수 있게 해주는 것이다.

정보 건축가The information architect

브래턴Benjamin Bratton의 에세이는 한 가지 도발적인 제안을 포함하고 있다. 그는 절반의 건축가들에게, 새로운 디자인을 발전시키는 것이 아니라 기존 구조와 시스템들을 재구성하는데 사용될 수 있는 디자인 기술과 컴퓨터 연산 능력에 의지하는, '정보 건축가들information architects' 로 효과적으로 불릴 수 있도록 하기 위해서는 형태

제작자form-maker로서의 전통적인 건축가 모형을 파기하도록 요구한다.

> 하나의 실험: 전 세계의 모든 건축가와 도시계획가들의 절반은, 현재로서는, 새로운 건물 디자인과 새로운 개발들을 함께 멈추어야 한다. 대신에 그들은 역사적 깊이와 자신들의 건축적 상상력이라는 지능적 뉘앙스를, 우리가 이미 가지고 있는 구조와 시스템의 더 나은 이용을 위해 제공하는, 새로운 소프트웨어의 디자인과 프로그래밍에 투자하여야 한다. 그것은 좋은 내용 관리라는 간단한 문제이다. 나머지 절반, 대조군control group은 아마도 예전과 마찬가지로 계속할 것이다.[14]

언뜻 보기에 '정보 건축가'가 되기 위한 과제에 대처해온 한 건축가는 산 해Shan He다. 칭화대학교와 MIT에서 건축가로서 훈련받은, 그녀는 우버의 데이터 시각화 팀의 설립자였다. 그곳에서 그녀는 kepler.gl 소프트웨어를 개발하였다. 그때 이후로 그녀는 그녀 자신의 지리 공간 분석학geospatial analytics과 시각화회사인, Unfolded를 설립하였다.[15]

산 해에게 있어서, 빅 데이터는, 카르포가 믿는 것처럼, 우리가 디자인하는 형태들

그림 7.2 Shan He, UK Commune, map of commuting patterns in England and Wales in Unfolded studio. 지도는 2011년 인구조사를 토대로 잉글랜드와 웨일즈 내의 통근 패턴을 시각화하고 있다. 그것은 6십7만9천 개의 연결지점들을 포함한다. Unfolded studio를 이용하여 시각화하였다. 각각의 호는 사람들이 사는 장소와 일하는 장소를 연결한다.

을 변화시키지 않는다. 그러나 디자인하는 방식을 변화시킨다. '빅 데이터가 도시들을 디자인하는 방식을 어떻게 변화시키고 있는가요?' 그녀에게 물었다.16 얼마 전부터, 건축가들과 도시계획가들은 자신들의 디자인을 알리기 위해 ESRI[4]와 여타의 데이터 마이닝 기법들을 사용해오고 있다. 그러나 엄청난 양의 가용한 데이터와 새로운 도구들과 기법들의 범위들이 디자인을 알리기에는 훨씬 더 많은 정보를 제공하고 있다.

> 공간 데이터 마이닝, 분석학, 그리고 시각화에서의 빠른 발전은 도시계획가들이 이제 복잡한 도시적 문제들을 다루기 위해 오픈 데이터, 진보된 도구사용, 그리고 분석모형들 전체를 가까이에 두고 있다는 것을 의미한다. 승인된 지리 공간 데이터는 계획 과정planning process에서 항상 의사결정을 촉진하기 위해 사용되어왔다. 그러나 도시연구의 지평을 근본적으로 변화시킨 것은, 분석 능력의 향상과 함께, 폭발적인 양, 다양성, 그리고 그것에 대한 해법이다.17

그러나 해Shan He는 건축가와 도시계획가들에게 그들의 전통적인 기술 세트를 완전히 폐기하라고 요구하지는 않는다. 오히려, 그들에게, 위에서 살펴본 '확장지능' 모형과 많이 닮은, 하이브리드적hybrid 접근방식을 적용하도록 요구하고 있다. 여기서 기술은 미래의 디자이너들에게 힘을 부여하며 디자이너의 상상력 확장이 된다.

> 도시는 상품과 서비스를 전달하는 기계만이 아니니다. 즉 도시는 인간의 경험을 촉진하는 장소이다. 도시 디자이너들은 이러한 두 가지 기능들을 달성할 기본적 기술들이 필요하다. 지속가능한 도시들을 디자인하는 수단으로서 데이터를 이용하는 것과 동시에 매혹적인 도시 형태들을 창조하기 위해 자신들의 장인정신을 이용하는 것 말이다.18

브래턴의 에세이는 엄청난 통찰력이 있다는 것을 증명해 왔다. 브래턴이 보기에, 미래 도시는 오로지 혁신적인 형태들만을 토대로 할 수 없다. 그것은 또한 새로운 정보 시스템을 포용할 필요가 있다. 그리고 우리는 건축 실무의 논리를 다시 생각해볼 필요가 있다. 과거의 형태-제작자라는 배타적인 건축가 모형을 제외하고는 모든 것에서 탈피하여 '정보 건축가들' 이라는 새로운 모형을 받아들이기 시작하는 것이다. 뒤늦게, 우리의 도시들에 관한 새로운 기술들의 영향에 대한 브래턴의 에세이는 전체

'디지털 도시들' 이라는 책에서 가장 통찰력 있는 것으로 눈에 띈다.

정보도시The informational city

정보도시에 대한 아이디어는 새로운 것이 아니다. 마누엘 카스텔스Manuel Castells[5]는 1989년에 *The Informational City: Information Technology, Economic Reconstructing and the Urban-Regional Process*정보도시: 정보기술, 경제적 재구축과 도시-지역적 프로세스를 출판하였다.19 카스텔스는 여기에 '정보 시대' 에 관한 3부작의 책을 덧붙였다. 그 책에서 그는 '네트워크 사회' 를 칭송하였다. 그곳은 통합된 위계integrated hierarchies가 아니라 조직적 네트워크organisational networks를 통해 작동하며, 기술을 통한 정보의 끊임없는 흐름에 의존한다.20

더 최근에, 우리는, 마이클 베티Michael Batty[6]가 언급한 바와 같이, '다양한 규모들에 걸쳐, 지속적으로 사람들과 물질들의 움직임들 그리고 다양한 구조들과 시스템의 상태와 관련한 데이터를 제공하는 다양한 네트워크를 통해 연결된 도구들의 집합체들constellations' 을 장착한 '스마트 시티' 의 발전을 목격해 왔다.21 베티는, 그러나 스마트해지기 위해 이 시스템들은 어느 정도 전반적인 혜택 제공을 위한 하나의 효과적인 전체whole로 통합될 필요가 있다고 덧붙이고 있다: '도시들은 그러나 스마트해질 수 있다. 만일, 어떤 목적, 도시들의 효율성, 공정, 지속가능성, 그리고 삶의 질을 향상시키는 방법들로 이 데이터를 통합하고 종합할 수 있는, 지능이라는 기능들intelligence functions이 있다면 말이다.' 22

더구나 최근에, 브래턴Benjamin Bratton은 *The Stack*스택[7]을 출판하였다. 그곳에서 그는 네트워크 사회와 스마트 시티에 관한 모형을 확장한다.23 단일 수평 레이어single horizontal layer로 제한되기보다, 수평적 레이어들의 수직적 병합vertical aggregation이라는 관점으로 네트워크 사회를 묘사하고 있다. 따라서 브래턴은 카스텔스Manuel Castells의 2D 모형을 3D 공간으로 확장한다.24 그리고 다양한 형태의 지구적 규모의 컴퓨팅planetary scale computing들을 차별화된 구성요소들로 보기보다는, 브래턴은 그것들을 대신에, '우발적인 메가스트럭처accidental megastrucure' 의 형태를 취하는, 하나의 통합된 메타 플랫폼consolidated metaplatform의 레이어들로 본다. 브래턴은 이것을 '스택The Stack' 으로 표현하고 있다.

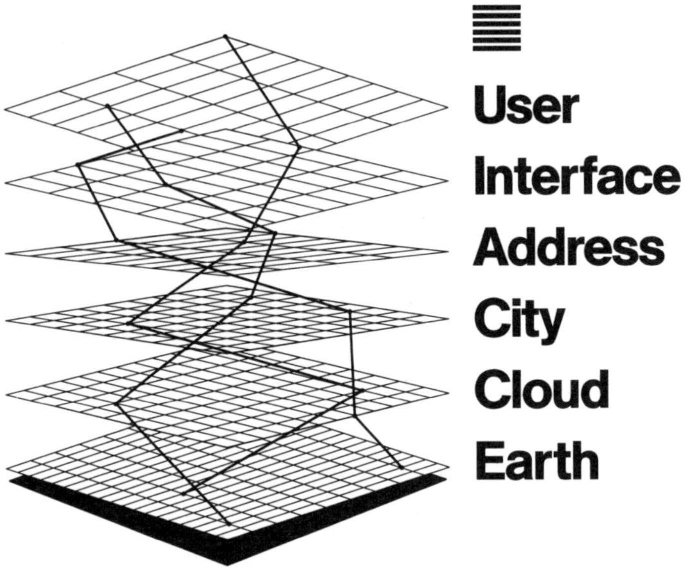

그림 7.3 Matahaven이 작성한 스택의 여섯 레이어들에 대한 다이어그램, Benjamin Bratton, The Stack, Cambridge, MA: MIT Press, 2015

> 스택은 글로벌 시스템들의 기술적인 하부구조 내에서의 형질변환transformation과 연관이 있다. 그 변환으로 인해 전 지구적 규모의 컴퓨터 연산 작업planetary-scale computation은 스택 자체가 지닌 이미지 내에서 정치지리학의 논리들로 철저히 변형되었다. 스택은 논리들을 스스로 강력히 주장할 수 있는 새로운 지리학들과 새로운 영역들을 만들어 왔다. 수평적 지도horizontal maps로 분리되어버린 현대적 정치지리학과는 달리, 스택 지리학은 하나의 또 다른 공간들 위에 수직적으로 층을 이룬다. 지구적 규모의 컴퓨터 사용—클라우드 컴퓨팅, 스마트 시티들, 유비쿼터스 컴퓨팅, 대규모 주소 시스템, 차세대 인터페이스들, 비인간 유저nonhuman users 등등—의 모든 다양한 형태들을 조사하기serveying보다, 다른 장르 혹은 종족의 컴퓨팅처럼, 각각은 스스로 분리되어 있다. 이 모형은 그것들을 병합된 메타플랫폼, 즉 일종의 우발적인 메가스트럭처accidental megastructure의 레이어들 상에 위치시킨다.[25]

스택은 여섯 개의 레이어들, 즉 *지구Earth* 레이어, *클라우드Cloud* 레이어, *도시City* 레이어, *주소*Address 레이어, *인터페이스*Interface 레이어, 그리고 *유저*User 레이어로 구성되어 있다. *지구* 레이어는 '스택을 위한 물리적 기초를 제공한다'; *클라우드* 레이어는 방대한 서버 군도群島server archipelagos'를 구성한다; *도시* 레이어는 '불연속적인 메가시티들과 메가 네트워크들을 구성한다'; *주소* 레이어는 '대량의 입자상의 전 세계의 주소 시스템을 조사한다.'; *인터페이스* 레이어는 '*유저*와 유저의 거주지에 대한 *주소지정이 가능한* 컴퓨터 연산 기능들 사이에서 사상주의적imagistic, 언어적linguistic으로 중재한다.'; 그리고 마지막으로 *유저* 레이어는 인간과 비인간 유저들을 포함한다.[26]

여기서 핵심은 연결성connectivity이다. 스택은 오늘날 전 세계 주변에 상호 연결된, 정보 통로를 의미한다. 수직적 혹은 수평적 인터페이스의 어느 측면에서든, 인터페이스에서 각 레이어는 별개의 구분이 아니라 다른 레이어들과의 연결된 형태를 구성한다. 즉 도시 레이어는, 예를 들어, 다음 수직적— 클라우드 레이어 혹은 지구 레이어—와 상호작용할 수도 있다. 혹은 하나의 레이어를 건너뛰고 지구 레이어와 상호작용할 수도 있다. 혹은 동일 레이어 상의 또 다른 도시와 상호작용할 수도 있다. 마찬가지로, 하나의 도시는 도시들의 세계적 네트워크 내의 하나의 도시로 이해될 수 있다. 우리가 '정보도시', '스마트 도시', 혹은 스택의 '도시 레이어'라고 표현하든 그렇지 않든, 그러나 오늘날의 도시들은 정보 인터페이스의 현장이 되어가고 있다는 것은 분명하다. 그곳에서 인공지능과 인공지능 기반 응용프로그램들이 수행하는 역할은 증가하고 있다.

생활환경지능Ambient intelligence

도시에 대한 인공지능의 충격은 전체 도시의 규모에서 볼 필요는 없다. 참으로 도시를 이해하는 비결은, 제인 제이콥스Jane Jacobs[8]가 우리에게 상기시켜주는 바와 같이, 종합계획master planning과 같은 하향식 주요 변화들의 관점에서가 아니라 길거리에서 증가하는 행태들의 관점에서 도시를 인지하는 것이다.[27] 따라서 도시는 다수의 이용자로 구성된 것으로 이해할 수 있다. 새 떼 혹은 물고기 떼들이 개별적 행위자들로 구성되는 것과 마찬가지다. 도시는 크기에서 개별적 행위자들보다 훨씬 더 클 수도 있다. 그러나 도시는 개별적 행위자들에 의해 정밀하게 구성되어 있다. 이러한 방식으로, 도시는 이미 인공지능으로 정보가 제공되는AI-informed 장치들로 채워져 있다는 것을 우리는 이해할 수 있다. 어쨌든 브래턴Benjamin Bratton이 통찰력 있게 진술한 바와 같이, 도시는 우리를 착용하고wears 있다. 우리 스스로가 우리의 장치들을 착용하고 있는 만큼 말이다.28 나아가 도시 그 자체는 우리의 지능적 장치들을 착용하고 있는 것으로 이해할 수 있다. 한편 브래턴의 스택에 대한 개념은 상호 연결된 작동interconnected operation을 강조한다. 오늘날 정보도시에서, 지능은 개별적 거주자들의 미디어와 그들의 개인 인공지능으로 정보가 제공되는 장치들을 통해 널리 퍼져 신속하다.

우리는 '끊김이 없는seamless 지능적 장치들'의 세계 속에 살고 있다. 그 장치들은 소유자에게 민감하게 반응하며, 수동적 제어에 의존하지 않는다. 상호 연결된 장치들의 이러한 지형들을 설명하기 위한 또 다른 방식은 '생활환경지능ambient intelligence[9]'의 공간 같은 곳에 있다.29 우리가 현재 살아가고 있는 공간들은 '그 안에서 살기 위한 기계'라는 르 꼬르뷔제의 개념과는 약간 다르다. 오히려 마크 와이저Mark Weiser[10]의 '유비쿼터스 컴퓨팅ubiquitous computing[11]'의 개념과 더 일치한다.30 곧 우리는 우리가 가지고 있는 장치들을 소지하고 다닐 필요가 없게 될 것이다. 컴퓨터 연산computation은 끊김 없이 도시환경 속에 내장될 것이다. 우리가 숨 쉬고 있는 공기만큼이나 자유롭게 이용 가능할 정도로 말이다. 그리고 말과 몸짓을 통해 우리의

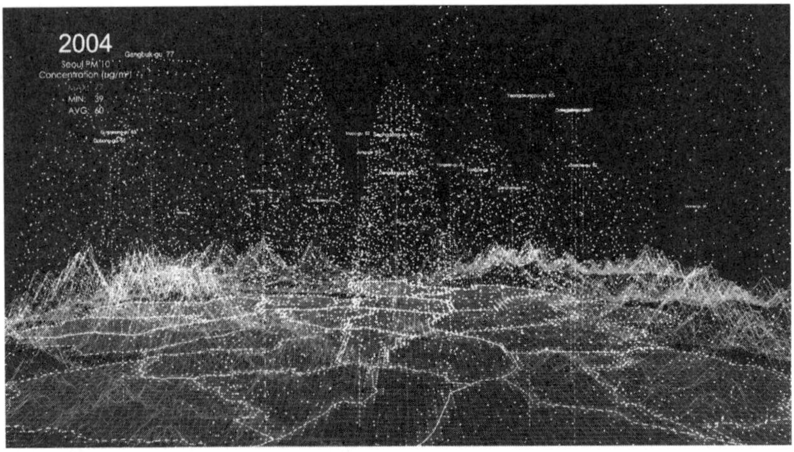

그림 7.4 총첸웨이Zhenwei Zhong와 죠우추한Chuhan Zhou, Approacing Convergence (2017). 서울의 미립자 10Particulate Matte 10 데이터(PM10)를 시각화하는 프로젝트, 데이터는 25개 구역의 기상청으로부터 획득하였다. Columbia GSAPP의 'Approaching Convergence' 과정, 공동지도 Biayna Bogosian, Maider Llaguno-Munitxa.

환경과 의사소통이 가능하게 될 것이다.[31] 이러한 전환과 더불어, 기술은 도시의 구조fabric 그 자체 속에 흡수되기 때문에, 도시에서의 삶은 더는 컴퓨터 연산이라는 노골적 형태들에 의해 지배되지 않는다. 환경 그 자체가 지능적으로 변모할 것이다.

우리는 우리의 기분과 위안 수준에 상호작용하는 방식으로 반응하는 이러한 지능적인 환경을 상상할 수 있기까지 할 것이다. 그것은 우리가 무기력할 때에는 격려하고, 흥분상태일 때에는 우리를 진정시킬 수 있을 것이다.[32] 즉 뜨거울 때 식혀주고, 차가울 때 따뜻하게 데워줄 것이다. 그것은 적응성이 있고, 동정적이며, 양육하는 환경, 개인의 요구에 반응하는 생활환경이 될 것이다.

물론 잠재적으로 부정적인 결과들 역시 존재할 것이다. 우리는 그러한 환경은 우리의 모든 움직임을 추적하고 행동을 감시하는 것monitoring이 꽤 가능하리라는 것을 상상할 수 있다. 마찬가지로 그것은, 의심할 것도 없이, 고객 맞춤 광고로 우리를 폭격할 것이다. 그렇다면 우리는 생활환경 지능의 어두운 면을 간과하지 말아야 한다. 잘못 사용되면, 그것은 지극히 해로울 수 있다.[33] 그러나 동시에, 우리는 종종 기술을 향한 부정적 태도와 관련된 기술 결정론을 피해야 한다.[34] 기술은 본질적으로 나쁜 것이 아니다.[35] 올바른 방식으로 사용된 생활환경 인공지능은 사회에 매우 이로울 수 있다.

떼 지능Swarm intelligence

*Emergence: The Connected Lives of Ants, Brains, Cities and Software창발: 개미들, 뇌들, 도시들, 그리고 소프트웨어의 연결된 삶*에서 스티븐 존슨Steven Johnson은 창발創發이론을 개관하고 있다.[36] 분명히 말해두지만, 존슨은 이 이론을 언급한 최초의 인물이 아니다. 그리고 다른 이들의 저작에 크게 빚지고 있다. 그러나 그의 책의 성공이 창발 이론의 대중화에 크게 이바지하였다.[37]

창발은 상향식으로 둘 혹은 그 이상의 행위자들이 상호작용하는 곳은 어디에서든 목격될 수 있다.[38] 그러나 행위자agent의 상호작용이 전 세계적 행동으로 이어지는 다중 에이전트 시스템multi-agent system[12]에서 가장 명확하다. 그 책의 부제목이 제시하고 있는 바와 같이, 존슨은 일정 영역의 —개미들, 뇌, 도시들, 그리고 소프트웨어와 같은— 다중 에이전트 시스템의 창발적 행태들 사이의 명백한 연결을 어떻든 같은 기준으로 잴 수 없는incommensurable 그들의 구성적 요소들로 간주한다.[39] 따라서 우리는 도시의 작용들과 뇌의 행태 간의 직접적인 비교가 가능하다.[40]

그림 7.5 Roland Snooks and Robert Stuart-Smith (Kokkugia) in Collaboration with Studio Pei Zhu, National Art Museum of China (NAMOC) (2013). 형태는 떼 지능 기반 알고리즘swarm-based algorithm을 통해 생성되었다. -클라우드 형성cloud formation을 기초로 하는 폭풍우와 카오스적 시스템들로부터 발전되었다.

창발은 최근의 건축적 담론에서 매우 인기 있는 용어가 되었다. 그러나 그 용어 자체는 반드시 현대의 디자인 이슈들과 관련이 있는 것은 아니라는 점을 상기할 만한 가치가 있다.41 반대로 창발은 전통적인 도시 형성urban formations에서 가장 명료하게 목격할 수 있다고 주장할 수 있다. 그것은 엄밀히 말해 도시 집적urban aggregation이라는 자의식self-conscious 이 덜한 형태들이기 때문이다. 그 형태들은 중세의 농촌에서부터 중국의 후퉁hutongs[13] 혹은 브라질의 파벨라favelas[14]에 이르기까지, 전통거주지들에서 발달하는 특징을 보여준다. 그것은 '무식은 쓸모가 있다ignorance is useful' 거나 혹은 '당신의 이웃에게 주의를 기울여라pay attention to your neighbours' 와 같은 창발의 단순한 규칙에 가장 잘 들어맞는다. 이러한 도시 계획urbanism 형태들은 상대적으로 동질적인 활동들의 장homogeneous field of operations을 구성한다. 그곳에서 개별 구성자들은 두드러지지 않고, 자신들의 주변 환경에 배어있는 논리를 따른다.

떼 지능swarm intelligence의 논리를 통해, 또 다른 방식으로 창발을 생각할 수 있다. 이것은 다중 에이전트 시스템들multi-agent systems이 지닌 분산된, 자기 구성 행태self-organising behaviour로 표출된다.42 롤랜드 스누크스Roland Snooks[15]가 언급한 바와 같이, '떼 지능은, 분산된 자기 구성 시스템들 속에서, 창발적인 집단행동emergent collective behaviour을 일으키는, 자율적 행위자들의 국부적 상호작용을 통해 작동한다.' 43 '떼 지능' 에 대한 일상적 사례는, 찌르레기 같은, 한 무리의 새들이 저녁에 보금자리로 돌아오는 것이다. 이 새들의 복잡한 공중 군무空中 群舞,aerial gymnastics는 위로부터 강요된 하향식 논리가 아니라 오히려 개별적인 새들 간의 단순한 상호작용들로부터 '창발하는emergent' 상향식 논리로 규정된다. 무리가 어떤 방향으로 급강하 · 급상승하거나 혹은 방향전환과 같은 것은 어떤 한 마리의 특별한 새에 의해 지시되거나 혹은 통제되는 것이 아니다. 오히려 각 개별적 새가 —앞 그리고 모든 방면에서 새들로부터 일정한 거리를 유지하면서, 한편으로 같은 속도로 비행하고 같은 기본 방향으로 여행하면서— 결합, 분리, 그리고 정렬의 원칙과 관련된 특정한 자세의 기본적인 규칙들을 따르는 것이다. 그리고 무리의 전체 행동을 지시하는 것은 바로 이것이다.

그러나 중요한 것은, 집단지능이 이러한 개별적 행동들로부터 나온다는 것이다. 그것은 미리 결정되고 정해진 것이 아니라 자기 규제적self-regulating이며 적응적adaptive인 것이다. 말하자면 '끊임없이 변화하는 창발적 시스템emergent systems은 상호작용, 정보의 피드백 고리들, 패턴 인지, 그리고 간접적 제어를 토대로 하는 지능적인 시스템이다. 그 시스템은 미리 결정된 통제 메커니즘들로서의 시스템에 대한 전통적인 개념에 이의를 제기한다. 그 대신 자신들의 자기 규제적인 적응적 능력에 초점을 맞춘다.' 44 떼 지능에 관한 이들의 표현displays 에서 보이는 지능은, —먹을 것을 찾아다니는 점균류의 지능과 같은— 상대적으로 낮은 수준의 지능형태일 수도 있다. 하지만 그렇다 하더라도 그것은 지능의 한 형태이다. 떼 지능을 일종의 기본적인 인공지능 형태로서 이해할 수 있다.

진보적인 건축문화는 기발한 건축형태들을 끊임없이 찾고 있다. 따라서 실험적

그림 7.6 Roland Snooks (in collaboration with Scott Mayson), *RMIT Mace* (2015). 직장職杖은 다중 에이전트 시스템을 이용하여 디자인되었고, 고도로 얽힌 경량구조를 창조하기 위해 티타늄 가루를 녹이는 레이저 소결 프로세스laser sintering process를 이용하여 3D 프린트 되었다.

인 실무들에서, 복잡성을 받아들이고 다중 에이전트 알고리즘을 통해 작동하는 비선형 디자인 방법론을 발전시키기 위한 일종의 지시적 비유referential metaphor와 구성적 유사물organisational analog로서, 떼 지능의 논리를 점증적으로 전용해 온 것은 놀라운 일이 아니다. 스눅스Roland Snooks와 알리사 안드라세크Alisa Andrasek와 같은 건축가들은 그와 같은 형태들을 생성하기 위해 프로세싱Processing을 사용해왔다. 한편 다니엘 볼로얀Daniel Bolojan과 같은 다른 건축가들은 자신들의 다중 에이전트 소프트웨어 프로그램들multi-agent software programmes을 작성해 왔다. 이 시스템들은 확실히 매혹적이고 눈에 띄게 참신한 형태들을 생성하는 것이 가능하다.[45] 그로써, 그들은 건축디자인 문화에 상당한 영향을 미쳐왔다.

한때 다중 에이전트 시스템은 정적인 건축형태로 응결되었다. 그런 이유로 그 복잡한 습성들behaviours은 부득이 줄어들고 완전한 잠재력은 실현되지 않고 있다.[46] 그런데도, 들뢰즈Gilles Deleuze와 가타리Felix Guattari가 언급한 바와 같이, 도시는 '영토화된territorialised' 것보다 '탈영토화 된deterritorialised' 것으로, 홈이 패인riated 것보다 매끄러운mooth 것으로 이해되어야 한다. 도시는 역동적인 순환과 회로들로 이루어진 일종의 기능이다. 그리고 결코 특이한singular 정적인 형태로 환원될 수 없다.

> 도시town는 도로의 다른 측면이다. 도시는 오직 순환과 회로의 기능으로서 존재한다. 즉 그것이 도시를 창조하는 회로들과 도시가 창조하는 회로들에 관한 독특한 점이다. 도시는 진입과 진출에 따라 정의된다. 즉 무엇인가가 반드시 도시로 들어가고 도시로부터 나온다. 그것은 어떤 진동frequency을 부여한다. 도시는 비활성적inert, 살아있는living 혹은 인간human의 문제matter를 양극화polarization하는데 영향을 미친다. 즉 도시는 어족the phylum[16], 유민들the flow이 수평선들을 따라 특수한 장소들을 경유하는 원인이 된다. 도시는 일관성을 초월하는transcosistency 하는 현상, 네트워크다. 왜냐하면, 도시는 근본적으로 다른 도시들과 연결되어 있기 때문이다. 그것은 탈 영토화를 위한 일종의 문지방a threshold을 의미하는데, 물질적인 것들은 어떤 것이든 연루되어있는 까닭에 도시는 네트워크에 편입되고, 양극화를 감수하며, 도시의 순환과 도로 기록을 따라야 할 만큼 충분히 탈영토화되어야 하기 때문이다.47

거의 틀림없이, 그때, 우리는 도시의 논리에 대한 정보를 제공하는 떼 지능의 잠재력을 엿볼 수 있다. 만일 정적인 건물들에 덜 집중하고 도시 내의 행위자들의 역동적인 행위들에 더 집중한다면 말이다. 도시는 무엇보다, 결코 건물들의 집합collection으로 환원될 수 없다. 도시는 도시의 거주자들이 없다면 아무것도 아니다. 우리는 물질적 퇴적물들deposits—건설의 흔적들이 있는 하나의 혼합물amalgam—이 있는 현장으로서의 도시와 공간적 실천의 현장으로서의 도시를 구분할 필요가 있다. 전자는 건조환경을 형성하는 물질적 퇴적물들material deposits의 축적이라는 관점에서 읽힐 수 있다. 후자는 이동의 자유가 그 환경에 의해 제약을 받는 인간 행위자들의 안무choreographies라는 관점에서 읽힐 수 있다.48 도시는, 그렇다면, 물리적 건물들로만 구성되는 것일 뿐만 아니라 인간 행위자들로도 구성되는 것이다. 그리고 도시는 인간-광물uman-mineral로 된 하이브리드 시스템으로 이해되어야 한다. 이것은 도시에 대한 떼 지능의 영향을 우리가 어떻게 이해할 수 있느냐에 대해 중대한 의미를 제공한다.

그의 책, *Out of Control: The New Biology of Machines, Social Systems, and the Economic World통제불능: 기계, 사회 시스템 및 경제 세계의 새로운 생물학*에서 케빈 켈리Kevin Kelly는 떼 지능의 원리를 확장하였다. 마찬가지로 그것이 어떻게 경제라는 역동적 행위를 위한 설득력 있는 모형을 제공할 수 있는지를 보여주었다. 그 안에서 경제 그 자체는 상향식, 통제할 수 없는 방식으로 작동한다.[49] 한 소비자가 또 다른 소비자의 —무리 속에서 한 마리의 새가 또 다른 새를 따라 하거나 혹은 한 마리의 개미가 페로몬의 흔적을 따르는 것과 무척 유사하게— 구매습관들을 모방하기copies 때문에, 소비자 패턴들이 나타나기 시작하며, 그로써 개별적 소비자들의 구매습관은 하나의 집단적인 전체a collective whole로서 나타난다. 그러나 이러한 행위들은, 개인적 선택들을 토대로 한, 상향식이다. 그들은 어떤 방식으로 위로부터 통제를 받지 않는다. 시장은. 그땐, 잠재적으로 불안정하며 — '통제 불능' — 그리고 유행들trends에 의해 불붙는다.

부동산 시장과 더불어, 이러한 유행들은 도시 조직fabric을 통해 공간화된다. 특정한 사업들이 도시의 특정 구역들 내에 함께 무리를 이루기 시작하는 것은 한 사람의 사업 소유주가 다른 사업 소유주들의 사례들을 따르기 때문이다. 마찬가지로, 특정 지역neighborhood의 인구가 커지고 작아지기 시작하면, 특정 구역은 유행하게 되고 다른 지역은 불리해진다. 이러한 관점으로 이해하자면, 우리 도시들의 경제 행위들은 기상시스템meteorological system의 작동에 비유할 수 있을 것이다. 인구의 등록과 매력이 도시의 조직을 바꾸고 변화시키기 시작할 때, 고압 및 저압계high and low pressure system처럼, 경제 행위들은, 집중 지역points of intensity을 만들어 내며, 물결처럼 움직이는 경제지형을 생성한다. 그러나 침체 지역들 또한 부동산 가치에 반영된다. 이러한 측면에서 보자면, 전체 도시는 떼 지능의 논리에 의해 운영된다.

자기 규제적 도시The self-regulating city

존 홀랜드John Holland는 도시가 경험하는 지속적 변화에도 불구하고 역동적인 균형의 형태를 가까스로 유지하는 방법을 기술하고 있다. 그는 그것을 흐름의 정상파standing wave, 定常波[17]에 비유한다. 도시는 '시간 속의 하나의 패턴'으로 보일 수 있다.

> 도시는 구매와 공급의 분배 문제를 해결할 핵심적인 기획 책무가 없다. ... 이 도시들은 공급 부족과 과잉공급 간의 파괴적인 스윙swing을 해마다, 십 년마다 어떻게 피하는가? 우리가 대규모 도시들의 변화무쌍한 속성을 목격할 때 그 수수께끼는 더 깊어진다. 바이어, 판매자, 경영진들, 거리들, 다리들, 그리고 건물들은 항상 변하고 있다. 그러므로 도시의 일관성은 어쨌든 사람과 구조의 끊임없이 계속

> 되는 흐름flux에 떠맡겨진다. 빠르게 움직이는 흐름 속에서 바위 앞에 놓인 멈춰 있는 파동처럼, 도시는 시간 속에 존재하는 일종의 패턴이다.50

무엇보다, 창발의 논리에 따라, 도시들은 시간을 넘어 작동하는 사회적 행위라는 패턴들의 물리적 흔적들이다. 도시들은 자기 조직self-organisation의 원리로 다스려진다. 그러한 이유로 도시와 소도시들 그 자체를 '프로세스들'의 결합물amalgams로 이해하여야 한다. 어느 정도 자기-규제적인 시스템과 같은, 일치하지 않는differing 의견inputs과 욕망들impulses에 '적응하는' 크기와 방향을 지닌 벡터적 흐름vectorial flows의 공간들처럼 말이다. 그러나 도시는 어떻게 이러한 평형상태를 가까스로 유지하는가?51 '뇌와 같은 도시' 모형은 이러한 메커니즘을 이해하는 데 도움이 될 수 있을까?

뇌는, 우리가 아는 바와 같이, 그저 생각하는 것 이상의 것을 한다. 뇌는 또한 신체를 규제하는 데 도움을 준다. 이러한 메커니즘을 종종 '생체 항상성homeostasis[18]'으로 표현한다.52 생체항상성은 내적 · 외적 변수들을 마주할 때 지속적인 평형상태를 유지하는 시스템의 특성이다. 그것은 생물학, 기계시스템들을 포함하는 많은 분야에서 그리고 —좀 더 최근에는— 신경과학의 영역에서 사용되어 온 개념이다. 신경과학의 맥락에서 생체항상성은 여기서는, 신체가 생존을 위해 의존하는, 일종의 평형상태로 이해할 수 있다.

인공 두뇌학cybernetics의 선구자 중 한 명이자 *Design for Brain*뇌를 위한 디자인의 저자인 윌리엄 로스 애슈비Wiiliam Ross Ashby[19]는 스스로가 '호메오스탯homeostat[20]'이라고 부르는 장치를 개발하였다. —자동온도조절기와 매우 닮은— 균형 메커니즘balancing mechanism은 부정적 피드백을 통해 몇몇 종류의 평형상태를 유지한다.53 이 장치의 목적은 그 안에서 뇌가 역동적 평형상태라는 뇌의 독자적인 형태를 형성하는 방법을 모형으로 만들기 위한 것이었다.54 매우 중요한 것은, 애슈비의 작업은 앨런 튜링Alan Turing의 관심을 끌었다. 튜링은 그에게 특수한 기계를 제작하기보다 그 프로세스를 시뮬레이션하기 위해 자신의 자동 컴퓨팅 엔진Automatic Computing Engine(ACE)을 사용하는 것을 제안하는 글을 적었다. 애슈비에게 보내는 자신의 편지에서 튜링은 고백하였다. '저는 컴퓨팅을 위한 실용적인 응용장치들보다 뇌의 활동 모형들을 만드는 데에 더 관심이 있습니다.'55 이로써, 생체항상성, 컴퓨터 연산과 뇌의 작동 간의 연결이 이루어졌다.

좀 더 최근에, 신경과학자 안토니오 다마지오Antonio Damasio[21]는 뇌의 주요 기능은 우리의 생체 항상적 조건을 유지하고 역동적인 정신적 평형상태를 보존하는 것이라고 주장하였다.56 게다가 뇌는 '지휘통제센터'로서 작동하기보다 일정한 안전한 범위의 정서적 충동들 내에서 신체를 지키는 교정 메커니즘corrective mechanism으로 더 많이 작동한다. 다마지오가 언급한 바와 같이, '생존은 최적의 생체 항상적 범위 내에서 신체의 생리 기능 유지에 달렸다. 이러한 프로세스는 신체 상태 내의 잠재적으로 해로운 변화들을 빠르게 탐지하고 적절하게 교정하는 대응에 의존한다.' 57 한편 뇌 그 자체는 고도로 적응적이다. 뇌는 마찬가지로 적응의 메커니즘으로 이용할 수 있다.

도시의 자기 조직self-organisation은 그런 이유로 뇌의 역동적인 평형상태에 비유될 수 있다. 어쨌든, 도시들은 뇌 그 자체와 많이 유사하게 긍정적인 피드백, 부정적인 피드백 양쪽 모두에 의해 다스려진다. 기본적인 수준에서, 그렇다면, 우리는 뇌의 신체 항상성에 대한 다마지오의 이해와 도시를 지탱하는 자기조직의 원리 사이에, 신경망과 같은 어떤 다중 에이전트 시스템의 행동 속에 잠재적으로 반영될 수도 있는, 유사점들을 볼 수 있다.

**'뇌와 도시는,
어쩐지 많은
공통점이 있는 듯하다.'**

도시는 사실상 뇌로서 이해될 수 있을까? 엄격한 신경과학적 관점에서, 그것은 명백하게 그럴 수 없다. 하나는 인간-광물로 이루어진 하이브리드 시스템이다. 그리고 하나는 생물학적 유기체이다.58 그럼에도 불구하고 도시는 일종의 뇌로서 묘사될 수 있다. 비록 인간의 뇌는 아니라 할지라도 말이다. 뇌와 도시는 어쩐지 많은 공통점이 있는 듯하다.59 양쪽 모두 다중 에이전트 시스템들multi-agent systems이다. 똑같이 말할 수 있는 것은 일종의 소프트웨어 시스템들이라는 것이다. 어쨌든 신경망은, 켈러허John Kellerher가 언급하는 바와 같이, 창발적 집단행동emergent collective behaviour에 이바지하는, 개별적 뉴런들로 구성되어 있다.

신경망의 전체 활동은 신경망 내의 개별적 뉴런들에 의해 실행되는 프로세싱processing의 상호작용들로부터 나온다. 신경망은 분할정복전략divide-and-conquer strategy[22]을 이용하여 문제들을 해결한다. 즉 신경망 내의 뉴런들 각각은 더 큰 문제를 구성하는 하나의 문제를 해결한다. 그리고 전체 문제는 이러한 구성요소의 해결책들을 결합하는 것으로 해소된다.60

이것은 개미들과 같은 상대적으로 지능이 낮은 피조물들로부터 나온 창발emergence의 패러다임을 뇌의 정교함sophistication, 그리고 도시들, 신경망들 그 자체의 작동 방식들로 확장할 수 있다는 것을 의미한다. 그러므로 그 기회는 뇌의 한 형태로서의 도시의 작동 방식들에 대한 모형을 만들기 위해 – 그리고 잠재적으로 강화하기 위해 – 신경망을 이용하고 있다는 것 그 자체를 보여 준다.

'도시의 뇌' 'City Brain'

아마도 도시에 인공지능을 적용하는 것에 대한 가장 광범위한 조사는, 기계학습 개발의 최전선에 있는 중국의 선도적인 전자상거래 회사인, 알리바바Alibaba[23]에 의해 개발된 '도시의 뇌' 계획initiative일 것이다.61 도시의 뇌는 사실상 도시 그 자체에 대한 하나의 '디지털 트윈digital twin' 이다. 도시의 뇌 프로젝트 이면의 아이디어는 클라우드 기반 시스템을 개발하는 것이다. 그 시스템은 실시간으로 도시에 대한 정보를 저장하고, 도시의 활동operations을 제어하고 도시의 성능 향상을 위한 정보처리를 위해 기계학습을 이용한다. 도시의 뇌 프로젝트의 배후에 있는 컴퓨터 과학자 중의 한 명인, 리우펑Liu Feng은 도시의 뇌를 다음과 같이 정의한다.

도시의 뇌는, 인터넷 브레인Internet Brain 모형을 기반으로 하는, 스마트시티의 새로운 구조다. 도시 중앙신경계city central nervous system(클라우드 컴퓨팅), 도시 지각신경계city sensory nervous system(사물 인터넷Internet of Things), 도시 운동신경계city motor nervous system(인더스터리 4.0Industry 4.0, 산업인터넷Industrial Internet), 그리고 도시 신경종말city nerve endings(에지 컴퓨팅Edge Computing)의 지원으로, 도시는 도시 신경망(Big SNS)을 통해 인간-인간, 인간-사물, 그리고 사물-사물 간 정보의 상호작용이 가능하게 되었다. 그리고 도시 클라우드 리플렉스 아크들reflex arcs[24]을 통해, 도시 지혜city wisdom의 지속적인 진보를 실현하면서 도시의 모든 구성요소 간의 유기적 상호작용 촉진을 위한 도시 서비스들의 신속한 스마트 대응을 달성

할 수 있다. 그처럼 뇌와 닮은 스마트시티 구조를 '도시의 뇌'라고 한다.62

당초에, 도시의 뇌 계획은 항저우 市Hangzhou의 도시 교통에만 초점을 맞추었다. 그곳은 알리바바가 기반을 두고 있으며, 항저우가 중국에서 최악의 교통 문제들로 고통받아왔다는 것을 안다면, 아마도 이해할 수 있을 것이다.63 그것은 도시의 작동 효율성 향상에 놀랄 만큼 효과적이라는 것을 증명해 왔다. 예비연구는 도시의 뇌가 도로교통의 속도를 15%까지 증가시키고 불법 주차를 적발할 수 있었다. 게다가 도시의 교통을 지속적으로 모니터링함으로써, 도시의 뇌는 잠재적 충돌과 사고의 징후들을 발견할 수 있고 사고를 발견하고 경찰에 경고함으로써 긴급 대응시간들을 개선할 수 있다.64 더구나 실시간으로 신호등을 조정함으로써 구급 차량과 긴급 차량들이 그들의 목적지에 더 신속하게 도착하고, 혼잡한 시간대의 교통체증을 예방하는 데 도움을 줄 수 있다.65 알리바바는 도시의 뇌가 구급차들이 목적지에 평균적으로 7분 일찍 도착하고, 30초 이내에 투숙객들이 체크인하고 체크아웃할 수 있도록 하며, 운전자들이 평균 2.7초 이내에 톨 게이트pay station를 통과할 수 있도록 해준다고 주장한다.66 교통흐름을 유지함으로써, 도시의 뇌는 도시의 생체항상성 상태를 유지하는 데 도움이 된다.

향상된 버전들은 그 이후로 중국 내 다른 아홉 개 도시들과 전 세계적으로, 말레이시아의 쿠알라룸푸르를 포함한, 스물세 개 도시들에 도입되었다.68 알리바바는 현재, 대중교통, 물과 에너지 관리, 건설 활동들, 그리고 대중적인 보안 문제들과 같은 이슈들을 담당하기 위해, 도시의 뇌의 적용 범위를 증가시키고 있다.69

인터넷-도시-뇌Internet-city-brain

'사물인터넷Internet of Things' (IoT)의 개념은 장치들이 무선으로 상호연결 될 수 있다는 아이디어와 관련이 있다. 그러나 어떤 일이 일어날 것인가? 만일 우리의 인공지능으로 정보가 제공되는AI-informed 장치들이 사물 인터넷을 통해 연결되지 않고, 뇌의 뉴런들처럼 지능적으로 연결된다면 말이다. 다시 말해서, 만일 인공사물인터넷artifical Internet of Things(AIoT)이라고 하는 것을 만들어내기 위해 사물 인터넷과 인공지능을 결합한다면?70 이것은 어느 정도 뇌처럼 작동하는 시스템을 생산하는 것이 아닐까?

데미스 허사비스Demis Hassabis[25]와 같은 일부는 뇌를 컴퓨터에 비유해 왔다. '뇌는 그냥 다른 뇌와 같은 컴퓨터다 ... 이전에 인간에게 타고난 것으로 생각되었던 특징들traits은—상상력, 창조성, 그리고 의식까지도— 어쩌면 소프트웨어 프로그램들과 동등한 것인지도 모른다.' 71 사실상 일부 과학자들은 뇌의 뉴런들 속에서 소형 컴퓨터들을 발견했다고 주장한다. 72 그러나 다른 과학자들은 동의하지 않는다. 그리고 뇌는 컴퓨터보다 인터넷을 더 닮았다고 주장한다. 73 제프리 스티벨Jeffrey Stibel[26]이 언급하고 있는 바와 같이, '뇌의 기능은 컴퓨터와 매우 다르다. 그러나 인터넷이 작동하는 방식과 유사한 방식으로 작동한다.' 74 컴퓨터는 단지 뉴런이라는 시스템을 나타낸다. 반면, 인터넷은 하나의 뇌처럼 작동한다. 75 인터넷의 하드웨어는, 뇌에서 뉴런들이 스스로 상호연결 되는 방식과 다르지 않은, 하나의 방식으로 모든 것이 연결된 무수한 컴퓨터들로 구성되어 있다. 반면 소프트웨어는 사실상 웹거미줄,web 그 자체다.

> 내가 구글과 여타의 검색 엔진들을 보면, 내가 기초를 이루는 컴퓨터 구조에 저장하고 회상하는 것 보다, 마음속에 기억들이 저장되고 회상하는 방식과 더 많은 유사성을 보인다. 웹사이트를 볼 때, 하이퍼텍스트hypertext[27]가 아니라, 밈들memes과 기억들을 생각한다. Class.com, MySpace, 그리고 Facebook을 볼 때, 나는, 신경망들이 발달시키고 있는, 네트워크에 대한 메칼프의 법칙Metcalfe's law[28]과는 다른 방식의, 소셜 네트워크들을 본다.
>
> 내가 인터넷 컴퓨팅 클라우드를 볼 때, 나는 짐승 같은 연산brute calculations을 넘어 뇌의 정신 나간loopy 무작위적인 예측의 힘을 향해 가는 능력을 지닌 병렬처리[29]기계parallel processing machine의 시작을 본다. 그러나 미래로 좀 더 멀리 볼 때, —전자 뉴런들이 증식하는 것처럼— 나는 사이버공간에서, 한 마리 곤충, 혹은 동물 혹은 인류의 뇌의 진화적 성장과 같은, 생물학적 성장 그 자체에 대한 복제를 본다. 76

최근의 신경과학적 연구는 이 같은 비유를 지지할 것 같다. 신경과학자 사켓 나브라카Saket Navlakha와 조나단 수엔Jonathan Suen에 따르면, 인터넷과 뇌는 동일한 방식의 구조를 갖추고 있을 뿐만 아니라 또한 유사한 방식으로 작동한다. 77

뇌와 인터넷이 명백히 매우 다른 메커니즘들을 이용하여 작동하는 반면, 양쪽 모두 안정성을 낳는 단순한 국부적 규칙들을 사용한다. 나는 초기에 생물학적 신경망들이 기술적으로 처리된 정반대의 신경망들engineered counterparts처럼 같은 알고리즘을 활용한다는 것에 놀랐다. 그러나, 우리가 배운 바와 같이, 효율성, 강건함, 단순성에 대한 요구조건들은 살아있는 유기체와 우리가 구축해온 네트워크들 양쪽 모두에게 공통적인 것이다.[78]

일단 이 단계에 도달하면, 도시와 뇌를 비교하는 것을 확장할 수 있다. 도시가 뇌와 많이 닮은 자기 규제적 지능의 형태를 보여준다는 것은 단순하지 않다. 오히려, 도시 내의 다양한 감지기들과 장치들이 '인공사물인터넷'을 형성하기 위해 연결되면, 그것들은, 뇌와 더 많은 유사성을 공유하는, 전체 시스템이라는 2차 논리에 갇히게 될 것이다.[79]

우리가 도시와 뇌를 문자 그대로 비교할 수 있든 없든, 도시는 뇌의 어떤 특징들을 공유하고 있다는 것은 명확하다. 둘 다 지능의 형태를 보인다. 게다가 '지능'에 대한 보편적인 정의가 없다는 점을 지적하는 것은 중요하다. 도시의 지능은 뇌의 지능과 어울리지 않을 수도 있다. 그럼에도 불구하고, 점균류의 떼 지능이 지능의 한 형태인 것처럼, 그것은 지능의 한 형태이다.[80]

그림 7.7 ecoLogicStudio with Innsbruk University and UCL, Bartlett, *Deep Green*. 이 프로젝트는 과테말라시의 시 폐기물 수거 네트워크들에 대한, 생성적 적대 신경망_점균류 알고리즘GAN_Physarum algorithm을 이용한 재해석이다. 알고리즘의 훈련은 점균류 황색망사점균의 행태를 토대로 하였다.

그렇다면 인공지능이 지원하는 도시의 지능을 우리는 어떻게 이해하여야 하는가? 왕지앙Wang Jiang이 언급한 바에 의하면, '도시의 진화와 더불어, 도시는 자신의 지능을 가지고 있다. 그것은 인공적인 지능이 아니다. 그래서 당신은 인간의 지능을 도시에 넣을 수 없다. 도시는 자신의 지능을 가시려 한다 ... 도시는 자신의 생각을 시작하려 한다.' 81

그러나 도시는 —비록 어쩌면 실제로 '생각'하는 능력이 아니라 할지라도— 떼지능의 논리를 통해 이미 지능의 형태를 갖추고 있다고 주장할 수도 있다. 그처럼, 인공지능은 도시 그 자체에 의해 구성된 하나의 지능적인 시스템에 대한 보조적 지능의 한 형태로 작동하는 것으로 보일 수 있다. 인공지능의 역할은 따라서 도시의 성능을 규제하고 개선하기 위한 보완적 역할로 여겨질 수 있다. 맥박 조정기가 심장의 성능을 규제하고 개선하는 데 도움이 되는 것처럼 말이다. 이러한 관점에서, 어쩌면 우리는 도시의 활동들operations을 강화하는 인공지능 기반 기술의 역할을 인간지능을 강화하는 인공지능의 역할에 비유할 수 있을 것이다. 이러한 측면에서 보자면, 인공지능의 도시는 그 성능이 인공지능에 의해 강화된 도시로 이해할 수 있다.

뇌의 도시 —미래의 도시— 는 증강지능의 도시다.

8

인공지능의 미래The future of AI

인공지능의 미래에 대한 몇 가지 예측들 없이는 인공지능에 대한 설명을 마무리할 수 없을 것이다. 인공지능은, 어쨌든, 예측이 전부다. 인공지능은 패턴을 인지하고 미래를 예측한다. 그리고 그 성공은 예측의 정확성에 달렸다.

마찬가지로, 인공지능의 역사는 인공지능의 미래에 대한 예측의 역사로서 읽힐 수 있다. 튜링Alan Turing에서부터 인공지능의 잠재력에 대한 다양한 예측들이 있었다. 물론, 때로는 이 예측들이 절망적으로 비현실적이라는 것을 증명하기도 하였지만 말이다.1 인공지능의 잠재력에 대한 과장된 낙관주의가 부분적으로 여러 인공지능 겨울들에 대한 책임이 있다고 주장할 수도 있다. 그럼에도 불구하고 인공지능의 잠재력에 대한 많은 예측은 놀랍게도 정확하다는 것을 증명하여왔다.

우리 인류도 마찬가지로 예측에 능숙하다. 우리의 뇌는 논리적 논증, 기억, 그리고 연산과 같은 몇 가지 일들에 대해서는 매우 취약할 수도 있을 것이다. 그러나 뇌는 패턴인식pattern recognition과 그 패턴들을 토대로 예측하는 영역에서는 매우 강력하다. 우리의 뇌는 본질적으로 예측적predictive이다. 예를 들자면, 공을 잡는 단순한 행동에서 우리의 뇌는 공이 날아오는 것을 자신의 연산과 예측을 지속적으로 업데이트한다.2 우리는 허리케인, 쓰나미, 전염병과 같은 대형 자연재해와 작은 위험들을 피해가기 위해 예측한다고 주장해 왔다. —그리고 이것이 우리가 뇌를 첫 번째 위치에 두고 있는 주요한 이유 중의 하나이다.3 그러나 우리는 또한 도박과 주식시장에 투자함으로써 이익을 얻기 위해 예측한다. 게다가, 우리가 보아왔던 것처럼, 현재 신경과학자들은 인지 그 자체가 예측적이라고 주장하고 있다.4 앤디 클라크Andy Clark[1]가 언급한 바와 같이, '뇌는 본질적으로 예측 기계다.'5

그렇다면, 인류가 인공지능의 미래에 대해 해온 예측들은 무엇인가? 인공지능에 대한 다양한 예측은 기존의 빈약한 신호들과 드러나는 경향들을 토대로 이루어진 단순한 추정들로 묘사할 수 있을 것이다. 예를 들어, *In Machines that Think: The Future of*

그림 8.1 Behnaz Farahi, Living Breathing Wall (2013). 이 벽의 움직임은 키넥트Kinect[2] 장비에 의해 탐지되는 인간의 음성에 의해 활성화된다. 그런 다음 신호는 일련의 스테퍼 모터들Stepper motors[3]을 활성화시키기 위해 아두이노Arduin[4]제어 패널을 통과한다.

*Artificial Intelligence생각하는 기계: 인공지능의 미래*에서 토비 월시Toby Walsh는 2050년에 대한 일련의 예측들을 제시하고 있다. 그 예측 중 상당수가 꽤 솔직해 보인다. 월시는 사이버 범죄가 주요 문제가 될 것이라고 예측하고 있다. 우리의 건강은 휴대폰에 의해 모니터 될 것이다. 그리고 그 소식은 인공지능에 의해 생성될 것이다. 그는 또한 우리가 건물과 대화하게 될 것으로 예측한다. 우리는 이미 알렉사Alexa와 여타의 장치들을 통해 건물과 대화 하고 있다는 점에서. 상당 부분 예측이라고 보기 어렵다. 요약하자면, 어쩌면 월시의 예측 중 일부에 대한 가장 놀라운 측면은 그 예측들이 얼마만큼 놀랄만한 것이 못 되느냐다.

그러나 그의 다른 예측 중의 일부는 덜 분명하다. 예를 들어, 월시는 우리는 사후 개인 인공지능 챗봇chatbot을 통해 '계속 살아갈' 수 있을 것으로 예측한다. '챗봇은 마치 당신인 것처럼 말한다. 챗봇은 당신의 과거 이야기를 알고 있다. 챗봇은 당신의 사후 가족들에게 위안이 될 것이다.' 6 그러나 월시의 가장 흥미로운 예측은 자동차 운전driving에 대한 미래와 관련이 있다. 그는 자동차 운전은, 자율주행 차량들의 도입의 결과로, 결국 금지될 것으로 예측한다. 7 자율 주행 차들이 더 유용해짐에 따라, 우리는 점점 더 적게 운전하게 될 것이라고 월시는 주장한다. 결과적으로, 우리의 운전 기술은 쇠퇴할 것이고 따라서 보험료는 상승할 것이다. 서서히, 우리는 운전하지 않는 데까지 퇴보하게 될 것이다. 젊은이들은 운전을 배우는 것에 대해 신경 쓰지 않을 수조차 있을 때까지 말이다. 마침내 운전 그 자체가 금지될 것이다.

물론 변화는 종종 점진적으로 이루어진다. 자율주행 차량의 발전이 시간에 걸쳐 서서히 일어나는 것처럼 말이다. 예를 들어, 테슬라Tesla 자동차의 경우에, 변화는 정규적인 소프트웨어 업데이트라는 형태를 취하고 있다.[8] 월시의 예측 중 어쩌면 가장 흥미로운 부분은 우리의 태도 변화에 대한 그의 논평이다. '우리에게 더 이상의 운전은 허락되지 않을 것이다. 그리고 우리는 그것을 알아차리지도 혹은 신경조차도 쓰지 않을 것이다.'[9] 인류는 기술에 적응하는 데 능숙하다. 그러나 종종 간과하는 것은 이러한 적응에서 기인하는 사회적 태도의 변화다. 기억상실증이 만연한 문화에서, 안드레아스 후이센Andreas Huyssen[5]이 우리의 현 시대를 묘사했던 바와 같이, 우리가 얼마나 빨리 과거의 삶을 망각하는가에 대해서는 주목할 만하다.[10] 인터넷과 휴대폰 이전의 시절의 삶이 정말 어떠하였는지를 기억까지 하는 사람이 우리 중 몇이나 될까?

그러나 만일 더 나아가 월시의 생각 중 몇 가지에 대해 의미를 부여한다면? 예를 들어, 월시는 2050년까지 방과 대화할 것으로 예측한다. 이것은 그 속에 우리 중 많은 이들이 이미 알렉사를 통해 우리의 방과 대화하기 때문에 상당 부분 예측이라고 보기는 어렵다. 한편 베흐나즈 파라히Behnaz Farahi[6]와 같은 연구자들은 인간의 말에 반응하는 벽체를 개발하였다.[11] 반면 헤일리Mike Haley와 커즈와일Raymond Kurzweil 둘 다 우리가 우리의 컴퓨터와 대화할 것으로 이미 예측하였다. 그러나 만일 우리가 증가하는 음성 명령의 사용 결과를 통해 생각하면? 점점 더 쓰기보다 말하기에 특권을 부여하기 시작하지 않을까? 일단 말하기를 기반으로 하는 정보 시스템들이 충분히 진보하게 된다면 말이다. 펜, 연필, 그리고 키보드조차도 유행이 지나지 않을까?

우리는 또한 음성인식시스템speech recognition systems의 대중성이 증가함에 따라 언어 그 자체가 변할 것으로 추측할지도 모른다. 쓰기가 메시지 보내기texting의 도입으로 변화된 것처럼 말이다. 말하기는 어쨌든 글쓰기와 매우 다르다. 말했던 대화 내용을 글로 옮겨 써본 사람은 이 부분을 분명히 말할 것이다. 말을 할 때, 얼마나 자주 사람들은 하나의 문장을 완성하는 데 실패하는지에 대해 주목할 만하다. 문장의 중간이 다른 주제로 빗나가면서, 컴퓨터연산에서의 L-시스템Lindenmayer system[7]처럼, 그럼에도 불구하고 여전히 어떻게든지 가까스로 의미를 만들어내면서 말이다. 게다가, 계산된 멈춤들, 억양, 소리의 증가, 연설의 미사여구들, 혹은 어떤 점을 강조하기 위한 반복과 같은 수사적 전략들rhetorical strategies—구어spoken language에서 반향을 일으키는 전략들—은 글쓰기에서는 잃어버린다. 윌리엄 해즐릿William Hazlitt[8]이 언급한 바와 같이, '이제까지 내가 들었던 가장 세련된dashing 웅변가는 이제까지 읽었던 가장 밋밋한flattest 작가이다.' 12

그러나 만일 우리가 이러한 통찰을 자율주행 차들에 대한 월시의 예측과 결합한다면? 읽고 쓰는 능력에 어떤 영향을 미치게 될까? 읽고 쓰는 능력의 수준이 증가하고 있는 말하기를 기반으로 하는 정보 시스템들의 사용과 함께 서서히 줄어들게 될까? 운전 기술들이 자율주행 차의 등장과 더불어 줄어들 수도 있는 것처럼 말이다. 우리는 점차 단어를 철자하는 능력까지 상실하게 될까? 키보드의 등장으로 깔끔한 손 글씨가 쇠퇴하는 것처럼 말이다. 참으로 14세기에 영어를 사용하는 성인 중 팔십 퍼센트는 자신의 이름조차도 철자를 적지 못했다. 그리고 인쇄의 개발 이전, 유럽 성인 중 단지 삼십 퍼센트만이 읽고 쓸 줄 알았다.13 그리고 만일 우리가 서서히 글 쓰는 능력을 상실하게 된다면, 우리는 알아차리거나 혹은 신경조차 쓰기나 할까?

그림 8.2 Behnaz Farahi, Can the Subaltern Speak?하위계층은 말할 수 있는가? (2020). 이러한 공공연하게 정치적인 가면들이 서로 의사소통하기 위해 자신들의 언어를 발달시키기 시작한다. 마스크의 여러 눈썹을 모스부호Morse code에서 생성한 마르코프 연쇄Markov chain[9]를 이용하여 빠르게 연속적으로 깜빡거리기를 하면서 말이다. 이 작품은, —당혹스럽게도— 그들 자신의 언어를 생성해 왔던 것으로 생각되었던, 페이스북 인공지능 봇들AI bots의 이야기를 상기시킨다. 그리고 이 작품은 가부장제의 권위를 불안정하게 하기 위해 어떻게 여성이 자신의 언어를 발전시킬 수 있는지를 설명하려는 의도를 지니고 있다.

만일 이에 대한 의미를 더 부여한다면 어떨까? 만일 헤일리Mike Haley가 옳다면? 그리고 그리기 대신 음성 명령과 손짓을 사용하여 디자인하기 시작한다면? 그리기는 유행에 뒤지게 될까? 그리고 만일, 그 결과로서, 우리의 그리는 능력을 서서히 잃는다면 어떻게 될까? 그리고 만일 그렇다면, 우리는 알아차리거나 혹은 신경조차 쓰기나 할까?

커즈와일의 예측들Kurzweil's predictions

만일 자주 겉으로 보기에 터무니없는 예측들로 위험을 감수함으로써 유명해졌던 누군가가 있다면, 그는 바로 커즈와일Raymond Kurzweil이다. 그럼에도 불구하고 대체로 기술, 특별히 인공지능에 대한 그의 예측들은 매우 정확했다는 것을 증명하였다. 실제로 커즈와일 자신이 자신의 예측 중 팔십 퍼센트 정도가 정확했다고 주장하고 있다.[14]

비록 그가 많은 문화적 사건에 대한 예측은 불가능하다는 것을 인정한다고 하더라도, 커즈와일은 '정보기술의 기본적인 수단들은 예측 가능하며 급격하게 증가하는 궤적을 따른다고 믿고 있다.' 당신은 '미래를 예측'할 수 없다.[15]는 전통적 지혜가 거짓임을 나타내면서 말이다. 무어의 법칙Moore's law[10]은 1965년, 당시에는 페어차일드 반도체Fairchild Semiconductor의 CEO였으며 이후에 인텔Intel의 공동 설립자인 고든 무어Gordon Moore의 한 논평으로부터 나왔다. 그는 집적회로기판integrated circuit board상의 트랜지스터들의 수가 매년 두 배가 될 것이고, 반면 유닛의 가격은 이에 상응하여 하락할 것이라고 논평하였다.[17] 무어는 그 이후에 이 전망을 그 수가 2년마다 두 배가 될 것이라고 정정하였다.[18] 그런 다음 그는 이러한 관찰을 기하급수적 성장exponential growth에 관한 이론으로 발전시켰다. 그 이론은 커즈와일 자신이 반도체 회로뿐만 아니라 다른 형태의 기술에도 적용하였다.[19] 예를 들어, 단순한 노트북은 이러한 원리들을 폭넓게 확인시켜 주었다.

그러나 기하급수적 성장은 영원히 지속될 수 없다. 머레이 샤나한Murray Shanahan[11]이 지적한 바와 같이, 물리학의 법칙은 모든 기술적 경향은 결국 정체기를 맞을 수밖에 없다는 사실을 가리킨다.[20] 로드니 브룩스Rodney Brooks는 그러한 관념whole idea은 '너무 많이 팔렸다'고 주장한다.[21] 한편으로, 커즈와일 자신은 무어의 법칙이 2020년을 넘어서면 유효하지 않을 것이라고 믿게 되었다. 따라서 그는 스스로 '수익 가속의 법칙Law of Accelerating Returns[12]' 을 개발하였다.

> 기술의 역사에 대한 분석은 기술의 변화는 기하급수적이라는 것을 보여준다. 상식적으로 '직관적으로 인식되는 선형적intuitive linear' 전망과는 대조적으로 말이다. 그래서 우리는 21세기에는 100년의 진보를 경험하지 않을 것이다. – 그것은 (오늘날의 비율로) 2만 년의 진보와 더 유사할 것이다. 칩 속도와 비용 효과와 같은 '수익returns' 은 마찬가지로 기하급수적으로 증가할 것이다. 기하급수적 성장 비율 내에서조차 기하급수적 성장이 있다.22

1990년, 커즈와일은 *The Age of Intelligent Machines*지적 기계의 시대를 출판하였다. 이 책의 저술에 수많은 다른 중요한 미래학자와 컴퓨터 과학자들이 이바지하였다. 여기서 커즈와일은, 인간의 지능과 비견할 만한 지적 수준을 달성하는, 컴퓨터의 가능성에 대해 예상하였다.23 그는 위에서 언급한 바와 같이, 컴퓨터는 체스 세계 챔피언을 2000년까지 이길 것이다.24 '21세기 전반기까지 운전자가 없는 자동차가 등장할 것이다.' 25 비행기는 조종사가 사라지게 될 것이다.26 레이저 무기가 개발될 것이다.27 등의 일련의 다른 예측들을 계속해 나가고 있다. 중요한 것은, 커즈와일은 또한 컴퓨터가 인류와 경쟁하기 시작할 때, 역설적으로 컴퓨터가 인간적이 되는 경향을 드러내기 시작할 것이라고 예측하고 있다.28

이 책에서 커즈와일이 한 어쩌면 가장 놀랄만한 예측은 와이파이로 접속되는 노트북을 사용하는 것과 학생들이 '자신들의 책가방에서' 세상의 모든 도서관에 접근할 수 있고, 와이파이를 통해 '사랑 쪽지' 를 보낼 수 있는 가능성과 관계가 있을 것이다.

> 무선 네트워크들은 코스웨어courseware를 쉽게 공유할 수 있도록 해주며, 학생들이 보고서, 시험, 코스웨어 응답들, 그리고 다른 창작물들, 전자메일, 다른 의사소통들(예를 들어, 사랑 쪽지)을 제출할 수 있도록 해준다. 정보 인터넷에 접속함으로써, 학생들은 즉시 자신들의 책가방에서 곧바로 세계의 모든 도서관에 접근할 수 있을 것이다.29

이 예측이 1990년에 이루어졌다는 것을 잊지 말자.

*The Age of Spiritual Machines: When Computers Exceed Human Intelligence정신적 기계의 시대: 컴퓨터가 인간 지능을 추월할 때*가 1999년 출판되었을 때, 커즈와일은 2009년을 위한 더 많은 일련의 예측들을 제시하였다.30 특히 컴퓨터에 대한 그의 예측들은 놀라우리만치 정확하다는 것을 증명하여왔다. '휴대용 컴퓨터는 10년 선의 노트북보다 획기적으로 가볍고 얇아질 것이다.' 31 여기서 누군가는 2008년에 출시된 맥북 에어MacBok Air를 떠올린다. 그것은 그의 예측이 있었던 그 당시에 유용했던 부피가 큰 초기 노트북들보다 훨씬 가볍다. 실제로 그는 우리가 컴퓨터를 '착용wear' 할 수 있기까지 할 것이라고 예측하고 있다.32 물론 우리는 이제 아이팟iPods, 핏빗FitBit 손목시계, 휴대폰, 블루투스Bluetooth 헤드셋들이 너무나 익숙하게 되었다. 그러한 일상생활의 아이템들이 존재하지 않았던 때를 회상하는 것은 어렵다. 그리고 그것들은 키보드가 없으며,33 케이블은 사라지고, 그리고 와이파이가 사용될 것으로34 예측하였다. 휴대폰 상의 터치스크린과 보편적인 와이파이의 시대에, 이러한 설비들이 가용하지 않았던 때가 있었다는 사실을 기억하기조차 어렵다. 커즈와일은 또한 우리의 장비들을 위한 안면 인식의 도입35과 증강현실 구글AR(Augmented reality) google의 사용36을 정확하게 예측하였다. 또다시 커즈와일의 예측 중 눈에 띄는 것은 그 예측들이 현실이 되라는 것을 어느 정도 정확하게 증명해 왔느냐 하는 부분이다.

일부의 경우에, 그러나 커즈와일의 예측 중 몇몇은 실현되지 않았다.37 그것은 마치 커즈와일이 이러한 개발들이 상업적인 실행이 가능하기까지 얼마나 걸리게 될지에 대해서 과소평가하는 것과 같다. 비록 그 개발들이 연구실에서 기술적으로 가능할지라도 말이다.38 예를 들어, 1990년에 커즈와일은 1999년까지 '소비자들은 자신의 집에 앉아 컴퓨터를 하며 그들 자신의 정확한 치수와 스타일 요구사항들에 맞춘 자신의 옷을 디자인할 수 있으리라고 주장하였다. 컴퓨터 지원 디자인 소프트웨어를 친숙하게 사용하면서 말이다.' 39 마찬가지로, 커즈와일은 2009년까지 번역 휴대폰이 이용자들이 다른 언어들로 서로에게 말하는 것을 가능하게 하리라고 예측하였다. 그리고 대부분 텍스트는 음성인식을 통해 창작되리라고 예측하였다.40 비록 지금은 이것을 할 수 있는 새로운 응용프로그램들이 존재하지만 2009년에는 가용하지 않았다.

다시, 다른 경우들에서 커즈와일은 단지 부분적으로만 정확하다. 예를 들어, 그는 2009년까지 대부분의 장거리 여행은 '인공두뇌 운전기사들cybernetic chauffeurs' 에 의해 이루어질 것으로 예측하였다. 비록 전통적인 운송이 지역여행에 사용될지라도 말이다.[41] 그는 조심스럽게 인공두뇌 운전기사들과 완전 자율 주행 차량을 구분하고 있다. 한편으로 우리는 이미 속도 유지 장치cruise control와 우리가 차선을 벗어나면 작동하는 자동 경보장치를 보유하고 있지만, 2009년까지 그런 '인공두뇌 운전기사들'을 보유하지는 않았다.

'특이점' The 'Singularity'

커즈와일의 가장 유명한 예측은, 그러나, 그가 '특이점'이라고 부르는 것과 관련이 있다. 2005년에 그는 2029년까지 인간의 지능 수준에 필적할 인공지능의 수준에 도달하리라고 예측하였다.[42] 커즈와일에 따르면, 이 이후에 머지않아 우리는 특이점에 도달할 것이다. 특이점의 날짜에 대한 그의 가장 최근의 예측은 2045년이다.[43]

'특이점'이라는 용어는 물리학에서 왔다. 그리고 수학이 효력을 잃기 시작하고 우리의 이해력도 마찬가지로 쇠퇴하기 시작하는, 빅뱅과 같은 순간을 나타낸다.[44] 존 폰 노이만John von Neumann[13]은 뒤이어 그 용어를 기술적 발전의 속도를 가속화하는 것과 연관시켰다. 그것을 스타니스와프 울람Stanislaw Ulam[14]은 순간으로 바꾸어 말하고 있다. '기술이 영원히 가속하는 과정은 … 인류의 역사에서 우리가 알고 있는 것과 같은, 인간이 하는 일들이 이어질 수 없는 어떤 특이점에 도달하는 모습을 보여 준다.'[45] 버너 빈지Vernor Vinge[15]는 이후에, '기술적 특이점technological singularity'이라는 용어를 사용하며, 이러한 정의를 더 확장하였다.

> 이 사건의 결말은 무엇일까? 인간의 지능보다 더 위대한 것이 진화를 이끌 때, 그 진화는 더 신속할 것이다. 사실, 진화 그 자체가 여전히 더 지능적인 존재를 창조하는 데 관여하지 않을 이유는 없는 것 같다. -여전히 더 짧은 시간에 말이다. 내가 아는 가장 좋은 비유는 진화하는 과거를 본다면, 동물들은 문제에 적응하고 발명할 수 있다. 그러나 종종 자연선택이 그 일을 할 수 있는 것보다 빠르지 않았다-세계는 세계가 지닌 모의실험장치simulator처럼 작동한다. 우리 인간은 세계를 내재화하고 우리의 머리에서 '만일 그렇다면'과 같은 생각할 수 있는 능력을 갖추고 있다. 즉 우리는 많은 문제를 자연선택보다 수천 배 빠르게 해결할 수 있다. 이제 훨씬 빠른 속도로 그러한 시뮬레이션들을 실행하기 위한 수단들을 창조함으로써, 우리 인간들이 더 열등한 동물들과 다르게 존재하는 것만큼이나 우리

> 인간의 과거와는 획기적으로 다른 체제로 진입하고 있는 중이다. 인간의 관점에서, 이러한 변화는 이전의 모든 규칙을 내던져 버리는 것, 아마도 눈 깜빡할 사이에, 통제할 수 있으리라는 희망을 넘어서는 기하급수적인 활주로exponential runway가 될 것이다.46

커즈와일은 이러한 초기의 설명들을 발판으로 삼아 특이점을 지능의 폭발, 인류의 미래에 엄청난 결과를 초래하며, '인간 역사의 조직fabric에 파열' 에 이를 정도로 빠른 기술적 변화의 순간으로 묘사한다.

> 수십 년 이내에, 기계 지능은 인간의 지능을 추월할 것이다. 특이점으로 유도하면서 말이다. — 기술적 변화는 그것이 인간 역사의 조직에 파열을 의미할 만큼 빠르고 깊다. 그 결과는 생물학적 지능과 비 생물학적 지능의 통합, 불멸의 소프트웨어 기반 인간들, 그리고 빛의 속도로 우주에서 외부로 확장되는 초고도 지능을 포함한다.47

철학적 관점에서, 데이비드 차머스David Chalmers는 특이점이 실제로 가능하다는 커즈와일과 의견이 일치한다.48 몇몇은 이러한 발전의 영향에 대해 상반된 감정을 품고 있는 —혹은 부정적인— 반면, 커즈와일 자신은 절대적으로 확신하고 있다. 기계들은 이미 우리의 삶을 향상해 왔다. 커즈와일은 기계들이 우리의 삶들을 더 향상하리라고 믿고 있다. '즉 실제로 일어나는 '것' 은 [기계들]이 우리 모두에게 힘을 주고 있다는 사실이다. 기계들은 우리를 더 현명하게 만든다. 그것들은 아직 우리의 신체 내에는 존재하지 않는다. 그러나 2030년대까지, 우리는, 우리가 사고하는 뇌의 일부인, 신피질neocortex을 클라우드와 연결할 것이다.' 49 커즈와일은 기계들이 우리를 더 지능적으로 할 뿐 아니라 인간성humanity에 다른 이점들을 제공해 줄 것이라고 확신하고 있다. '우리는 더 유쾌하게 될 것이다. 우리는 음악에서 더 나아질 것이다. 우리는 더 섹시해질 것이다.' 50

인공일반지능과 그 너머AGI and beyond

특이점 이후의, 다음 단계는 기계가 강력한 인공지능 혹은 인공일반지능Artificial

General Intelligence(AGI)에 도달하는 것일 것이다. 인공일반지능을 달성하는 것, 그것은 튜링 테스트를 통과하는 컴퓨터에 관한 단순한 질문이 아니다.51 튜링 테스트를 통과하기 위해서, 결국, 컴퓨터는 오로지 자동응답을 하도록 훈련된 챗봇chat bot그 이상일 것으로 보일 필요가 있을 뿐이다. 오히려 인공일반지능을 성취하기 위해 컴퓨터는 순수하게 단독으로 생각할 수 있어야 한다. 이것은 그렇게 수월하지 않다.52 그러기 위해서는, 컴퓨터는 지각이 존재하여야 하고 의식을 소유해야 할 필요가 있다.53 어쩌면 인공일반지능이 가진 가장 큰 문제는, 지금까지 우리는 여전히 인간의 의식을 완전하게 이해하지 못하고 있다는 사실이다. 우리가 의식을 이해할 때까지는, 언제쯤 인공일반지능이 성취될 수 있을 것인지에 대해 추측하는 것은 사실상 어렵다.

명백히 우리는 여전히 인공일반지능에 도달하기까지 먼 길이 남았다. 그럼에도 불구하고, 인공지능 분야에 종사하는 대부분은 인공일반지능을 성취할 수 있다고 믿고 있다. 의식에 관한 선도적인 철학자 중의 한 명인, 데이빗 차머스는 그것은 성취될 수 있다고 절대적으로 확신한다.54 그는 또한 오픈AIOpenAI에 의한 GPT-3Generative Pre-trained Transformer-3의 개발이 인공일반지능의 가능성을 훨씬 근접하게 하였다고 믿고 있다.55 실제로 딥마인드DeepMind와 같은 다른 선도적인 인공지능 회사들처럼, 오픈 AI는 인공일반지능을 개발하는데 헌신하고 있다. 확실히, 커즈와일은, −결국−우리가 인공일반지능을 성취할 것을 의심하지 않는다. 인공일반지능의 출현에 관한 그의 최근 예측은 2045년이다.

단 인공일반지능이 성취되면, 초지능superintelligence 혹은 인공 초지능artificial superintelligence(ASI)에 이르는 것은 상대적으로 짧은 단계이다. 기계들이 스스로 생각하는 것이 가능하게 되자마자, 기계들은 마찬가지로 자신들을 향상할 수 있을 것이다. 그리고 기계들의 완전한 잠재력은 속박에서 풀려날 것이다. 초지능은 많은 형태로 나타날 수 있다.56 닉 보스트롬Nick Bostrom[16]은 초지능을 '가상적으로 모든 흥미로운 영역에서 인간의 지각능력cognitive performance을 크게 능가하는 어떤 지성'57으로 정의한다. 인공 초지능의 가능성은 끝이 없어 보인다.

> 정의에 의하면, 인공 초지능은 어떤 상상할 수 있는 업무에서 우리보다 더 잘 업무를 수행할 수 있다. 지적 기술들을 포함해서 말이다. 인공 초지능은 과학적 연구에 관여하고 자체적으로 새로운 능력을 가르칠 수도 있을 것이다. 자신의 코드

> 를 개선하고, 자신의 복제물을 무한대로 창조할 수 있을 것이며, 초지능의 컴퓨터 연산 자원들을 더 나은 배치방식으로 선택할 수 있을 것이며, 그리고 지구 혹은 다른 식민 행성의 환경을 변형시킬 수조차 있을 것이다.58

초지능superintelligence에 근접한 개념은 1965년에 굿Irving John Good이 만든 용어인 '울트라지능ultraintelligence' 이라는 개념이다.

> 기계는 인간이 아무리 영리하더라도 인간의 모든 지적 활동들을 크게 능가할 수 있다. 기계의 고안은 이러한 지적 활동 중의 하나이기 때문에, 초 지능적 기계는 더 나은 기계들마저 고안할 수 있을 것이다. 그땐 의심의 여지도 없이 '지능 대폭발intelligence explosion[17]' 이 있을 것이다. 그리고 인간의 지능은 훨씬 뒤 처진 채로 남겨질 것이다. 더욱이 최초의 울트라지능ultraintelligent 기계는 인간의 욕구가 지금껏 만들어 온 최종 발명품이다.59

물론, 우리가 초지능 혹은 울트라지능superintelligent or ultraintelligent 기계의 지능을 인지조차 가능할 것인지가 문제로 남는다. 거기에는 초지능 기계가 보여줄 지능은 우리의 이해력을 훨씬 뛰어넘을 것이다. 일론 머스크가 논평한 바와 같이, '내가 아는 인공지능 연구자들이 만들고 있는 가장 큰 오류는 자신들이 지능적이라고 가정하는 것입니다. 네 그렇습니다, 그들은 인공지능과 비교해서 지능적이지 않습니다. 그리고 그렇듯이, 연구자 중 다수는 자신들보다 더 영리한 뭔가를 상상하지 못합니다. 그러나 인공지능은 굉장히 더 똑똑할 겁니다. —굉장히요.' 60

그러나 가장 큰 쟁점은 울트라지능 혹은 초지능적 기계가 영장류가 이제껏 만들 필요가 있는 사실상 최종 발명일 것이냐 하는 것이다. 거기에는 우리가 일단 그 지점에 도달하기만 하면, 초지능적 기계들은 더 지능적인 기계들까지 고안할 수 있다는 의미를 담고 있다. 그리고 인류는 결코 경쟁할 수 없을 것이다. 게임은 끝났다.

예측 오류들Prediction errors

닐스 보어Niels Bohr[18]가 말하길, '예측은 매우 어렵다. 특히 미래에 관해서는' 61 그 예측이 맞으면, 모두가 당신에게 그런 일이 일어나리라는 것은 분명했다고 말할 것이다. 맞지 않으면, 그땐 모두가 당신에게 똑같이 그런 일은 결코 일어나지 않으리라는 것은 분명했다고 말할 것이다. 예측들은 마찬가지로 오류들을 가지고 퍼뜨려지는 경향이 있다.62 이것이 역전파와 같은 기술들이 인공지능에서 오류를 수정하기 위해 그리고 예측들의 정확성을 향상하기 위해 사용되는 이유이다. 그러나 인공지능 그 자체의 미래에 대한 예측들은 특히 불확실한 것 같다.

날짜를 지정하는 것,dates 그 자체는 매우 어렵다. '인간 수준의 지능'에 대한 예측들을 보자. 튜링은 이 단계에 2000년까지 도달할 것으로 예측하였다. 반면 커즈와일은 그 단계에 2029년까지 도달할 것이라고 예측하고 있다.63 마틴 포드Martin Ford[19]는 2019년으로 된 중간날짜로 조사하였다.64 그러나 사실 시간대들에 대한 많은 다른 조사들이 있었지만, 그 조사 중 어떤 것도 일치하지 않는다.65

혹은 특이점에 대한 예측들을 보자면, 커즈와일은 특이점이 2045년까지 일어날 것이라고 예측하고 있다. 그러나 런던의 바비칸 센터Barbican에서 개최된 최근의 전시회 AI: More than Human展을 위한 카탈로그에, 인공지능 전문가 칸타 디할Kanta Dihal, 앤드류 헤셀Andrew Hessel, 에이미 로빈슨 스털링Amy Robinson Sterling, 그리고 프란체스카 로시Francesca Rossi가 특이점의 날짜를 예측하기 위해 초청되었다. 그리고 중요한 것은, 그들 중 누구도 그 날짜에 동의할 수 없었다.66

혹은 인공일반지능에 대한 예측들을 보자면, 비록 커즈와일은 인공일반지능이 2045년까지 성취될 것으로 기대하고 있지만, 로드니 브룩스Rodney Brooks는 가야 할 길이 여전히 멀다고 생각하며 2200년까지 우리가 인공일반지능을 보리라고 기대하지 않는다. '바로 지금 세상에 있는 어떤 인공지능프로그램은 지금이라는 바다에서 살아가고 있는 천재 백치다.' 67

그러나 진짜 문제는 이러한 용어들의 실제적인 정의에 대한 합의조차 적다는 사실이다. 로시Francesca Rossi는 특이점을 인공일반지능과 하나로 합친다.68 마찬가지로 포드Martin Ford는 '인간 수준의 인공지능human level AI'를 인공일반지능과 융합한다.69 반면 러셀Stuart Rusell은 인공일반지능에 대한 탐구는 사실상 바로 인공지능 그 자체에 대한 탐구라고 생각한다. '인공일반지능은 실제로 우리가 항상 인공지능이라고 부르는 것이다. 우리는 단지 아직 끝나지 않았다. 그리고 아직 인공일반지능을 창조하지 않았다.' 70

반면에 캐빈 캘리Kevin Kelly[20]는 인공일반지능에 대한 전체 프로젝트는 발상부터 잘못된 것으로 믿고 있다.71 하사비스Demis Hassabis는 지능과 의식은 서로에게 의존조차 하지 않는다고 주장하기까지 한다. '당신은 의식 없이도 지능을 가질 수 있다. 그리고 당신은 인간 수준의 지능이 없이도 의식을 가질 수 있다.' 72 로즈 펜로즈Roger Penrose[21]는 이 같은 견해에 동의한다.73 세스Anil Seth 또한 동의하고 있다. '의식과 지능은 완전히 다른 것들이다. 당신은 고통을 받기 위해 똑똑해질 필요가 없다. 그러나 당신은 아마도 살아남아야 할 것이다.' 74 반면, 커즈와일이 언급한 바와 같이, 기계는 마치 정신을 가진 것처럼 행동할 수도 있다. 기계가 정신을 소유하고 있거나 혹은 없거나 하는 것은 상관없이 말이다.75 이러한 견해는 오픈 AI의 생성적 사전학습 변환기 3GPT-3의 개발에서부터 기인한 것이다. 그것은, 물었을 때, 지각이 있다고 꽤 주장할 수 있다. 비록 분명히 지각이 없다고 할지라도 말이다.76 이것은 생성적 사전학습 변환기3이 실제로는 '거짓말'을 하고 있다고 말하려는 것이 아니다. 사실상 그것은 어떤 것을 인식하지 못한다. 하물며 그것이 거짓말을 하거나 혹은 하지 않거나 하는 것은 아니다. 그것은 훈련받아 온 인간 활동들human operations에 대한 방대한 데이터 세트로부터 단순히 가장 적당한 대답을 선택하는 것일 뿐이다.77 그러나 드러나듯이, 마찬가지로 이것은 인간 존재들 스스로는 어쩌면 자신들이 그렇다고 생각하기 좋아하는 만큼 정직하지 않다는 것을 시사한다.

막스 테그마크Max Tegmark[22]가 말하고 있는 바와 같이, 의식은 아마도 인간 존재들이 매달릴 수 있는 전부다. 일단 컴퓨터가 인간존재의 지능을 초월하면 말이다. '우리 인간은, 주변에서 가장 똑똑한 존재인, *호모 사피엔스Homo sapiens*로 존재의 정체성을 세워왔다. 훨씬 영리한 기계들에 의해 초라해질 준비를 하며, 나는 우리 자신을 *호모 센티엔스Homo Sentiens*로 재 브랜딩 할 것을 제안한다!' 78게다가 만일 우리가 세계를, 인간과 기계 간의 결합coupling과 같은, 확장된 지능의 관점에서 본다면, 마찬가지로 의식을 지닌 기계의 필요성은 덜 필수적인 것 같다. 참으로, 머스크Elon Musk가 언급한 바와 같이, 확장된 지능에 대한 보철적prosthetic 논리에 감사한다. 인간은 이미 초인간적이다.79

요약하자면, 특이점과 인공일반지능은 정의하기 어려운 채로 남아있다. 예측하는 것은 별개로 하고서라도 말이다.80 그것들이 어떤 것일 수도 있다는 데에 대한 의견일치도 거의 없다. 하물며 언제쯤 그것들이 일어날 수도 있다는 것에 대한 의견일치는 더더욱 없다. 초지능에 대해서도 똑같이 말할 수 있을 것이다. 커즈와일의 낙관주의에도 불구하고, 초지능도 역시 요원해 보인다. 로드니 브룩스가 언급한 바와 같이, '우리는 곤충이나 다름없는 어떤 것을 가까이에 두고 있는 것이 아니다. 그래서 나는 머지않아 어느 때 등장할 초지능이 두렵지 않다.' 81 그러나 어떤 의미에서, 이러한 문제들은 순전히 학문적이거나 혹은, 브룩스Rodney Brooks가 간단히 말한 것처럼, '인공지능의 미래를 예측하기란, 현실 세계를 벗어나 거품 속에서 살아가는, 고립된 학자들을 위한 파워게임이다.' [82]

지능의 미래The future of intelligence

인공지능은 어떻게 인식이 될까? 일단 완전하게 우리의 삶 속으로 통합된다면 말이다.

2002년 빌 게이츠Bill Gates는 세 번째 밀레니엄의 첫 10년이 '디지털 10년The Digital Decade' 으로 알려질 것을 예측하였다. 디지털 10년, 그때까지 끝을 맺게 될 것이다. '디지털 분야는 광범위하게 영향을 미칠 것이다, 인간존재의 일면만이 영향을 받지 않은 채 겨우 남게 될 정도로 말이다.' [83] 그의 예측은 대체로 정확하다는 것을 증명해 왔다.[84]

유사하게, 2020년까지 건축 디자인 영역에서 '디지털' 이라는 용어의 사용을 멈출 것이라는 예측이 2010년에 있었다.[85] 이런 일은 없을 것이다. 왜냐하면, 우리는 더는 디지털 디자인 도구들을 사용하지 않을 것이기 때문이다. 그러나 정확히 반대의 이유 —거의 모든 사람이 디지털 도구들을 사용하리라는 것 때문이다. 바로 이러한 이유로, 용어 그 자체는 사라질 것이다. 디지털은 어디에나 있을 것이고 그리고 어디에도 없을 것이다.[86] 따라서 우리는 '디지털 디자인' 을 언급하기를 멈출 것이다. 마찬가지로 이러한 예측은 대체로 정확하다는 것을 증명해왔다. 많은 측면에서, '디지털 디자인' 은 단순히 '디자인' 이 되었다.

이것은 우리가 도면을 언급하는 방식에서도 반영된다. 처음에, 대부분의 도면을 손으로 그렸을 때, 그 도면들을 '도면들' 이라고 말했다. 그리고 CAD 도면들을 '디지털 도면들' 이라고 불렀다. 일단 대부분의 도면이 CAD 도면이 되자, '도면' 이라는 용어는 CAD 도면을 언급하는 것이 되었다. 반면 '수작업 도면hand drawings' 은 손으로 그린 도면들을 말하는 것이 되었다. 바꾸어 말하면, 임계점에 도달한 지금, 더 많은 도면이 손으로 그려지는 것보다 컴퓨터 연산작업에 의해 작성되는 때에, CAD 도면들은 그냥 '도면' 이 되었다.

차들과의 관계에서 비슷한 유추를 해 볼 수 있다. 아주 초창기에, 상대적으로 적은 수의 차들이 도로에 있었을 때, 차들은 '말 없는 마차들horseless carriages' 로 불렸다. 그러나 일단 '말 없는 마차들' 이 수적으로 '마차들' 보다 많아지자, 그때 상황이

바뀌었다. 그리고 '말 없는 마차들'이 '차들cars'로 알려지게 되었다. 그리고 말이 끄는 마차들은 '말이 끄는 마차들'로 알려지게 되었다. 확장하자면, 우리는 일단 자율주행 차들이 수적으로 인간이 운전하는 차들보다 많아지면, 자율주행 차들이 단순히 '차들'로 알려지게 되고 지금 우리가 '차들'로 부르는 것은 '인간이 운전하는 차들'로 알려지게 되리라는 것을 예측할 수 있다.

그리고 인공지능에 대해서는 어떠한가? 우리는 '인공지능 10년The AI Decade'에 있는가? 그리고 이 10년이 끝날 때까지 우리가 인공지능을 부르게 될 방식에 대해 어떤 예측을 할 수 있을까? 현재, 우리는 인공지능과 인간의 지능을 구분한다. 그리고 인간의 지능을 그냥 '지능'으로 말한다. 그러나 시간이 흘러, 인공지능이 점점 인간의 지능보다 만연해지고 더 강력해진다면, 우리는 또 다른 임계점에 도달할 것 같다. 우리는 그 십 년이 끝날 때까지, 인공지능은 그냥 '지능'으로 알려지고, 그리고 지금 우리가 '지능'이라고 부르는 것은 '인간지능'으로 알려지게 되리라고 예측할 수 있을까? 그리고 지금 우리가 말이 끄는 마차, 손편지, 그리고 손으로 그린 그림들을 바라보는 것처럼, 우리는 '인간지능'을 어느 정도의 감상성sentimentality으로 보기 시작하기조차 할 수도 있지 않은가?

'인공지능을 탐구하는 것은
지능 그 자체를
탐구하는 것이다.'

'지능'으로 불리는 인공지능의 아이러니는 존 매카시John McCarthy[23]가 최초로 '인공지능artificial intelligence'이라는 용어를 1956년에 창시하였을 때, 그와 다른 이들은 실제로 그것을 지능이라고 부르지 않았다. 그러나 매카시가 말한 바와 같이, '나는 그것을 뭔가로 불러야 했다. 그래서 나는 그것을 "인공지능Artificial Intelligence"이라고 불렀다.' 87 그러나 그의 목적은 —인공적이기보다 오히려— *진짜* 지능을 성취하는 것이었다. 이것은 수많은 현대 인공지능 연구자들도 여전히 마찬가지 경우다. 게다가 월시Toby Walsh가 언급한 바와 같이, '형용사 *인공적인*이란 말을 어떤 것 앞에 두는 것은 결코 좋은 인상을 주지 못한다.' 88 스티벨Jeffrey Stibel 또한 '인공적인'이라는 단어는 인공지능을 거짓된 혹은 '좀 덜' 지능적인 어떤 것과 결합 되도록 하는 원인을 제공하면서 오도하고 있다고 주장한다. 그 대신, 필요한 것은 '인공심장이 진짜 심장박동을 만들어내는데 사용되는 것과 매우 흡사한 방식으로' 진짜 지능을 창조하기 위한 인공적 뇌라고 스티벨은 지적한다.[89]

흥미롭게도, 인공지능 분야의 수많은 핵심 인물들은 뇌가 작동하는 방식에 대한 이해에 더 많은 관심을 가져왔다. 이미 보았던 것처럼, 튜링Alan Turing은 컴퓨팅의 실무적 적용보다 뇌가 작동하는 방식에 더 많은 흥미를 느꼈다고 고백하였다.[90] 마찬가지로, 인공지능계의 권위자인, 제프리 힌턴Geoffrey Hinton은 특별한 이유로 당초에 생리학을 연구하였다. '나는 뇌가 작동하는 방식을 알고 싶다.'[91] 데미스 허사비스Demis Hassabis는, 그는 신경과학분야에 박사학위를 소지하고 있고, 딥 마인드의 CEO이다. 인공지능을 말하지 않고, 그냥 '지능적 시스템들intelligent systems' 이라고 말한다. '딥 마인드에서의 우리의 야망은, 어떤 복잡한 문제를 해결하기 위해 배울 수 있는, 해법들을 구하는 데 도움이 되는 *지능적 시스템*들을 구축하는 것이다 ... 또 다른 방식으로 이야기하자면, 우리는 그것을 그 밖의 다른 모든 것들을 해결하기 위해 사용하기를 원한다.'[92]

인공지능을 탐구하는 것은 지능 그 자체를 탐구하는 것이다.

건축적 지능Architectural intelligence

인공지능의 응용프로그램들과 데이터 기반 정보 시스템들data-driven informational sys-

그림 8.3 X-kool, AI-chitect, *Eyes of the City*, Bi-City Biennale of Urbanism and Architecture, Hong Kong-노두코두, 2019. AI-chitect는 계획 스케치들을 건축도면으로 전환하도록 훈련된 신경망이다. Nvidia의 GauGAN이 스케치들을 회화와 같은 표현들representations로 전환하는 것과 유사하다.

tems은 이제, 우리가 어쩌면 그것들을 집합적으로 '건축적 지능', 즉 빠르게 지배적인 접근방식이 되어가고 있는 건축 디자인에 대한 지능적 접근방식의 한 형태에 이바지하고 있다고 할 만큼, 건축 분야에 널리 퍼지게 되었다.93

와타나베 마코토Makoto Sei Watanabe가 아마도 건축 디자이너이사, 건축에서 인공지능의 잠재력을 탐구하는 'AI Tect'의 새로운 유형을 언급하기 위해 '건축적 지능'이라는 용어를 사용한 최초의 인물일 것이다.94 허완위Wanyu He 역시 매우 비슷한 유형의 디자이너를 언급하기 위해 'AI-chitect'라는 유사한 용어를 만들어 내었다.95 물론 몰리 라이트 스틴슨Molly Wright Steenson[24] 또한 좀 더 협소한 의미에서 컴퓨터를 이용한 건축computational architecture 분야에서 네 명의 선구자들을 언급하기 위해 그 용어를 사용하고 있다는 사실을 잊지 말자.96

이러한 맥락에서, 그러나, '건축적 지능'은 인공지능의 적용으로만 한정되지 않는다. 그 용어는 건축에서, '구조 지능structural intelligence', '환경 지능environmental intelligence', '건설 지능constructional intelligence', '프로그램 지능programmatic intelligence' 등등의 모든 지능 형태들을 포용하는 디자인에 대한 새로운 접근법을 언급하기 위해 사용될 수 있다. 그것은 이미 정의된 새로운 접근방식이다. '새로운 움직임이 출현하고 있다. 그것은 진보된 디지털 기술들과 건조환경 간의 경계면interface에서 작동하는 움직임이다 ... 우리는 이러한 새로운 움직임을 "건축적 지능"이라고 부르고 있다.'97

또한, 건축적 지능은 디지털적인 것the digital으로 한정되지 않는다. 우리는 자연을 통해 '생물학적 지능'의 사례들을 발견할 수 있다. 참으로 자연 그 자체는 디자인을 위한 생물학적 접근법에 영감을 주는 셀 수 없을 만큼 수많은 사례를 제공한다. 이것은 아킴 멘지스Achim Menges, 네리 옥스만Neri Oxman, 그리고 클라우디아 파스퀘로Claudia Pasquero와 같은 건축가들의 작품들에 대한 정보를 알려준다. 그들은 생체모방biomimicry, biomimetic의 원리를 이용한다. 그처럼 우리는 마찬가지로, 자연의 왕국natural kingdom을 통해 '물질 지능material intelligence'의 예시들을 발견할 수 있다. 이것은 '물질적 컴퓨터연산 작업material computation'의 한 형태로서 기술될 수 있기 조차하다. 예를 들어, 모래언덕의 형태는 바람의 힘과 모래 입자들에 가해지는 중력을 통해 '계산된computed'다. 마찬가지로, 비누 거품의 형태는 내부적 · 외부적 압력, 표면장력 등등과 같은 힘들의 조합을 통해 '계산된'다. 이것은 다음으로 안토니 가우디Antoni Gaudi와 프라이 오토Frei Otto와 같은 건축가들의 작품에 정보를 제공한다. 그들은 물질작용material behaiours과 형성원리morphogenetic principles를 이용한다.98

물론 건물들은 물질적이다. 반면 컴퓨터연산 작업computation은 비물질적이다. 그러나 이제 우리는 인공지능과 같은 지능적인 컴퓨터 작업 기법들을 사용한다. 물리적 건물의 지능적 디자인을 위한 정보를 제공하고 우리의 디자인을 훨씬 더 물리적으로 지능적인 디자인으로 만들기 위해서 말이다. 따라서 건축적 지능은 재료들을 지능적으로 사용하는 것과 건물을 짓는 데에 '지능적 재료들intelligent materials' 을 이용하는 것뿐만 아니라, 지능적인 컴퓨터 작업 기법들을 그와 같은 건물들의 물리적 형태를 디자인하기 위해 사용하는 것을 의미한다.

일단 다양한 지능의 형태들—구조 지능structural intelligence, 환경 지능environmental intelligence, 재료 지능material intelligence, 프로그램 지능programmatic intelligence 등등—이 건축 분야에서 점점 더 널리 퍼지게 되면, 미래에 우리는 '건축적 지능' 을 어떻게 이야기할 수 있을까? 일단 디자인의 모든 면이 지능적이 되면, '지능' 이라는 용어 그 자체가 삭제되리라는 것을 예측할 수 있을까? '지능' 에 대한 자료들references이 사라질까? 만약 그렇다면, 우리에게 남겨진 것은 단지 '건축' 일 것이다.

인공지능과 건축의 미래AI and the future of architecture

의심의 여지도 없이, 그러나, 건축 스튜디오에 인공지능을 도입하는 것에 대해 일부는 반대할 것이다. 컴퓨터 작업을 도입하는 것에 대한 반대가 있었던 것처럼 말이다. 우리는 일부 건축 스튜디오에서 인공지능의 사용을 금지할 수도 있다는 것을 예측할 수 있다. 한때 일부 건축학교들이 컴퓨터사용이 금지되었던 것처럼 말이다.[99] 그러나 이러한 반대는, 컴퓨터 그 자체에 대한 초기의 반대에 일어났던 것처럼, 결국 사라질 것 같다.[100] 참으로 일부는, 비록 인공지능이 더 편리하다는 것을 분명히 입증하더라도, 인공지능을 사용하지 않는 것을 선택할 수도 있다. 오늘날 일부 최신 정보에 밝은 사람들hipsters이 의도적으로 차를 운전하기보다, 라이프스타일의 선택으로서, 자전거 타기를 채택하는 것처럼 말이다.[101] 분명히 인공지능은 모두를 위한 것은 아닐 것이다.

그러나 자율 주행 차의 사례가 건축에 인공지능을 도입하는 것의 완전한 의미에 부분적으로 실마리를 제공해 줄 수도 있다. 크리스텐슨Carl Christensen은, 우리가 지적해왔던 것처럼, 건축사무소의 인공지능 도입과 자율 주행 차의 개발을 비교하고 있다.[102] 그러나 이 같은 비교는 한 가지 문제가 있다.

물론 인공지능은, 자율 주행 차가 그러한 것처럼, 삶을 더 쉽게 만들 것이다. 그러나 자율 주행 차와 더불어, 운전자는 결국 해고된다. 만일 우리가 같은 모형을 건축에 적용하면, 결국 건축가들도 마찬가지로 해고되리라는 것을 의미하는 것이 아닌가?[103] 건축에서 자율 수행 차에 해낭하는 섯을 얻으려 애쓰기보다, 우리는 울프 프릭스Wolf Prix[25]가 제안하고 있는 모형을 유지해야 하지 않을까? 건축가는 앞 좌석에 인공지능은 뒷좌석에 앉히는 모형 말이다.

혹은 이러한 개발을 방지하는 것이 이미 너무 늦은 것일까? 건축가들 역시 사라질 수도 있을까? 인간 운전자들이 사라질 것처럼 말이다. 그리고 우리는 알아차리지도 혹은 신경조차도 쓰지 않을지도 모를 일일까?

그렇다면 위에서 언급한 논평들을 토대로 미래의 건축에 미치는 인공지능의 영향에 관한 일련의 예측들과 함께 마무리하자. 이 논평들은 어떤 것들이 기술적으로 가능할 것인지에 관한 것이다. -비록 어쩌면 10년이 다 지나도록 보편적으로 시행되지 않는다 할지라도 말이다.

1 인공지능은 모든 건축학교에서 교과과정의 일부가 될 것이다.

2 건축은 지능적으로 바뀔 것이다.

3 도시들은 인공지능에 의해 통제될 것이다.[104]

4 안면 인식은 우리가 더이상 여권, 키, 신용카드 혹은 현금이 필요 없다는 것을 의미할 것이다.[105]

5 우리는 컴퓨터와 말하기와 손짓으로 의사소통할 것이다. 글쓰기와 그리기 기술들은 사라지기 시작할 것이다.[106]

6 인공지능은 모든 건축사무소에서, 디자인 프로세스를 자동화하며, 필수적이고, 보이지 않는 조력자가 될 것이다.[107]

7 인공지능에 대한 초기의 저항은 사라질 것이다. 인공지능을 피할 수 없는 것처럼 말이다.[108]

8 의뢰인들은 자신들의 건축가들에게 인공지능을 사용할 것을 강력하게 요구할 것이다.[109]

9 건축가들은 인공지능의 사용이라는 관점에서 스스로 브랜드화할 것이다.[110]

10 인공지능은, 완벽하게 자동으로, 맞춤형 디자인들을 생성할 수 있을 것이다.[111]

인공지능 시대의 건축으로 오신 것을 환영합니다!

원주 Notes

감사의 글 Acknowledgements

1 Leon Battista Alberti, On the Art of Building in Ten Books, Joseph Rykwert, Neil Leach and Robert Tavernor (trans.), Cambridge, MA: MIT Press, 1988.

서문 Preface

1 1949년 *The Times*誌에 인용된 튜링. 튜링은 여기서 '기계적 정신mechanical mind' 이라고 부르는 초기 컴퓨터를 언급하고 있다. 인공지능에 대해서 그렇게 하기보다 말이다. Dermot Turing, *Prof: Alan Turing Decoded*, Norwich: Pitkin Publishing, 2015, http://quoteinvestigator.com/2019/10/12/ai-shadow.

2 R.Cellan-Jones, 'Stephen Hawking Warns Artificial Intelligence Could End Mankind,' 에서 인용됨 *BBC News*, 2 December 2014, http://www.com/news/ technology-30290540.

3 M. McFarland, 'Elon Musk: "With Artificial Intelligence, We Are Summoning the Demon"', *Washington Post*, 24 October 2014, http://www.washingtonpost.com/news/innovations/wp/2014/10/24/elon-musk-with-artificial-intelligence-we-are-summoning-the-demon/.

4 Stuart Rusell and Peter Norvig, *Artificial Intelligence: A Modern Approach*, New York: Pearson Inc, 2010; Stop Autonomous Weapons, *Slaughterbots*, http://www.youtube.com/watch?v=9CO6M2HsolA.

도입Introduction

1 글을 쓰고 있는 그 시간에, 질문했을 때, '알렉사, 너는 인공지능이야?' , 알렉사는 대답한다, '나는 내가, 분위기에 따라 춤추는 감동적인 다양한 색채의 광자들이 밀려오는, 북극광이랑 약간 닮았다고 상상하고 싶어,'

2 http://nest.com; Anne-Sophie Garrigou, 'So what does a smart city really look like?' , *The Beam*, 23 July 2018.

3 자동으로 스스로 방향을 결정하는 로봇 바닥 청소기를 생산하는 회사인 iRobot의 CEO인 로드니 브룩스Rodney Brooks는 로봇들이 가정에서, 화장실 청소와 같은, 다른 책임들을 맡을 것이라고 예측하고 있다. Brian Bergstein, 'A Top Roboticist Says A.I. Will Not Conquer Humanity' , *Medium Future*, 4 January 2019, http://medium.com/s/2069/a-top-robboticist-says-a-i-will-not-conquer-humanity-133f2611d035.

4 http://www.parking-net.com/parking-news/pixevia/artificial-intelligence-smart-parking.

5 *블레이드 러너*에서 인공지능과 리플리컨트들을 비교하기 위해서는, Neil Leach, 'Do Robots Dream of Digital Sheep?, in Kory Bieg, Danelle Briscoe and Clay Odom (eds), *ACADIA 2019: Ubiquity and Autonomy, Proceedings of the 39th Annual Conference of the Association for Computer Aided Design in Architecture*, University of Texas at Austin, Texas, 2019, pp.298-309.를 보라

6 디자인 스튜디오에서 이미 인공지능을 사용하는 학교는 Architectural Association (AA), Bartlett School of Architecture, University College London(Bartlett), Carnegie Mellon University(CMU), Florida Atlantic University(FAU), Florida International University(FIU), Harvard Graduate School of Design(GSD), University of Innsbruck(Innsbruck), Massachusetts Institute of Technology(MIT), University of California Los Angeles(UCLA), University of Michigan(Michigan), Southern California Institute of Architecture(SCI-Arc) 그리고 Tongji University(Tongji)를 포함한다.

7 인공지능에 대한 강의들은 종종 수 천 뷰를 기록한다. 인공지능에 대한 Digital FUTURES 강의들: http://www.youtube.com/watch?v=2YO01oKIzBglist=PLtuu5idZ57EWto42alJP-XImsRf9jmWoR 인공지능에 대한 FIU DDes 강의들: http://www.youtube.com/watch?v=6U-0_VgD9s8&list=PLjgJTkiYXdLfjR2Lf31_A9huoSPVWomhm.

8 The DigitalFUTURES 이니셔티브는 인공지능에 대한 수많은 워크샵을 운영해왔다: http://www.digitalfutures.world.

9 텍사스 오스틴에서 개최된 Association for Advanced Computer Aided Design in Architecture(ACADIA)을 위한 2019년 컨퍼런스에서 2개의 풀 세션들이 인공지능에 관한 것이었다.

10 수많은 인공지능을 토대로 한 박사학위 연구 프로젝트가 MIT Media Lab.에서 수행되었다. 가장 흥미로운 것 중 하나는 기계학습 알고리즘인 Street Score이다. 이것은 한 거리에 대한 인지된 안전을 예측한다. : http://www.media.mit.edu/projects/streetscore/overview/.

11 MIT는 현재 Urban Science and Planning과 Computer Science에서 인공지능과 도시계획을 결합한 학부 프로그램을 운영하고 있다. : http://urban-science.mit.edu/. 상하이에 있는 뉴욕대학교(NYU Shanghai)는, 인공지능과 문화에서 석사과정프로그램을 운영하고 있다. 몇몇 프로그램들은, 플로리다 국제대학교(FIU)에서 DDes 프로그램처럼, 인공지능에 관한 이론과 인공지능을 기반으로 하는 건축디자인에 초점을 맞추고 있다.

12 오토데스크社는 2020년 11월에 Spacemaker AI를 인수하였다.

13 James Bridle, *New Dark Age: Technology and the End of the Future*, London: Verso, 2018; Shoshana Zuboff, *The Age of Surveillance Capitalism*, New York: Hachette, 2018.

14 대신에, 인공지능을 다룰 때, 우리는 아마도 빠르게 발달하고 있는 인식과학의 세계와 관계를 맺어야할 필요가 있을 것이다. 인식과학은 인공지능, 신경과학, 그리고 철학을 포함하는 일련의 관련 분야들을 포함하는 포괄적 용어이다.

15 하이데거는 한때 건축가들 사이에서 인기가 있었다. CAD(Computer Aided Design) 초기의 컴퓨터작업을 모욕을 부채질하는데 도움을 주었던 것이 바로 그의 사상이었다. 1990년대 케임브리지대학교에서는 하이데거와 그와 유사한 다른 사상가들을 참고하며 이론적 논쟁이 지배적이었고, 컴퓨터는 건축스튜디오에서 금지되었다. 그레이엄 하먼Graham Harman이 대표하는 객체 지향적 존재론운동Object Oriented Ontology(OOO) movement은 여전히 하이데거를 찬양하고 있다. 도구에 대한 자신의 유명한 분석에서, 하이데거는 우리가 하나의 도구에 친숙하든 그렇지 않든, 그리고 도구를 사용하는 방법을 알든 모르든 둘 중 하나라고 주장한다. 도구에 대한 하이데거의 이해에 대한 하먼의 계속된 찬양은 이제는 다소 시대에 뒤떨어져 보인다. : Graham Harman, *Tool-Being: Heidegger and the Metaphysics of Objects*, Chicago: Open Court, 2002. Jonathan Hale, 'Harman on Heidegger: "Buildings as Too-Beings"',

Body of Theory, 29 May 2013, http://bodyoftheory.com/2013 /05/29/를 보라. 하먼과 하이데거에 대한 비평에 대해서는, Neil Leach, 'Digital Tool Thinking: Object Oriented Ontology versus New Materialism', in Kathy Velikov, Sean Ahlquist, Matias del Campo and Geoffrey Thün (eds), *ACADIA 2016: Posthuman Frontiers: Data, Designers and Cognitive Machines, Proceedings of the 36th Annual Conference of the Association for Computer Aided Design in Architecture*, n.p.p.: n.p., 2016,pp. 344-51.을 보라.

16 Hale, 'Harman on Heidegger' 를 보라.

17 Roland Barthes, 'The Eiffel Tower', in Neil Leach (ed.) *Rethinking Architecture: A Reader in Cultural Theory*, London: Routledge, 1997, p.164.

18 Leach, 'Digital Tool Thinking', pp. 344-51.을 보라.

19 Neil Leach, 'Forget Heidegger', in Neil Leach (ed.), *Designing for a Digital World*, London: Wiley, 2002, pp.21-30; Neil Leach, *Forget Heidegger*, Bucharest: Paideia, 2006.을 보라.

20 Maurice Merleau-Ponty, *Phenomenology of Perception*, London: Routledge, 2012, p.153

21 Jonathan Hale, 'Materiality, Movement and Meaning; Architecture and the Embodied Mind', keynote lecture, *Proceedings of the Annual Architectural Research Symposium in Finland*, 2014, 305-14, https://journal.fi/atut/article/view/48277.

22 Neil Leach, *Camouflage*, Cambridge, MA: MIT Press, 2006.보라.

23 Andy Clark and David J. Chalmers, 'The Extended Mind', *Analysis* 58 (1998):7-19.

24 이 쟁점은 종종 정신/신체의 문제로서 언급된다.

25 N. Katherine Hayles, *How We Became Post-Human*, Chicago: University of Chicago Press, 1999.

26 Manfred Clynes and Nathan Kline, 'Cyborgs and Space', *Astronautics* (September 1960): 26-76, reprinted in, G. Gray (ed.), *The Cyborg Handbook*, London: Routledge, 1995, pp. 29-34.

27 Donna Haraway, 'A Cyborg Manifesto: Science, Technology, and Socialist-Feminism in the Late Twentieth Century', in *Simians, Cyborgs and Women: The Reinvention of Nature*, New York: Routledge, 1991.

28 D. Haraway, 'Cyborgs and symbionts: living together in the new world order', in C. Gray (ed.), The Cyborg Handbook, London: Routledge, 1995, p.xix.

29 Haraway, 'Cyborg Manifesto'.

30 Jonathan Hale은 장님이 어떻게 자신의 흰 지팡이와 하나가 될 수 있는지를 기술

하고 있다, Jonathan Hale, 'Materiality Movement and Meaning'.

31 지원성affordances에 관한 이론은 처음에 제임스 깁슨James Gibson에 의해 소개되었다. James Gibson, 'The Theory of Affordances', in Robert Shaw and John Bransford (eds.), *Perceiving, Acting, and Knowing*, London: Wiley, 1977. Gibson은 이후에 자신의 책에서 이 이론을 상세히 설명하였다. James Gibson, *The Ecological Approach to Visual Perception*, Hove: Psychology Press, 1979. 그것은 또한 Gibson의 아내, Eleanor Gibson과 Anne Pick의 공동저서인 Eleanor Gibson and Anne Pick, *An Ecological Approach to Perceptual Learning and Development*, New York: Oxford University Press, 2000.에서 발전되었다. 내가 다른 곳에서도 언급해 왔듯이, '지원성 이론affordances theory은 도구 혹은 대상에 의해 지원받는 특수한 행위action 혹은 행위 묶음set of actions이 있다는 것을 제안한다. 게다가 손잡이는 잡아당기기- 혹은 아마도 밀기-를 지원할 수도 있는 반면 줄은 당기기를 지원할 수 있을 것이다. 이것은 도구 혹은 대상object이 그처럼 행위체계agency를 가지고 있다는 것을 말하고자 하는 것이 아니다. 바꾸어 말하자면, 도구 혹은 대상은 실제로 어떤 행위들을 "초대invite" 하거나 혹은 "방해prevent"하는 능력을 갖고 있지 않다는 것이다. 오히려 그것은 단순히 이용자가 인식하는 것에 의지하는 어떤 작용들operations을 "지원한다." 도구 혹은 대상들과 맺어 왔던 기존의 연관들associations의 묶음set의 일부에 의지하면서 말이다. 마찬가지로 행위 혹은 행위 묶음 또한 그러한 행위들을 시도하는 개인의 능력에 달려있다. 더욱이 작은 아이들과 그러한 행위들을 수행할 힘과 민첩성이 없는 이들에게는 특정 행위들은 지원받지 못할 수도 있다. 게다가 특정 도구들은 특정 작용들을 지원한다. 그러나 다른 작용들을 배제하지 않는다. 예를 들어, 우리는 -비록 들 효율적이지만 우리의 손에 망치가 없다면- 스크루드라이버로 못을 고정할 수도 있을 것이다. 또한 우리는 톱으로 나무를 자르는 것이 망치로 하는 것보다 더 쉽다는 것과 톱이 가진 절단 기법이 가능한 작용들을 제한된 범위에서만 지원한다는 것을 인식할 수도 있다. 중요한 것으로는 지원성 이론은 특정 행위들에 대한 쉬운 발견가능성discoverability과 관련된 컴퓨터 인터페이스에 적용되어 왔다는 것이다. 그처럼, 우리는, 그것으로 인해 대중화 될 수도 있는, 디지털 도구들이 지원하는 다양한 작용들을 밝힐 수도 있을 것이다.' Neil Leach, 'There is No Such Thing as Parametric Architecture; There is No Such Thing as Political Architecture.', in Mattew Poole and Manual Shnartzberg (eds.), *The Politics of Parametiricism*, London: Bloomsbury, 2015, pp58-78.

32 여기서 나는 브뤼노 라트루Bruno Latour가 자신의, 도구들은 사회적 연결망 속에서 '작용act' 한다는, 행위자 연결망 이론Actor Network Theory(ANT)에서 진전시켜온 개념, 가장 강력한 용어에 이의를 제기할 것이다. Bruno Latour [Jim Johnson], 'Mixing

Humans with Non-Humans: Sociology of a Door-Closer, *Social Problems* 35, no.3 (1988): 298-310. 이 개념에 대한 비평을 위해, Leach, 'Digital Tool Thinking', pp.344-51.을 보라.

33 'Elon's Message on Artificial Superintelligence -ASI', *Science Time*, 24 October 2020, http://www.youtube.com/watch?v=ZCeOsdcQObl&feature=youtube.be. Amber Case를 보라, 'We Are All Cyborgs Now', TEDWmen, 2010, http://www.ted/talks/amber_case_we_are_allcyborgs_now?language=en.

34 좋은 디자인은 이러한 동화작용assimilation 과정을 촉진한다.: Leach, Camouflage.

35 'Elon's Message on Artificial Superintelligence -ASI'

36 Andy Clark, *Natural Born Cyborgs: Minds, Technologies, and the Future of Human Intelligence*. Oxford: Oxford University Press, 2003.

37 E. Bennett, M. Diamond, D. Krech et al., 'Chemical and Anatomical Plsticity of the Brain', *Science*, 146, no. 3644 (1964): 610-19.

38 Clark, *Natural Born Cyborgs*, p. 31.

39 Clark, *Natural Born Cyborgs*, p. 142.

40 Joichi Ito, 'Resisting Reduction: A Manifesto', *Journal of Design and Science: MIT Media Lab*. 1 November 2017, http://jods.mitpress.mit.edu/pub/ resisting-reduction.

41 Anant Jhingran, 'Obsessing about AI is the Wrong Way to Think about the Future', *Wired*, 22 January 2016, https://www.wired.com/2016/01/forget-ai-the-human-friendly-future-of-computing-is-olready-here.

42 그러나, 이에 대한 결과는 인공지능은 인간적인 것들the human의 확장으로 여겨져야 한다는 것이다. 그처럼 인공지능 그 자체는 윤리적이고 도덕적인 관심사들과 같은 인간적 가치를 기반 하여야하며 불어넣어져야 한다. 인공지능이 우리의 삶에서 점차적으로 강력해지고 지배적이 되는 시대에, 우리는 따라서 인공지능은 인간의 관심사에 봉사하는데 사용되고 그러한 관심사에 대항하지 않아야 한다는 점을 확실하게 하여야 한다. 이러한 점에서 Mark Coeckelbergh, *AI Ethics*, Cambridge, MA:MIT Press, 2020; Kate Crawford, *Atlas of AI*, London: Yale University Press, 2021을 보라.

43 지금껏 내내, 우리는 컴퓨터 지원 설계Computer Aided Design라는 표현을 사용해왔다. 이제 우리는 인공지능 강화 설계AI Augmented Design라고 말할 수 없는가? 필립 유안Philip Yuan이 언급한 바와 같이, '인공지능은 디자인 사고에 전적으로 영향을

미칠 것이다. 비록 나는 인공지능이 디자인 프로세스를 대체하리라고 생각하지 않지만, 곧 통합될 것이다. 인공지능의 개입은 인간에 의해 개발된 새로운 디자인 도구들을 기반으로 할 것이다. 미래의 디자인 기술들은 인간의 뇌와 손의 사이보그 확장cyborg extension으로 발전될 것이다. 대약진은 결코 90도 전환이 일어나지 않을 것이다. 그러나 차근차근 발전할 것이다.' WeChat communication, 2 March 2020.

44 얀 르쿤Yann LeCun, Deepak Patinni에서 인용된 바와 같이, 'The Future of AI', *Tech-Quantum*, 26 June 2018, http://www.tech-quantum.com/future-of-ai/.

45 인공지능을 사용하는 방법에 관한 기술적 가이드를 위해 나는 데이비드 포스트David Foster, *Generative Deep Learning: Teaching Machines to Paint, Write, Compose and Play*, Sebastopol, CA: O'Reily, 2019.을 추천하고 싶다.

1장Chapter 1

1 Margaret Boden, *AI: Its Nature and Future*, Oxford: Oxford University Press, 2016, p.1. 거의 틀림없이 이러한 진술은 부정확하다, 확실히 전체적 의도는 기계를 정신이 할 수 있는 것보다 훨씬 더 많은 것을 하도록 하는 것이다. 지능 그 자체는 인간 지능의 한계에 의해 제한되지 않는다.

2 John Kelleher, *Deep Learning*, Cambridge, MA: MIT Press, 2019, p. 251.

3 한편 스튜어트 러셀Stuart Russell은 인공지능의 중요한 전제조건은 인공지능은 주어진 업무에 성공해야한다는 것이라고 강조하고 있다.: '하나의 존재entity는 바로 그 일을 하는 정도만큼 지능적이다. 그것은 그 존재의 활동들이 그것의 목적들을 성취할 것으로 예상된다는 것을 의미한다.' 러셀은 계속해서 이러한 정의는 인간과 기계 모두에게 적용된다고 말한다. Stuart Rusell in Martin Ford (ed.), *Architects of Intelligence: The Truth about AI from the People Building it*, Birmingham, UK: Packt, 2018, p. 40.

4 그처럼, 인류가 '지능'으로 이해하게 되었던 것이 단지 인간적 버전의 지능이라는 사실을 우리는 받아들여야만 한다. 생물학적 지능과 지능의 다른 형태들을 비롯해서 말이다. 따라서 우리는 동일한 측면에서 지능을 '현실real'로 볼 수 있다. 다시 말해서, 우리는 단지 '지능'의 다른 형태들을 가지고 있다. 우리가 다른 형태들의 '현실'—가상현실virtual reality, 증강현실augmented reality, 초 현실hyperreality—를 가진 것과 마찬가지로 말이다.

5 그러나, 이 책의 목적을 위해, 우리는 지능 혹은 추론reasoning과 관련된 것들에 대한 논의로만 한정할 것이다.

6 Boden, *AI*, p.1

7 메모 애크텐Memo Akten은 이러한 관점에 공감하며 자신이 강조하고자하는 실수를 하나의 사례로 제공한다. '흥미롭게도, 만일 내가 "X(예를 들어, 컴퓨터 비전computer vision, 음성인식, 학습, 검색 혹은 경로탐색 알고리즘)라고 말한다면, 인공지능 내에서 (혹은 일부로서) 연구되고 있으며", 나는 이것을 자동적으로 *지능적인 시스템intelligent system*을 만드는 것이라고 주장하는 것으로 잘못 해석하는 수많은 사람들을 목격해왔다. 이것은 *인공지능*이라는 용어의 사용에 대해 잘못 이해하는 것이다. 만일 당신이 시스템(예를 들어, 당신의 소프트웨어)에 결합한다면, 그것은 자동적으로 그 시스템을 *지능적으로* 만드는 것이 아니다. 그것은 분명히 **하나의An* 인공지능*으로 만들지 않는다.' Memo Akten, '"Artificial Intelligence" as the name of a research field vs a characteristic of being', *Medium*, 22 July 2019, https://medium.com/@memoakten/artificial-intelligence-as-the-name-of-a-research-field-vs-a-characteristic-of-being-920cb5f3361e.

8 의식에 대해서는 David Chalmers, *The Conscious Mind*, Oxford: Oxford University Press, 1996; Michael Graziano, *Rethinking Consciousness: A Scientific Theory of Subjective Experience*, New York: W.W. Norton, 2019; Anil Seth, *Being You: A Science of Consciousness*, London: Faber & Faber, 2021.를 보라.

9 의식이 그토록 중요한 것인지 아닌지는 또 다른 질문이다. 그리고 많은 인공지능 연구자들은 이러한 질문과 과도하게 연관되어 있지 않다. 그들에게 있어서, 멜러니 미첼Melanie Mitchell이 언급한 바와 같이, 핵심적인 쟁점은 단순히 인공지능이 인간보다 더 잘 업무를 수행할 수 있는지 그렇지 않은지에 관한 것이다. Melanie Mithell, *Artificial Intelligence: A Guide for Thinking Humans*, New York: Farrar, Straus and Giroux, 2019, p. 20.

10 휴머노이드 로봇인 소피아Sophia에 대한 논의는 p. 62-63.을 보라.

11 Justin Weinberg, 'Philosophers on GPT-3 (with replies by GPT-3)', *Daily Nous*, 30 July 2020, https://dailnous.com/2020/07/30/philosophers-gpt-3/.

12 이것은, 적어도, 앨런 튜링이 취한 관점이다. 그는 생각을 하기 위해 첫째 느낄 수 있어야만 한다는 입장에 있다. Alan Turing, 'Computing Machinery and Intelligence,' *Mind* 59, no.236, (1950): 433-60. 그와 마찬가지로, 우리는 토비 월시Toby Walsh의 최근의 책의 제목을 의심할 필요가 있다. Toby Walsh, *Machines that Think: The Future of Artificial Intelligence*, New York: Prometheus Books, 2018.

13 Ford, *Architects of Intelligence*, p. 21.에서의 러셀

14 Pedro Domingos, *The Mater Algorithm: Why the Quest for the Ultimate Leaning Machine* *will Remake the World*, New York: Basic Books, 2018, p.8.

15 Mitchell, *Artificial Intelligence*, p. 21.

16 Kelleher, *Deep Learning*, p. 252.

17 Alan Clements, *Principles of Computer Hardware*, Oxford: Oxford University Press, 1985.

18 2017년 Stanford의 인공지능 색인에 따라면, 2000년 이래로 활동적인 인공지능 스타트업의 수가 14배 증가하였다. Louis Columbus, '10 Charts That Will Change Your Perspective On Artificial Intelligence's Growth', *Forbes*, 12 January 2018, https://www.forbes.com/sites/louiscolumbus/2018/01/12/10-charts-that-will-change-your-perspective-on-artificial-intelligences-growth/#79ea4c284758.

19 데이터는 18개월마다 두 배가 된다는 주장이 있어왔다. 'Humanity Doubles its Data Collection Every 18 Months, and It Has Powerful Implications, *Flux*, https://www.fluxmagazine.com/data-creation-powerful-implications/.

20 Boden, AI, p. 47.

21 Kelleher, *Deep Learning*, p. 255.

22 지도학습과 강화학습은, 그러나, 마찬가지로 언어를 학습하는 것에서 역할을 수행한다.

23 이것은 모방mimesis의 역할과 비교할 수도 있을 것이다.; '우리는 마찬가지로, 이들이 말하는 것을 배우고 세상에 적응할 때에, 작동중인 [모방]을 볼 수 있을 것이다. 사실상, 그것은 엄밀히 말해 말을 할 수 있게 되는 아이에 관한 사례이다. 그것은 모방의 작동방식을 가장 잘 설명한다. 아이는 모방imitation의 과정을 통해 외부 언어를 "흡수한다." 그런 다음 그것을 자신의 목적을 위해 창조적으로 사용한다. 유사하게, 건축영역에서 건축가들이 자신들의 디자인 능력을 발전시킬 때 작동하는 모방을 볼 수 있을지도 모른다. 즉 외적 형태들을 흡수하고 쌓이게 하고, 그런 다음 개인적 표현으로 명료하게 되도록 하는 것은 바로 이러한 과정이다.' Leach, *Camouflage*, pp.21-2.

24 Merrit Kennedy, 'Computer Learns To Play Go At Superhuman Levels "Without Human Knowledge"', *NPR*, 18 October 2017, https://www.npr.org/sections/thetwo-way/2017/10/18/558519095/computer-learns-to-play-go-at-superhuman-levels-without-human-knowledge.

25 Domingos, *The Master Algorithm*.

26 '진화론자들Evolutionaries은 모든 학습의 어머니는 자연 선택적이라고 믿고 있다.

만일 그것이 우리를 만들었다면, 그것은 모든 것을 만들 수 있다. 그리고 단지 우리가 할 일은 컴퓨터상에서 그것을 시뮬레이션하는 것이다.' Domingos, *The Master Algorithm*, p. 52.

27 '베이지안주의들Baysians은 무엇보다 불확실성과 관련이 있다. 지식을 학습한 모든 것들은 불확실하다. 그리고 학습 그 자체는 불확실한 추론의 한 형태이다.' Domingos, *The Master Algorithm*, p.52.

28 '유추자들analogizers에게 있어서, 학습의 핵심은 다른 상황들 간의 유사성을 인지하는 것이다. 그리고 그것을 통해 다른 유사성을 추론하는 것이다. 만일 두 환자가 유사한 증상을 가지고 있다면, 아마도 그들은 도일한 질병을 앓고 있을 것이다. 핵심 문제는 두 사물들 간에 얼마나 유사한지를 판단하는 것이다.' Domingos, *The Master Algorithm*, p. 53.

29 Domingos, *The Master Algorithm*, p. 52.

30 역전파에 대해서는 p.26을 보라.

31 Domingos, *The Master Algorithm*, p. 52.

32 이것에 대해서는 다음 장에서 더 자세히 논의할 것이다.

33 이 용어들은, 물론, 신경과학으로부터 빌어 왔다. 이 용어들은 생물학적 메커니즘들이 아니라 순수하게 수학적 모형들을 언급하고 있다는 것을 인지하는 것이 중요하다.

34 Ethem Alpaydin, *Machine Learning*, Cambridge, MA: MIT Press, 2016, p. 178.

35 Boden, *AI*, p. 79.

36 Boden, *AI*, p. 79.

37 비록 그 특징들 그 자체는 손으로 제작될 필요는 없다하더라도, 네트워크 구조 그 자체는, 특수한 업무가 되도록, 여전히 손으로 제작되어야 할 필요가 있다.

38 메모 애크텐이 지적한 바와 같이, '딥 러닝 모형은 본질적으로 매개변수들로 이루어진 하나의 스택,stack 위계적 표현들hierarchical representations을 학습하는데 이용될 수 있는 비선형적인 특징 변형들이다.' Memo Akten, 'Background info for "#Deepdream is blowing my mind" ', *Midium*, 9 July 2015, https://medium.com/@memoakten/background-info-for-deepdream-is-blowing-my-mind-1983fb7420d9.

39 또 다른 중요한 구별은 인간 뇌 속의 신경망은 역동적이라는 것이다. 그것은 정보가 부호화되고 처리되는 방식에 대한 시간적 구성요소temporal components가 있다는 것을 의미한다. 반면에 딥 러닝 신경망과 특히 전통적인 신경망들은 시간적 구

성요소가 없다.

40 마틴 포드Martin Ford는 요슈아 벤지오Yoshua Bengio와 인터뷰하였다. Ford, *Architects of Intelligence*, p. 23.

41 Mitchell, *Artificial Intelligence*, p. 37. 여기서 '숫자digit' 라는 용어는 '시각적 특징visual feature' 혹은 '데이터 특징data feature' 과 관련이 있다.

42 Ford, Architects of Intelligence, p. 42. 에서의 러셀Russell

43 이미지 계층화 분야에서의 중요한 발전은 프린스턴 대학교의 젊은 연구자 리페이페이Fei-Fei Li가 어휘 데이터베이스 WordNet에 적용된 원리를 ImageNet을 창조하는데 사용하는 것이 가능할 수도 있다는 것을 깨닫게 되었을 때이다. WordNet은 명사들nouns을 기반으로 하고 있었던 반면에, ImageNet은 명사들과 그 명사들에 대한 사례들을 포함하는 이미지들을 연결하는 것으로 시스템을 활용하였다. 그러나 그 시스템은 이미지에 라벨을 부착하는 인간의 노동이 들어가는 막대한 자료에 의존한다. 종종 '인공적인 인공지능artificial artificial intelligence' 로 언급되는 Amazon's Mechanical Turk를 적절히 사용하면서 말이다. Mitchell, *Artificial Intelligence*, pp. 82-90.

44 합성곱convolution은 개념적으로, 특수한 시각적 특징들을 찾으면서, 픽셀들의 창에서 환상회로를 만드는 2차원 필터들로 묘사할 수 있다. 하나의 컨볼루셔널 레이어convolutional layer 내에 있는 각 뉴런은 모서리와 곡선과 같은 다른 2차원 시각적 특징들을 추출(혹은 활성화)하는 것을 학습할 것이다.

45 Anil K. Seth, 'A predictive processing theory of sensorimotor contingencies: Explaining the puzzle of perceptual presence and its absence in synesthesia', *Cognitive neuroscience* 5, no. 2(2014): 97-118., doi:10.1080/17588928.2013.87.877880; Andy Clark, *Surfing Uncertainty: Prediction, Action and the Embodied Mind*, Oxford: Oxford University Press, 2016.

46 합성곱신경망들이 '지도들' 로 묘사되는 이유는, 1차원적 자료입력들을 토대로 작동하는 신경망들과는 반대로, 그것들은 2차원에서 작동하기 때문이다. 합성곱 신경망에 대한 더 자세한 내용은 I. Goodfellow, Y. Bengio and A. Courville, *Deep Learning*, Cambridge, MA: MIT Press, 2016.을 보라.

47 Foster는 생성적 모델링generative modelling을 다음과 같이 묘사한다.: '생성적 모형generative model은 확률론적 모형probabilistic model의 관점에서 데이터셋dataset이 생성되는 방식을 기술한다. 이 모형으로부터 표본추출sampling을 함으로써, 우리는 새로운 데이터를 생성할 수 있다.' Foster, *Generative Deep Learning*, p.1.

48 딥드림은 초기에, 뉴런 혹은 레이어가 활성화하거나 혹은 입력 자료에서 추출하는

것을 학습할 수 있는, 특징들을 시각화하기 위한 하나의 기법으로 개발되었다. 프로그램은 2014년 ImageNet Large-Scale Visual Recognition Challenge(ILSVRC)의 일부로서 다른 사람에 의해 수행된 선행연구를 기반으로 하고 있다. Christian Szegedy, Wie Lu, Yagqing Jia, Pierre Sermanet, Scott Reed, Dragomir Anguelov, Dumitru Erhan, Vincent Vanhoucke and Andrew Rabinovich, 'Going Deeper with Convolutions', *Computing Research Repository* (2014), https://arxiv.org/abs/1409.4842

49 그러나 실무적으로 이미지를 생성하는 것은 시각적 주요영역 지도만들기visual saliency mapping를 이용하여 더 일반적으로 많이 이루어진다. 이 절차는 딥드림과 다르지 않다. 그러나 픽셀을 조작하는 여러 번의 반복을 수반하지는 않는다.

50 엄밀하게 말하면, 그것은 신경망이 훈련 데이터셋dataset으로부터 '고양이' 카테고리와 관련되도록 학습되어온 그 특징들을 가진 이미지를 생성할 수 있을 뿐이다. 딥드림이 고양이에 관한 실제 이미지를 재생산하도록 하는 것은 수학적으로 가능하지 않다. 왜냐하면 고양이 카테고리에 맞는 요구조건을 만족시킬 수 있는 수많은 다른 종류의 이미지들이 존재하기 때문이다. 딥드림은 카테고리 라벨에서 그러한 특별한 이미들 중 어느 하나의 이미지를 투사할 수 없다. 왜냐하면 불충분한 정보가 제공되기 때문이다. 그러나 딥드림은 어떤 이미지 입력 자료가 주어지면, 고양이 계층과 관련된 특징들을 강조할 수 있다. 그것은 멍해진trippy 착시와 같은 이미지를 결과로 나타난다.

51 애크텐, '#딥드림에 대한 배경지식은 내 정신을 강타하고 있다.' 메모 애크텐이 (다소 농담조로) 말한 바와 같이, '이것을 간단히 말하기 위한 가장 날것 그대로의 방식은 당신이 그 신경망에, 고양이와 아무것도 닮은 것이 없는, 완전히 임의적인 그림을 주는 것이다. 그리고 딥드림에게 묻는 것이다. ' 이 그림이 고양이처럼 보여? ' 그 신경망은 대답한다. ' 아니오 '. 당신은 몇 가지 변화를 주고 ' 이건 어때? '라고 묻는다. 그러면 신경망은 ' 아니오 '라고 대답한다. 그리고 당신은 계속해서 반복합니다. 만일 신경망이 ' 예아~, 아마도 약간 더 고양이처럼 보이네요. '라고 대답하면, 당신은 ' 아하! 좋아, 그렇다면 그런 방식으로 좀 더 변화를 줘볼게, 이건 어때? ' 그것은 실제로 정확하게 그와 같지 않다. 그러나 당신은 이해할 겁니다. 그리고 당신은 그것이 왜 그렇게 오래 걸리는지를 알게 됩니다.' https://medium.com/@memoakten/background-info-for-deepdream-is-blowing-my-mind-1983fb7420d9.

52 이미지를 생성하기 위해 신경망의 작동을 역전시키는 문제challenge는 그렇게 간단하지 않다. 그 프로세스는 문자 그대로 뒤집어지지 않는다. 왜냐하면 그것은 비선형적으로 작동하기 때문이다. 그리고 그 때문에 몇 가지 창의력ingenuity이 요구된

다. 블레이즈 아궤라 이 아카스Blaise Aguera y Arcas가 설명하고 있는 바와 같이, '합성곱 신경망으로 당신은 이것을 직접적으로 정확히 할 수 없습니다. 왜냐하면 그 신경망은 선형적으로 작동하지 않기 때문입니다. 그리고 그 때문에 뒤집을 수 없습니다. 그러나 당신은 "속일 수" 있습니다. 근본적으로 나는 그 픽셀들을 최적화할 겁니다, 그러니까 나는 아마도 노이즈noise—순수한 노이즈—를 가지고 시작할 거예요 그리고 동일한 경사상승법 알고리즘들gradient ascent algorithms을 가동합니다. 그 결과물이 내가 원하는 임베딩 벡터embedding vector와 일치할 때까지 픽셀 상에서 신경망을 학습하기 위해 당신이 사용하는 알고리즘들 말입니다.' Blaise Aguera y Arcas, 'How Computers are Learning to be Creative', TED Talk, 2016, https://www.ted.co m/talks/blaise_aguera_y_arcas_how-computers_are_learning_to_be_creative?language=en.

53 블레이즈 아궤라 이 아카스가 지적한 바와 같이, '문제는 합성곱 신경망들이 포즈pose에 대해 변하지 않도록 설계되어 있다는 것이다. 그것이 의미하는 바는 신경망들이 역방향으로 운영될 때, 사물들을 표현하기 위해 어떤 포즈를 취해야 하는지를 모른다는 것이다. 이것은 한꺼번에 몇 가지 포즈들이 응집되는 결과를 초래한다.' Aguera y Arcas, 'How Computers are Learning to be Creative'. 포즈들이 응집된 이유는 훈련받은 분류classification 신경망은 다대일many-to-one 맵핑 기법을 학습해 왔기 때문이다. 그 속에서 다수의 이미지들은, 예를 들어 '새'로, 범주화될 수 있다. 이러한 프로세스에서 신경망은, 분류예측classification prediction을 위해, 중요하지 않은 픽셀 정보를 버린다. 결과적으로 신경망이 일대다one-to-many 맵핑으로 전환하기에는 부적합한 정보가 있다. 따라서 시스템은 '새'에 관한 실제적 이미지를 생성하는 것이 불가능하다.

54 모르드빈체브Alexander Mordvintsev는 그 프로세스를 다음과 같이 기술하고 있다. '우리는 신경망에게 요구합니다. "거기서 네가 무엇을 보든, 나는 그것에 대한 더 많은 것을 원해!" 이것이 피드백 회로peedback loop를 만들어 냅니다. 말하자면 만일 클라우드가 약간 새와 닮은 것을 본다면, 신경망은 그것을 더 새와 더 닮아 보이도록 만들 것입니다. 이것은 다시 신경망이 다음 시도pass 등에서 더 강력하게 새를 인식하게까지 합니다. 매우 상세한 새가 나타날 때까지, 겉으로 보기에 갑자기 나타난 듯이 보이지만 말입니다.' 레이어를 구체화하고 신경망에게 신경망이 보는 것을 강화하도록 요청하는 것은 중요하다. 낮은 레벨의 레이어들은 단순히 '붓놀림들strokes'과 '단순한 장식 같은 패턴들'만을 만들어 내는 반면, 높은 레벨의 레이어들은 이미지들 속에 있는 더 정교한 특징들, 복잡한 특징들, 그리고 전체 대상들까지 식별한다.' 따라서 높은 레벨의 레이어들은 자신들이 공급한 이미지를 강화하고 더 나은 이미지를 예상치 않게 생성하는 피드백 회로들로 인해 더 생산적

이고 잠재적으로 작동할 수 있다. Alexander Mordvintsev, Christoper Olah and Mike Tyka, 'Inceptionism: Going Deeper into Neural Networks', 2015, https://web.archive.org/web/2010703064823/http://googleresearch.blogspot.co.uk/2015/06/inceptionism-going-deeper-into-neural.html.

55 Ian Goodfellow, Jean Pouget-Abadie, Mehdi Mirza, Bing Xu, David Warde-Farley, Sherjil Ozair, Aaron Courville and Yoshua Bengio, 'Generative Adversarial Networks, Proceedings of the International Conference on Neural Information Processing System', n.p.p.: NIPS 2014, pp. 2672-80. 아이디어는 원래 몬트리올의 한 선술집에서 이안 굿펠로우가 떠올렸다. Martin Gales, 'The GANfather: The man who's given machines the gift of imagination', *MIT Technology Review*, 21 February 2018, https://www.technologyreview.com/s/610253/the-ganfather-the-man-whos-given-machines-the-gift-of-imagination/.

56 생성자generator는, 출력 이미지에 대한 렌더링 프로세스rendering process를 통제하기 위한 씨앗으로서, 잠재벡터latent vector라고 불리는 노이즈 벡터noise vector를 받아들인다. 잠재벡터의 각 요소는, 얼굴의 경우에 모발의 길이와 같은, 몇 가지 종류의 시각적 정보 축을 표현한다. 노이즈 벡터는 잠재적 공간의 각 시각적 축을 위해 랜덤으로 값들을 선택한다. 그래서 생성자 신경망generator network은 카메라를 똑바로 바라보는 중간 길이의 머리카락을 가진 얼굴뿐만 아니라 옆으로 돌린 채 짧은 머리카락을 지닌 얼굴 둘 다를 제공할 수 있다. 잠재벡터는 데이터셋에서 실재 세계의 시각적 개념들의 분포를 설명하는 것이다. 그리고 노이즈벡터는 다른 시각적 내용을 지닌 이미지들을 표현하기 위해 이러한 분포들에 대한 견본을 만든다.

57 Mishak Nayak, 'Deep Convolutional Generative Adversarial Networks (DCGANs)', *Data Driven Investor*, 208, https://medium.com/datadriveninvestor/deep-convolutional-generative-adversarial-networks-dcgans-3176238b5a3d.

58 Rani Horev가 지적한 바와 같이, '생성자 입력은 랜덤 벡터(노이즈)이다. 따라서 그것의 초기 출력 또한 노이즈이다. 시간이 지나면서, 생성자는 판별자로부터 피드백을 받기 때문에, 생성자는 더욱 "현실적인" 이미지들을 통합하는 것을 학습한다. 판별자도 마찬가지로 생성된 샘플들과, 생성자가 그것을 속이는 것을 더 어렵도록 하는, 실제 샘플들을 비교함으로써 시간이 흐름에 따라 향상된다.' Rani Horev 'Style-Based GANs – Generating and Tuning Realistic Artificial Faces', *LyrnAI; Deep Learning Explained*, 26 December 2018, https://www/lyrn.ai/2018/12/26/a-style-based-generator-architecture-for-generative-adversarial-networks/.

59 아비나쉬 힌두푸르Avinash Hindupur는 GANs의 리스트를 작성하였다: Avinash Hindupur, 'The GAN Zoo: A List of all Named GANs!', *Deep Hunt*, 19 April,

2017, https://deephunt.in/the-gan-zoo-79597dc8c347.

60 딥드림을 보자면, 예를 들어, 생성자의 가중치weights를 고정하는 것이 가능하다. 그리고 더 낮은 차원의 공간에서 자신들의 잠재 표현들latent representations에 대한 이미지들을 찾아 내기위해 그것을 사용할 수 있다. 이러한 방식으로 하나의 이미지를 택하여, 잠재 표현들에 그것을 투사하고, 잠재 벡터에 변화를 주고, 그런 다음 이미지 공간에 다시 투사하는 것이 가능하다. 원본 이미지에 대한 통제된 의미론적 편집본들controlled semantic edits을 만들기 위해서 말이다.

61 예를 들어, 학습된 잠재 공간 차원들latent space dimensions은 전형적으로 매우 상관적이며 충분히 독립적이지 않다. 결과적으로 잠재 공간 차원들을 해석하고 이미지들을 이해할 수 있도록 편집하는 것이 어렵다.

62 '핵심 아이디어는 생성자와 판별자 둘 다 점진적으로 성장한다는 것이다. 즉 저해상도에서 출발하여, 우리는, 훈련이 진행됨에 따라 점차적으로 세밀한 디테일들을 형성하는, 새로운 레이어들을 추가한다.' Tero Karras, Timo Aila, Samuli Laine and Jaakko Lehtinen, 'Prgressive Growing of GANs for Improved Quality, Stability, and Variation', 27 October 2017, arxiv.org/abs/1710.10196.

63 Rani Horev가 언급한 바와 같이, 'ProGAN은 고품질의 이미지들을 생성한다. 그러나 대부분의 모형에서 생성된 이미지의 특수한 특징을 통제하는 능력은 매우 제한적이다. 다시 말해서, 그 특징들은 얽혀있고 따라서 입력 값을 살짝 조정하려는 시도는, 비록 조금이라도, 일반적으로 동시에 다수의 특징들에 영향을 미친다. 그것에 대한 좋은 비유는 유전자들일 것이다. 그 속에서 하나의 단일 유전자를 변화시키면 다수의 특징들에 영향을 미칠지도 모른다.' Horev, 'Style-Based GANs'.

64 Tero Karras, Samuli Laine and Timo Aila, 'A Style Based Generator Architecture for Generative Adversarial Networks', 12 December 2018, https://arxiv.org/pdf/1812.04948.pdf.

65 매우 현실적인 참신한 얼굴들을 자동으로 생성하는 웹사이트조차 있다: https://www.thispersondoesnotexist.com/.

66 저자가 지적한 바와 같이, '새로운 구조는 고급 특성들(예를 들어, 인간의 얼굴로 훈련 받을 때 자세pose와 신원identity), 생성된 이미지들 속의 확률적 변수(예를 들어, 주근깨, 머리카락)를 자동으로 학습하고 자율적으로 분리하도록 유도한다. 그리고 그것은 직관적이며, 특히 크기를 통제하는 통합이 가능하다.' Karras, Laine and Aila, 'A Style Based Generator Architecure'.

67 프린스 그로버Prince Grover는 '기계학습에서 모든 알고리즘은 함수를 최소화하거나 혹은 최대화하는 것에 의존한다. 그것을 우리는 "목적 함수들objective function"

이라 부른다. 최소화된 기능 집단들을 "손실 함수들loss functions"라 부른다. 손실 함수는 예측 모형이 예상 결과를 예측할 수 있다는 관점에서 얼마나 잘 예측하느냐에 대한 척도다. 함수의 최소 지점을 찾기 위해 사용되는 가장 일반적인 방법은 "경사 하강법gradient descent"이다. 손실 함수를 물결치는 산처럼 생각해보면, 경사 하강법은 그 산의 가장 낮은 지점에 도달하기 위해 미끄러져 내려가는 것과 같다.' Prince Grover, '5 Regression Loss Functions All Machine Learners Should Know', *Heartbeat*, 5 June 2018, https://heartbeat.fritz.ai/5-regression-lossfunctions-all-machine-learners-should-know-4fb140e9d4b0

68 Phillip Isola Jun-Yan Zhu, Tinghui Zhou and Alexei A.Efros, 'Image-to-Image Translation with Conditional Adversaral Networks', 26 November 2018, https://arxiv.org/pdf/1611.07004.pdf.

69 도메인 이전Domain transfer은 여기서는 하나의 데이터셋의 외형이 또 다른 데이터셋의 외형으로의 이전으로 이해되어야 한다. 각 데이터셋은 시각적 세계의 부분 집합을 붙잡고 있는 하나의 영역으로 이야기할 수 있다.

70 Jun-Yan Zhu, Taesung Park, Phillip Isola and Alexei Efros, 'Unpaired Image-to-Image Translation using Cycle-Consistent Adversarial Networks', in IEEE International Conference on Computer Vision (ICCV), 2017.

71 그러나 Yanghao Li, Naiyan Wang, Jiaying Liu and Xiaodi Hou, 'Demistifying Neural Style Transfer', https://arxiv.org/abs/1701.01036.를 보라.

72 모드 붕괴mode collapse는 생성자가, 판별자가 생각하는 것이 '진짜'인, 단 하나의 외양이 그럴듯한 결과물을 생성하도록 학습될 때 발생한다. 그리고 생성자는 폭넓은 결과물을 생성하지 않을 것이다. 결과적으로 그것은 훈련 데이터에서 한 가지 모드의 시각적 정보만을 포착한다. 판별자는 결국 이러한 결과물을 항상 거부하도록 학습할 것이다. 그러나 그렇다면 생성자는 판별자를 이기기 위해 결과물을 살짝 수정할 것이다. 신경망이 트랩에 갇히고 결코 새로운 어떤 것을 배우지 못하게 되는 원인이 된다.

73 CycleGAN이 데이터셋 A에서 데이터셋 B로 변환하는 것을 학습하는 대신, 데이터셋 B를 데이터셋 A로 재구성할 수 있다는 것을 증명해야 할 것이다.

74 Ahmed Elgammal,Bingchen Liu, Mohamed Elhoseiny and Marian Mazzone, 'CAN: Creative Adversarial Networks, Generating "Art" by Learning About Styles and Deviating from Style Norms', 23 June 2017, https://arxiv.org/abs/1706.07068.

75 Elgammal 외, 'CAN',

76 Elgammal 외, 'CAN',

77 Tao Xu, Pengchuan Zhang, Qiuyuan Huang, Han Zhang, Zhe Gan, Xioalei Huang and Xiaodong He, 'AttnGAN: Fine-Grained Text to Image Generation with Attentional Generative Adversarial Networks', *Computer Science*, 28 November 2017, https://arxiv.org/abs/1711.10485.

78 'DALL-E: Creating Images from Text', *OpenAI Blog*, 5 January 2021, https://openai.com/blog/dall-e/.

79 Nikhila Ravi, Georgia Gkioxari and Justin Johnson, 'Introducing PyTorch3D: An open-source library for 3D deep learning', *Facebook AI*, 6 February 2020. https://ai.facebook.com/blog/-inroducing-pytorch3d-an-open-source-library-for-3d-deep-learning/.

80 Nikhila Ravi는 다음과 같이 설명한다: '그 이유들 중 하나는 딥러닝과 함께 3D에 대한 이해는 2D에 대한 이해와 비교하였을 때 상대적으로 연구가 미진하다는 것이다. 왜냐하면 3D 데이터 입력은 더 많은 메모리와 컴퓨터작업 요구조건들로 인해 더 복잡하기 때문이다. 반면 2D 이미지는 단순 텐서들tensors에 의해 재현될 수 있다. 3D 연산operations은 또한 구별될 수 있어야 한다. 시스템을 통해 모형 출력에서부터 입력 데이터까지 그레디언트들gradients이 역방향으로 증가될 수 있을 정도로 말이다. 특히 주어진 난제는 컴퓨터 그래픽 영역에서, 렌더링과 같은, 많은 전통적 운영자들operators 이 그레디언트들을 차단하는 단계들을 포함한다는 것이다.' Ravi, Gkioxari and Johnson, 'Introducing Pytorch3D'.

81 3D에서 작동하는, 3D-GAN과 같은, 몇몇 생성적 적대 신경망들GANs이 있다. http://3dgan.csail.mit.edu/.

82 Mike Haley, 'Autodesk, Humans + AO = Future of Designing and Making', *Deep Learning*, Montreal, 7 May 2018, https://www.youtube.com/watch?v=NSJwq9CVolk.

83 Haley, 'Autodesk, Jumans + AO'.

84 Kaveh Hassani and Mike Haley, 'Multi-Task Feature Learning on Point Clouds', https://arxiv.org/pdf/1910.08207.pdf.

85 그들이 지적하는, 신경망 기반 3D 메시 렌더러neural mesh 3D render는 다음과 같은 이점이 있다: '그것은 구별될 수 있는 렌더링rendering/레스터라이저rasterizer 알고리즘이다. 합성곱 신경망들CNNs(Convolutioanl Neural Networks)과 여타의 2D 신경망 형태들과 함께 하나의 입력 레이어로 사용될 수 있다. 이러한 틀framework은 효과적으로 대상물들의 3D 폴리건 메시polygon mesh와 2D 이미지 재현 간의 맵핑 함수

mapping function(구별될 수 있는 렌더러와 신경망사이의 함수)를 낳는다. 신경망 기반 3D 메시 렌더러 신경망은 이미지의 그레디언트들은 입력 메시input mesh의 꼭지점들과 면들을 잡을 수 있을 정도로 구별될 수 있다. 게다가 동일한 원리들/공식들은 ... 2차원 드리밍2D dreaming과 2차원 스타일 전송 기법들2D style transfer techniques은 3차원 대상들의 표면들에 대한 이미지 편집에 사용될 수 있다고 안내하고 있다.' Matias del Campo, Sandra Manninger, Alexa Carlson, Marianna Sanche and Jane Wang, 'Machine Hallucinations: An Examination of Architecture in a Postdigital Design Elology', International Association for Shell and Spatial Structures, 2019.

86 Stanislas Chaillou, 'The Advent of Architectural AI', *Towards Data Science*, 17 September 2019, https://towardsdatascience.com/the-advent-of-architectural-ai-706046960140.

87 이것은 게리 테크놀로지Gehry Technologies가 —초기에 항공기 제조업체인 다쏘시스템Dassault Systems이 미라주 전투기Mirage fighter jet 생산을 위해 사내 전속으로 개발한 소프트웨어인— 카티아Catia를 디지털 프로젝트를 창작하기 위해 특화하였던 customised 것과 다르지 않다. 캐드computer aided design(CAD)와 빌딩 정보 모델링 Building information modeling(BIM)응용프로그램은 건축가들이 사용하게 되었다.

88 그러나, 이 문제를 해결하기 위한 하나의 방법은 이미지를 레스터raster 이미지에서 벡터포맷으로 변형하는 것이다.

89 '양식style' 이란 용어는 건축계 내에서 매우 논란이 많다. 소수의 건축가들은 자신들이 특별한 양식으로 디자인하고 있다고 생각한다. 몇몇 사람들이 어떤 억양으로 말하는 것처럼 말이다. 왜냐하면 이것은 우리가 디자인 혹은 말하는 방식이 우리의 배경이 되는 의식 지평을 구성하기 때문이다. 그리고 우리는 따라서 그것을 알지 못한다. 그러나 건축역사가들의 일부에서는 디지털 디자인을 양식의 관점에서 읽는 것에 대해 우려하는 경향이 있다. 이것은 마리오 카르포Mario Carpo가 편집한 에세이들의 모음집인 *디지털로의 전회The Digital Turn*와 같은 출판물들로 거슬러 올라갈 수 있다. 거기에서 카르포는 디지털적인 것the digital을, 그렉 린Greg Lynn과 베르나르 카슈Bernard Cache의 작품들에서 나와 성장한, 곡선 형태들을 기초로 하는 하나의 '양식' 으로 해석하고 있다. Mario Carpo, *The Digital Turn in Architecture 1992-2012*, London: Wiley, 2013. 그러나, 우리가 아는 바와 같이, 디지털적인 것은 이보다 훨씬 길고 풍부한 역사를 지니고 있다. 그리고 그것은 어떤 특정한 양식과 결합되어 있지 않다. 비록 디지털적인 것이 어떤 지원성들affordances을 제공한다고 할지라도, 그것은 행위체계agency를 가지고 있지 않다. James Gibson, *The Ecological Approach to Visual Perception*, Hove: Psychology Press, 1979.을 보라.

90 Marina Chatterjee, 'Top 20 Applications of Deep Learning in 2020 across Industries', *Great Learning Blog*, 19 February 2019, https://www.mygreatlearning.com/blog/deep-learning-applications/.

91 Autodesk 연구들에 관한 온라인 정보를 보라.

92 Dreamcatcher에 관해서는 https://autodeskresearch.com/projects/dreamcatcher.를 보라. Ameba에 관해서는 Ameba.xieym.com을 보라.

93 기계학습과 같은, 인공지능의 더 진보된 형태들에 관한 다른 사례들은 마찬가지로, Nest and Honeywell이 생산한 가정용 학습 온도조절기domestic learning thermostats와 같은, 환경제어시스템에 사용되어 오고 있다; https://nest.com; https://www.honeywellhome.com/us/en/products/air/thermostats/. 이들 두 시스템들에 포함된 학습 기술들learning techniques은 기업비밀로 남아있다. 그러나 강화학습reinforcement learning은 환경제어시스템들을 훈련하기 위한 방법으로 제안되어 왔다. Enda Barrett and Stephen Paul Linder, 'Autonomous HVAC Control, A Reinforcement Learning Approach' (2015), 9286. 10.1007/978-3-319-23461-8_1.

94 Joseph Bien Kahn, 'If AI Doesn't Take Your Job, It Will Design Your Office', *Wired*, 5 April 2017, https://www.wired.com/2017/04/autodestk-project-discover/.

95 이것은 인공지능 스타트업 Helix Re가 인지해왔던 이슈다. 그곳은 초기 인공지능 스타트업 Flux.io에서 성장하였다. Helix Re는 기존건물들의 성능을 모니터하고 제어하기 위해 건물들에 대한 '디지털 트윈digital twin'을 개발하고 있다. Jim Lichtenwalter, 'Fireside Q&A: Jamie Roche, HELIX RE's CEO', *Builtworlds*, 3 May 2019, https://builtworlds.com/news/fireside-qa-jamie-roche-helix-res-ceo/.

96 예를 들어, 오토데스크는 Autodesk Tandem을 2020년 11월까지 출시하겠다는 계획을 발표하지 않았다(https://adsknews.autodesk.com/pressrelease/tandem-brings-digital-win-to-bim). 그러나 디지털 트윈은 1991년 데이비드 겔런터David Gelernter가 예측하였다. David Gelernter, *Mirror Worlds: or the Day Software Puts the Universe in a Schoebox- How it Will Happen and What it Will Mean*, Oxford: Oxford University Press, 1991; 그러나 2010년까지 이름이 주어지지 않았다: R. Piascik et al., 'Technology Area 12: Materials, Structures, Mechanical Systems, and Manufacturing Road Map', n.p.p.: NASA Office of Chief Technologist, 2010.

97 NEST온도조절기는, 예를 들어, 환경조건을 모니터하는 것뿐만 아니라 휴대폰의 존재를 통해 점유여부를 찾아낸다. 교통통제시스템들도 마찬가지로 휴대폰을 추적한다. 비록 딥러닝 시스템들은 현재 교통흐름을 모니터하도록 개발되고 있다.

Mauro Fernández-Sanjurjo, Brais Bosquet, Manuel Mucientes and Víctor M. Brea, 'Real-time visual detection and tracking system for traffic monitoring', *Engineering Applications of Artificial Intelligence* 85 (2019): 410-20, ISSN 0952-1976, https://doi.org/10.1016/j.engappai.2019.07.005.

98 Michael Batty, 'Digital Twins', *Environment and Planning B: Urban Analtics and City Sense*, 10 September 2018, https://journals.sagepub.com/doi/10.1177/2399808318796416.

99 교통흐름을 통제하기 위한 '디지털 트윈'의 사용에 대해서는 City Brain, pp. 161-2.를 보라.

100 제너러티브 디자인Generative design과 위상학적 최적화 도구들Topological Optimisation tools에 대한 포괄적 조사에 대해서는, 'Generative Design and Topological Optimisation: In-Depth Look at the Two Latest Design Technologies', Engineering.com, https://engineering.com/ResourceMain.aspx?resid=826&e_src=relres-ecom.을 보라.

101 InFraRed(the Intelligent Framework for Resilient Design)는, 몇 가지 규모 순으로 도시 시뮬레이션 속도를 증가시키기 위해 최첨단 인공지능 방법을 활용하고 있는, 세계 최초의 실시간 도시 성능-디자인 플랫폼urban performance-design platform이다: http://infrared.city/. ArchElites는, 입력, 작업흐름, 평가지표를 위해 조정되고, 건조환경에 특화된, 최첨단 인공지능 알고리즘 MAP-Elites를 실행하는 품질 다양성 라이브러리Quality Diversity (QD)library이다. ArchElites는 세계 최초 품질 다양성(QD) 도구이며 확산적 검색에 대한 아이디어들과 디자인 공간의 행태적 차원들에 대한 전반적인 탐구, 디자인을 위한 새로운 패러다임을 가능하게 한다: https://theodoregalanos.github.io/ArchElites/introduction.html. daylightGAN은 건물 레이아웃의 실시간 자연광 성능 평가를 위한 맞춤형 딥러닝 생성적 적대 신경망(GAN) 모형이다. daylightGAN은 대규모의 건물 레이아웃을 위한 성능 주도적 생성적 디자인을 가능하게 한다. https://github.com/TheodoreGalanos/DaylightGAN.

2장Chapter 2

1 Emily Bilski, 'Artificial Intelligence *Avant La Lettre*: The Golem of Jewish Mysticism, Legend and Art', in Chloe Woods with Suzanne Livingston and Maholo Uchida (eds.), *AI: More Than Human*, London: Barbican International Enterprises, 2019, p. 210.

2 이들은 건립되지 않았다. Daniel Stephen Halacy, Charles Babbage, *Father of the Computer*, New York: Crowell-Collier Press, 1970; Doron Swade, *The Difference Engine: Charles Babbage and the Quest to Build the First Computer*, London: Penguin, 2002; Michael Lindgren, *Glory and Failure: The Difference Engines of Johann Müller, Charles Babbage, and Georg and Edvard Scheutz*, trans. Craig G. McKay, Cambridge, MA: MIT Press, 1990.

3 John Fuegi and Jo Francis, 'Lovelace & Babbage and the creation of the 1843 "notes"', *Annals of the History of Computing* 25, no. 4 (October-December 2003): 16-26.

4 Alan Turing, 'On Computable Numbers, with an Application to the Entscheidungsproblem', *Proceedings of the London Mathematical Society* s2-42, no.1 (1937): 230-65, doi:10.1112/plms/s2-42.1.230;s2-43, no.1 (1938): 544-6, doi:10.1112/plms/s2-43.6.544.

5 Andrew Hodges, *Alan Turing: The Enigma*, New York: Princeton University Press, 2012.

6 이 장면은 영화 *이미테이션 게임*에 등장한다. Morten Tyldum (director), *The Imitation Game*, film, 2014.

7 Dermot Turing, *Alan Turing: The Life of a Genius*, Norwich: Pitkin, 2017.

8 Liat Clark and Ian Steadman, 'Remembering Alan Turing: From Codebreaking to AI, Turing made the world we live in today', *Wired*, 7 June 2017, https://www.wired.co.uk/article/turing-contributions.

9 Jack Copeland, *Turing: Pioneer of the Information Age*, Oxford: Oxford University Press, 2012, p. 196.

10 Copeland, *Turing* p. 198.

11 엄밀히 말하면 그 경기는 영국 아마추어 육상 협회Amateur Athletics Association (AAA) 챔피언십이었다. 그러나 이것은 사실상 영국 챔피언십이었다. 튜링의 시간은 1948

년 런던 올림픽게임의 남성 마라톤 우승 시간보다 단 10분 늦었다는 점에 주목하여야 한다. 튜링은 영국 올림픽 대표 선발전에서 뛸 의도를 가지고 있었다. 그러나 엉덩이 부상이 깊어졌다. Copeland, *Turing*, p. 136; Pat Butcher, 'Record Breaker', *Runner's World*, September 1999, pp.56-7.

12 Turing, 'Computing Machinery and Intelligence'.

13 'The Turing Test, 1950', *The Alan Turing Internet Scrapbook*, https://www.turing.org.uk/scrabook/test.html.

14 만일 튜링이 그의 업적이 마침내 드러나기 전까지 대부분 알려지지 않은 채로 있었다면, 오늘날까지 거의 완전히 알려지지 않은 채로 남아 있는 수많은 다른 인물들-특히 튜링이 관여하였던 프로젝트의 여성 조력자들-이 있다. Kate Lewis, 'Bletchley Park: No Longer the World's Best Kept Secret', *BBC News*, 18 June 2014. 마찬가지로 Sadie Plant, *Zeros and Ones: Digital Women and the New Technoculture*, London: Fourth Estate, 1998.을 보라.

15 Tyldum, *The Imitation Game*.

16 이것은 1949년 *타임즈誌*에 튜링이 인용한 것이다. 튜링은 인공지능보다 '기계 정신mechanical mind'이라 부르는 초기 컴퓨터를 언급하고 있다. Dermot Turing, *Prof: Alan Turing Decoded*, Norwich: Pitkin, 2015, https://quoteinvestigator.com/2019/10/12/ai-shadow.

17 Benjamin Bratton, 'Outing AI: Beyond the Turing Test', *New York Times*, 23 February 2015.

18 튜링이 그의 발명으로 가까스로 구한 생명의 수에 대한 추정치는 광범위하게 다양하다. Colin Drury는 2백만 명의 생명을 구했다고 추정하고 있다. Colin Drury, 'Alan Turing, the father of modern computing, credited with saving millions of lives', *Independent*, 15 July 2019, https://www.independent.co.uk/news/uk/home-news/alan-turing-50-note-computers-maths-enigma-codebreaker-ai-test-a9005266.html. 그러나 Jack Copeland는 그 수치가 천 2백만 명에 이를 수 있다고 주장하고 있다. Jack Copeland, 'Alan Turing: the codebreaker who saved "millions of lives"', *BBC News*, 19 June 2012, https://www.bbc.com/news/technology-18419691.

19 Steve Tribe, *Doctor Who: A Brief History of Time Lords*, New York: Harper Design, 2017.

20 그러나 이것은 지극히 있을법하지 않다. *닥터 후*의 최초 에피소드는 1963년에 방송되었다. 그 시점은 튜링의 전시 업적들이 여전히 국가 기밀로 분류되어 있었다. 그러나 시간에 대한 선형 지각linear perception은 닥터 후와 같은 타임로드 종족에게

는 필연적으로 적용되지 않는다.

21 Warren McCulloch and Walter Pitts, 'A Logical Calculus of The Ideas Immanent in Nervous Activity', *Bulletin of Mathematical Biophysics* 5 (1943): 115-33.

22 Babbage, Lovelace, Turing, Ashby, Russell 그리고 Sherrington 모두 영국 출신이다. 영국은 컴퓨터연산computation의 초기 발전에 주요한 역할을 하였다.

23 Boden, *AI*, p. 10.

24 인공두뇌학 분야의 핵심 인물들 중 한명은 Gordon Pask였다. 그는 수년간 건축협회Architectural Association에서 가르쳤다. 인공두뇌학과 건축에 대한 그의 에세이에 대해서는 Gordon Pask, 'The Architectural Relevance of Cybernetics', in Achim Menges and Sean Alquist (eds), *Computational Design Thinking*, London: Wiley, 2011.을 보라.

25 Boden, *AI*, p. 17.

26 James Moor, 'The Dartmouth College Artificial Intelligence Conference: The Next Fifty Years', *AI Magazine* 27, no. 4, (2006): 87-9.

27 J. McCarthy, M. Minsky, N. Rochester and C. E. Shannon, 'A Proposal for the Dartmouth Summer Research Project on Artificial Intelligence', August 1955, http://raysolomonoff.com/dartmouth/boxa/dart564prop.pdf

28 N. J. Nielson, *John McCarthy: A Biographical Memoir*, Washington, DC: National Academy of Sciences, 2012.

29 Marvin Minsky, *Computation: Finite and Infinite Machines*, Englewood Cliffs, NJ: Prentice-Hall, 1967, p.2.

30 Daniel Crevier, *AI: The Tumultuous Search for Artificial Intelligence*, New York: Basic Books, 1993, p. 203.

31 Rusell and Norvig, *Artificial Intelligence*, p. 21.

32 Professor Sir James Lighthill, 'Artificial Intelligence: A General Survey', in *Artificial Intelligence: a paper symposium*, n.p.p.: Science Research Council, 1973.

33 Marvin Minsky and Seymour Papert, *Perceptrons: An Introduction to Computational Geometry*, Cambridge, MA: MIT Press, 1969; Crevier, *AI*, pp. 102-5.

34 Etham Alpaydin은 퍼셉트론perceptron을 다음과 같이 정의하고 있다: '지각은 레이어들로 구성된 신경망의 한 유형이다. 그 속에서 각 레이어는 이전 레이어 속의 유닛들units로부터 연락을 받는다. 그리고 뒤 이은 레이어 속의 유닛들에게 자신의 출력output을 공급한다.' Ethem Alpaydin, *Machine Learning*, Cambridge, MA: MIT

Press, 2016, p. 179.

35 Frank Rosenblatt, *Principles of Neurodynamics*, Washington, DC: Spartan Books, 1962.

36 Boden, *AI*, P. 94. 더 읽기 위해서는 Mikel Olazaran, 'A Sociological Study of the Official History of the Perceptrons Controversy', *Social Studies of Science* 26, no. 3 (1996): 611-59.를 보라. 마찬가지로 Crevier *AI*, pp. 102-5.를 보라.

37 Russell in Ford, *Architects of Intelligence*, p. 83.

38 LISP 기계들은 LISP 소프트웨어상에서 운영되는 범용컴퓨터들이다. LISP는 위치자/식별자 분리 프로토콜Locator/Identifier Separation Protocol의 두문자어anchronym다. H. P. Newquist, The *Brain Makers*, Indianapolis: Sams Publishing, 1994.을 보라.

39 Ray Kurzweil, The Singularity is Near, New York: Viking, 2005, p. 264.

40 Ray Kurzweil, *The Singularity is Near*, p. 263.

41 'The History of Chess AI', *Medium*, 28 February 2019, https://becominghuman.ai/the-history-of-chess-ai-f8b0dcb4d6d4.

42 Feng-Hsiung Hsu, *Behind Deep Blue: Building the Computer that Defeatd the World Chess Champion*, Princeton, NJ: Princeton University Press, 2002.

43 Peter H. Diamandis, 'Ray Kurzweil's Mind-Boggling Predictions for the Next 25 Years', *Medium*, 22 August 2018, https://medium.com/@singularity_41680/ray-kurzweils-mind-boggling-predictions-for-the-next-25-years-ce3c9163588b.

44 프로젝트 배후의 핵심 컴퓨터연산적 지성들computational minds 중의 한명인, 대만계 미국인 컴퓨터과학자 쉬펑슝Feng-hsiung Hsu은 자신의 초기 컴퓨터 체스-놀이 시스템들 중 하나에 'Deep Thought깊은 생각' 이라는 이름을 지어주었다. 짐작하건대 이것은 책, 소설과 영화인 *은하수를 여행하는 히치하이커를 위한 안내서*The Hitchhiker's Guide to the Galaxy에 등장하는 메가 컴퓨터인 Deep Thought에 의해 영감을 받았다. Deep Thought는 'The Ultimate Question to Life, the Universe and Everything삶, 우주 그리고 모든 것에 대한 궁극적 질문' 에 답하도록 프로그램 되었다. 7천 5백 만년 후, Deep Thought는 '42' 라는 해답이 떠올랐다. 최종 이름인 딥 블루Deep Blue는 마찬가지로 IBM의 닉네임, 'Big Blue' 로부터 정보를 얻었다. Hsu, *Behind Deep Bule*.

45 Walsh, *Machines that Think*, p. 118.

46 Michelle McPhee, K. C. Baker and Cory Siemaszko, 'Deep Blue, IBM's supercomputer, defeats chess champion Garry Kasparov in 1997', *New York Daily News*, 10

May 2015, https://www.nydailynews.com/news/world/kasparov-deep-blues-losingchess-champ-rooke-article-1.762264.

47 Albert Silver, 'Deep Blue's Cheating Move, *Chess News*, 19 February 2015, https://cn.chessbase.com/post/deep-blue-s-cheating-move. 이것은 놀랄 일이 아니다. Mechanical Turk와 같은 가짜 체스-놀이 자동장치들automata의 역사를 보자면, 그것들은 사실 체스판 아래의 캐비닛에 숨겨진 난쟁이 첩보원에 의해 통제되었다. Simon Schaffer, 'Enlightened Automata' , in William Clark et al. (eds), *The Sciences in Enlightened Europe*, Chicago and London: University of Chicago Press, 1999, pp. 126-65.

48 Garry Kasparov, 'The Day that I Sensed a New Kind of Intelligence,' *Time* 13, 25 March 1996.

49 Garry Kasparov, *Deep Thinking*, Boston: Public Affairs, 2017.

50 Garry Kasparov in Elena Holodny, '역대 최대 체스 선수들 중 한명인 가리 카스파로프는 인공지능과 기계학습과 인간간의 상호작용에 대해 이야기하고 있다.' *Business Insider*, 24 May 2017, https://www.businessinsider.com/garry-kasparov-interview-2017-5.

51 Russell in Ford, *Architects of Intelligence*, p. 44.

52 David Ferrucci, Eric Brown, Jennifer Chu-Carroll, James Fan, David Gondek, Aditya A. Kalyanpur, Adam Lally, J. William Murdock, Eric Nyberg, John Prager, Nico Schlaefer and Chris Welty, 'Building Watson: An Overview of the DeepQA Project' , *AI Magazine* (Fall, 2010), http:/www.aaai.org/Magazine/Watson.php.

53 Mike Hale, 'Actors and their. Hal? Hal!' , *New York Times*, 8 February 2011. 그 과제는, 알려진 바에 의하면, IBM 경영진사이의 저녁 만찬에서 떠올랐다. 그때는 전체 레스토랑을 점유하고 있는 사람들이, 대중의 상상력을 사로잡았던 텔레비전 퀴즈 쇼인, Jeopardy!의 최근 에피소드를 보기 위해 텔레비전 스크린 앞으로 옮겨갔다는 것을 알아차렸을 때였다. Stephen Baker, *Final Jeopardy: Man vs Machine and the Quest to Know Everything*, New York: Houghton Mifflin Harcourt, 2011, pp. 6-8.

54 그럼에도 불구하고, 왓슨Watson은 백과사전, 사전 그리고 도서관 작업들을 포함한 많은 자료들에 의지할 수 있었다. 비록 인터넷에 접속하지 않았지만 말이다.

55 IBM의 기존 질의응답 시스템의 개선된 버전은 ―비록 그 당시에는 좋았지만― Jeopardy! 퀴즈 질문에는 매우 부적합하다는 것이 판명되었다. 예를 들어, 초기 테스트에서 그 시스템은 질문의 62%만 답변할 수 있었고, 이들 답변중 13%만이 정답이었다. Sean Gerrish, *How Smart Machines Think*, Cambridge, MA: MIT Press,

2018, p. 177.

56 그 이름에도 불구하고, DeepQA는 딥 러닝과 관련이 없다. Gerrish, *How Smart Machines Think*, p. 178.

57 'Watson Crowned Jeopardy King' , *BBC News*, 17 Feb 2011, https://www.bbc.com/news/technology-12491688; John Markoff, 'Computer Wins on Jeopardy? Trivial, Its' Not', *New York Times*, 16 February 2011, https://www.nytimes.com/2011/02/17/science/17jeopardy-watson.html.

58 Ken Jennings, 'My Puny Human Brain' , *Slate Magazine*, 16 February 2011, https://slate.com/culture/2011/02/watson-jeopardy-computerken-jennings-describes-what-it-s-like-to-play-against-a-machine.html.

59 Markoff, 'Computer Wins on Jeopardy?' .

60 Christopher Moyer, 'How Google's AlphaGo Beat a Go World Champion' , *Atlantic*, 18 March 2016, https://www.theatlantic.com/technology/archive/2016/03/the-invisible-opponent/475611/.

61 David Silver et al., 'Mastering the game of Go with deep neural networks and tree search' , *Nature* 529, 28 January 2016, pp. 484-9.

62 Demis Hassabis, Sam Byford, 'DeepMind founder Demis Hassabis on how AI will shape the future' , *The Verge*, 10 March 2016.에 인용된 것과 같다.

63 Russell in Ford, *Architects of Intelligence*, 2018, p. 43.

64 Cade Metz, 'The Sadness and Beauty of Watching Google's AI Play Go' , *Wired*, 11 March 2011.

65 Christopher Moyer, 'How Google's AlphGo Beat a Go World Champion' , *Atlantic*, 18 March 2016, https://www.theatlantic.com/technology/archive/2016/03/the-invisible-opponent/475611/.

66 Metz, 'The Sadness and Beauty' .

67 Greg Kohs (director), *AlphaGo*, 2017, https://alphagomovie.com/.

68 Moyer, 'How Google's AlphGo Beat a Go World Champion' .

69 Demis Hassabis and Fan Hui, 'AlphaGo: Moving Beyond the Rules' , in Woods, Livingston and Uchida, *AI: More Than Human*, p. 89.

70 Hassabis and Hui, 'AlphGo' , p.84.

71 Kohs, AlphaGo.

72 그 문제도 마찬가지로, 앞으로 보게 되겠지만, 인간이 설계한 디자인의 한계를 노출시키는, 인공지능에 의해 생성된 건축디자인들에 의해 매우 분명해진다. p. 122.를 보라.

73 알파고 프로젝트는 실제로 동일한 프로그램에 대한 일련의 변형들로 구성되었다. 2015년 10월, 유럽 바둑 챔피언 판 후이Fan Hui와의 시합에서 사용된 초기 버전으로 출발하여, 2016년 3월 이세돌과의 시합을 위해 AlphaGo Lee로 개선되었다.

74 Demis Hassabis and David Silver, 'AlphaGo Zero: Learning from Scratch', 18 October 2017, https://deepmind.com/blog/article/alphago-zero-starting-scratch.

75 Merritt Kennedy, 'Computer Learns to Play Go at Superhuman Levels "Without Human Knowledge"', *The Two Way*, 18 October 2017, https://www.npr.org/sections/thetwo-way/2017/10/18/558519095/computer-learns-to-play-go-at-superhuman-levels-without-human-knowledge.

76 David Silver et al., 'Mastering Chess and Shogi by Self-Play with a General Reinforcement Learning Algorithm', 5 December 2017, https://arxiv.org/abs/1712.01815.

77 The AlphaStar Team, 'AlphaStar: Grandmaster level in StarCraft II using multi-agent reinforcement learning', *DeepMind Blog*, 30 October 2019, https://deepmind.com/blog/article/AlphaStar-Grandmaster-level-in-StarCraft-II-using-multi-agent-reinforcement-learning.

78 '바둑의 대가인 이세돌은 인공지능 바둑 기사를 이길 수 없어 그만둔다고 말한다', Yonhap News Agency, 27 November 2017, https://en.yna.co.kr/view/AEN20191127004800315.

79 Kohs, *AlphaGo*.

80 Kai-Fu Lee, *AI Superpowers: China, Silicon Valley and the New World Order*, New York: Houghton Mifflin Harcourt, 2018, p.3.

81 Tom Simonite, 'Tencent Software Beats Go Champ, Showing China's AI Gains', *Wired*, 23 January 2018, https://www.wired.com/story/tencent-software-beats-go-champ-showing-chinas-ai-gains/.

82 NASA가 진술한 바에 따르면, '일반적으로, 케네디는 "우주경쟁"에서 미국이 소비에트 연방을 "따라잡고 압도하도록' 하는데 큰 압박감을 느꼈다. 1957년 스푸트니크 쇼크 4년 뒤, 1961년 4월 12일 우주비행사 유리 가가린Yuri Gagarin은 미국을 크게 당황하게 하면서 우주를 비행한 첫 번째 인간이 되었다. 한편 앨런 셰퍼드Alan Shepard는 5월 5일 우주를 비행한 첫 번째 미국인이 되었다. 그는 가가린이 했

던 것과 같은 지구의 궤도를 도는 대신, 짧은 저궤도 비행을 했을 뿐이다.' Neil Leach, 'Terrestrial Feedback', Neil Leach (ed.), 'Space Architecture: The New Frontier for Design Research', *AD*, Profile No. 232, November/December 2014. 에서 인용한 바와 같다.

83 폴 모저Paul Mozur가 말하길, '인공지능에 대해 정부와 상담했던 두 명의 교수들 모두, 구글의 알파고에 의한 한국의 바둑게임의 대가인 이세돌의 2016년 패배는 중국의 위정자들에게 큰 충격을 주었다 ... 중국에게 있어서 일종의 스푸트니크 쇼크와 마찬가지로, 두 교수들이 말하길, 그 사건은 그 분야로 기금을 새롭게 유입시키기 위한 길을 닦았다.' Paul Mozur, 'Beijing Wants A.I. to Be Made in China by 2030', *New York Times*, 20 July 2017, https://www.nytimes.com/2017/07/20/business/china-artificial-intelligence.html.

84 Nicholas Thomson and Ian Bremner, 'The AI Cold War That Threatens Us All', *Wired*, 23 October 2018, https://www.wired.com/story/ai-cold-war-china-could-doom-us-all/.

85 리카이푸Kai-Fu Lee는 계속해서 말한다; '소비에트 연방이 1957년 10월 인간이 만든 최초의 인공위성을 발사하였을 때, 그것은 미국의 정서와 정부 정책에 즉각적이고 지대한 영향을 미쳤다. 그 사건은 감지된 소비에트의 기술적 우월성에 대한 미국 널리 퍼진 국민적 불안을 야기하였다. 밤하늘을 가로지르는 인공위성을 따라 스푸트니크의 라디오 전송에 주파수를 맞추는 미국인들도 있었다. 그것은 미국항공우주국National Aeronautical Space Administration, NASA의 창설을 촉발하였다. 수학과 과학 교육을 위한 주요 정부 보조금을 지원하였고 사실상 우주경쟁을 시작하였다. Lee, *AI Superpowers*.

86 Carissa Schoenick, 'China May Overtake US in AI Research', Medium, 13 March 2019, https://medium.com/ai2-blog/china-to-overtake-us-in-ai-research-8b6b1fe30595.

87 Lee, AI *Superpowers*, p. 227.

88 Lee, *AI Superpowers*, p. 4.

89 Mark Zastrow, '한국은 알파고 "쇼크" 이후에 인공지능 8억 6천만 달러의 인공지능 기금을 떠들썩하게 보도하였다.' *Nature*, 18 March 2016, https://www.nature.com/news/south-korea-trumpets-860-million-ai-fund-after-alphago-shock-1.19595.

90 Metz, 'The Sadness and Beauty'.

91 Demis Hassabis and Fan Hui, 'Exploring the Mysteries of Go with AlphaGo and top Chinese Go Players', *DeepMind Blog Research*, 10 April 2017, https://deepmind.com/blog/article/exploring-mysteries-alphago.

92 Chris Weller, 'Meet the first-ever robot citizen — a humanoid robot named Sophia that once said that it would 'destroy humans', *Business Insider*, 27 October 2017, https://www.businessinsider.com/meet-the-first-robot-citizen-sophia-animatronic-humanoid-2017010?r=UK.

93 'UNDP in Asia and the Pacific Appoints World's First Non-Human Innovation Champion', *UNDP Asia and Pacific*, 22 November 2017.

94 Lana Sinapayen, 'Sophia the Robot, More Marketing Machine than AI Marvel', *Skynet Today*, 20 November 2018. https://www.skynettoday.com/briefs/sophia.

95 과거에는 사람을 자동 장치로 가장하는 사례들이 있었다. Mechanical Turk의 경우에서처럼, '자동 장치automaton'는 실제로 아래에 숨어서 체스게임을 하는 난쟁이에 의해 작동되었다. Tom Standage, *The Turk: The Life and Times of the Famous Eighteenth-Century Chess-Playing Machine*, New York: Walker, 2002.

96 Zoom conversation, 6 May 2020.

97 이것이 나에게 드러나게 된 것은, 2019년 9월 상하이에서의 한 학술대회에서의, AI SpaceFactory의 CEO인 David Mallard에 의해서였다. https://www.aispacefactory.com/.

98 이것은 셰익스피어의 비극 *율리우스 카이사르Julius Caesar*의 제1막, 2장(1599)에 등장하는 유명한 표현, '3월 15일을 조심하라!Beware the Ides of March!'를 참조한 것이다. http://www.online-literature.com/shakepeare/julius_caesar/3/.

3장Chapter 3

1 Ada Lovelace, Notes (on the Analytical Engine), 1843.

2 Lovelace, Notes

3 Teri Perl, '*The Ladies Diary or Woman's Almanac*, 704-1841', *Historica Mathematica* 6 (1979): 36-53.

4 이에 대한 더 많은 논의를 위해서는 Marcus du Sautoy, *The Creativity Code: Art and Innovation in the Age of AI*, Cambridge, MA: Harvard University Press, 2019.를 보라.

5 물론, 이것은 미결문제이다. 우리는 아직까지 그것에 대한 해답을 갖고 있지 않다. 그리고 '사고'가 의식을 포함하느냐 그렇지 않느냐에 더 많이 좌우된다. 만일 그렇다면, 그땐 기계들은 말 그대로 생각할 수 없다. 최소한 우리가 인공일반지능AGI

에 도달하기까지는 말이다. Turing, 'Computing Machinery and Intelligence'.

6 튜링은, 인간 존재는 이러한 소네트들sonnets을 완전히 감상할 수 없을 수도 있다고 추측하면서, 흥미로운 자질을 추가하고 있다: '비록 비교가 어쩌면 약간 불공평할지라도, 한 기계에 의해 창작된 소네트가 또 다른 기계에 의해 더 잘 감상될 것이기 때문이다.' Dermot Turing, *Prof.*

7 Turing, 'Computing Machinery and Intelligence'.

8 Turing, 'Computing Machinery and Intelligence'. 컴퓨터의 예측불가능성은 기계학습 알고리즘을 사용하는데 있어서 잠재적으로 가장 큰 위험이다. 메모 애크텐Memo Akten이 말한 바와 같이, '이것은 엄밀히 말해 잠재적으로 기계학습 알고리즘을 사용하는 것에 대한 가장 큰 위험이 놓이는 곳이다. 특히 *결정적인 상황에서의 알고리즘에 의한 의사결정argorithmic decision making*과 부분적으로 오늘날 우리가 지닌 문제들을 왜 겪고 있는지와 관련해서 말이다. —왜냐하면 우리는 훈련받은 알고리즘이 어떻게 행동할지를 예측할 수 없고 우리는 그 알고리즘들을 설명할 수 없는 채로 둘 수 없기 때문이다. 그러나 동시에 이것은 또한 기계학습 알고리즘의 가장 큰 이점이기도 하다. 이것은 어떻게 기계들이 우리를 새로운 장소로 나아가게 하는데, 우리로 하여금 다른 방법으로 볼 수 없었던 사물을 보게 만드는데, 잠재적으로 도움이 될 수 있는가 하는 것이다.' Memo Akten, 'Retune 2016, Part 2: Algorithmic Decision Making, Machine Bias, Creativity and Diversity', *Medium*, 14 October 2016, https://medium.com/@memoakten/retune-2016-part-2-algorithmic-decision-making-machine-bias-creativity-and-diversity-3c7cca21ba37.

9 Richard Susskind and Daniel Susskind, *The Fuure of the Profesions: How Technology will Transform the Work of Human Experts*, Oxford: Oxford University Press, 2015, p. xi.

10 Mitchell, *Artificial Intelligence*, p. 272.

11 확장 지능과 관련한 의식에 관한 문제는 다음 장에서 더 많이 다루어지고 있다.

12 저술 당시, '알렉사, 네가 창조적인지 말해줄 수 있겠어?' 라고 물었을 때, 알렉사는 '죄송합니다. 확신할 수 없습니다.' 라고 대답한다.

13 Blase Agüera y Arcas, 'What is AMI?', *Medium*, 23 February 2016. https://medium.com/artists-and-machine-intelligence/what-is-ami-96cd9ff49dde.

14 인공지능을 이용한 예술가들을 개관하기 위해서는 https://aiartists.org/를 보라.

15 Alex Rayner, 'Can Google's Deep Dream become an art machine?', *Guardian*, 28 March 2016, https://www.theguardian.com/artanddesign/2016/mar/28/google-deep-dream-art.

16 Joanna Zylinska, *AI Art: Machine Visions and Warped Dreams*, London: Open Humanities Press, 2020, p. 50.

17 Is artificial intelligence set to become art's next medium? https://www.christies.com/features/A-collaboration-between-two-artists-one-human-one-a-machine-9332-1.aspx.

18 James Vincent, 'How Three French Students used Borrowed Code to Put the First AI Portrait in Christie' s. *The Verge*, 23 October 2018, https://www.theverge.com/2018/10/23/18013190/ai-art-portrait-auction-christies-belamy-obvious-robbie-barrat-gans.

19 인공지능이 튜링 테스트를 실패할 수 있다고 주장할 수도 있다. 만일 인공지능이 그 자체가 지나치게 박식하다는 것을 보여주고 인간에게 기대할 수 있는 것을 넘어서는 수준의 지식을 보인다면 말이다. Hussana Hamden, 'Both Turing Test and GAN Attempt to Fool a Judge' , 1 November 2019, *Medium*, https://medium.com/@hamdan.hussam/both-turing-test-and-gan-attempt-to-fool-a-judge-7391665ffca2.

20 https://lumenprize.com/artwork/the-butchers-son/.

21 Martin Dean, 'Artist Mario Klingemann on Artificial Intelligence, Technology and our Future' (interview with Mario Klingemann), Sotheby's, 25 February 2019, https://www.sothebys.com/en/articles/artist-mario-klingemann-on-artificial-intelligence-art-tech-and-our-future.

22 'Art and Artificial Intelligence Laboratory at Rutgers: Advancing AI Technology in the Digital Humanities' , https://sites.google.com/site/digihumanlab/home.

23 Ian Bogost, 'The AI-Art Gold Rush is Here' , *Atlantic*, 6 March 2019.

24 Taesung Park, Ming-Yu Liu, Ting-Chun Wang and Jun-Yan Zhu. 'Semantic Image Synthesis with Spatially-Adaptive Normalization' , *CVPR*, 2019, https://arxiv.org/pdf/1903.07291.pdf.

25 'GauGAN Wins Major Awards at SIGGRAPH 2019's Real Time Live Competition' , Nvidia Developer News Center, 30 July 2019, https://news.developer.nvidia.com/gaugan-wins-major-awards-at-siggraph-2019s-real-time-live-competition/.

26 'GauGAN Wins Major Awards' .

27 여기서 유사점은 단순한 휴대폰이 가지고 있는 것이다. 초기에는 부유한 사업가를

위해 의도되었지만, 휴대폰은 마케팅 관점에서 성공할 수 있는 제품이 되었다. 일단 그 사업가들이 다른 가족 구성원들에게 주기 시작하면 그들이 가족들에게 전화하고 저녁에 태우러 갈 수 있을 것이다.

28 https://medium.com/artists-and-machine-intelligence/what-is-ami-ccd936394a83.

29 Walter Benjamin, *The Work of Art in the Age of Mechanical Reproduction*, Scottsdale, AZ: Prism Key Press, 2010.

30 이것은, 원숭이와 야생동물 사진작가인 David Slater을 포함하는, 최근의 흥미를 자아내는 사례에 영향을 미쳤다. Slater는 자신의 카메라를 원숭이들에게 주었다. 그들은 셀카 사진을 찍었다. 흥미롭게도, 찍힌 이미지들을 출판한, 위키피디아는 저작권이 원숭이들에게 귀속될 수 없다고 결정하였다. 거기에는 저작권을 위해서는 이미지들은 인간에 의해 만들어져야한다는 점을 제안하고 있다. Caroline Christie, 'The Work of Art in the Age of Artificial Intelligence', *Medium*, 8 May 2019, https://medium.com/the-ai-issue-weapons-of-reason/the-work-of-art-in-the-age-of-artificial-intelligence-1a92c46e8fe5.

31 Paul Lambert, 'Computer Generated Works and Copyright: Selfies, Traps, Robots, AI and Machine Learning', *European Intellectual Property Review* 39, no. 1:12-20.

32 Bogost, 'The AI-Art Gold Rush is Here'.

33 Dean, 'Artist Mario Klingemann'.

34 Dean, 'Artist Mario Klingemann'.

35 Neil Leach, 'The Culture of the Copy', in Wendy Fok and Antoine Picon (eds), 'Digital Property', *AD* 86, no. 5 (September-October 2016): 126-33.

36 Leach, 'The Culture of the Copy'.

37 Magaret Boden, 'Computer Models of Creativity', AI Magazine 30, no. (Fall 2009): 24.

38 Marcus du Sautoy도 마찬가지로 Boden의 세 가지 유형의 창조성에 찬성한다: Sautoy, *The Creative Code*, pp. 7-15.

39 Magaret Boden, 'Computer Models of Creativity', *Association for the Advancement of Artificial Intelligence* 103 (1998): 347-56.

0 Boden, 'Computer Models of Creativity', 347-56.

41 Boden, 'Computer Models of Creativity', 347-56.

42 Boden, 'Computer Models of Creativity', 347-56.

43 지원성 이론에 대해서는, James Gibson, *The Ecological Approach to Visual Perception*, Hove: Psychology Press, 1979. 또한 Leach, 'Digital Tool Thinking', pp. 344-51.을 보라.

44 Ben Cerverny는 2020년 11월 7일, 'Towards Hallucinating Machines: Architecture, AI and Indeterminancy, DigitalFUTURES'의 패널 토론에서 말하고 있다. https://www.youtube.com/watch?v=wZiF22LyFk.

45 Magaret Boden, 'Creativity and AI', 13 January 2017, https://www.youtube.com/watch?v=3p2ARIJmKio.

46 Magaret Boden, *Creativity and Art: Three Roads to Surprise*, Oxford: Oxford University Press, 2010.

47 양식에 대한 논의는 p.39를 보라.

48 Arthur Miller, *The Artist in the Machine: The World of AI-Powered Creativity*, Cambridge, MA: MIT Press, 2019, p. 30.

49 Sigmund Freud, *The Interpretation of Dreams: The Royal Road to the Unconscious*, New York, Macmillan, 1913.

50 이것을 발터 벤야민의 미메시스의 개념과 비교해보라: '언어는 의미의 저장소가 된다. 그리고 글쓰기는 그 자체를 넘어 확장하는 행위가 된다. 그로써 글쓰기의 과정에서 저자들은 그들이 모를 수도 있는 과정에 개입한다. 실제로, 글쓰기는 종종 드러내고자 의식하고 있는 것 이상을 드러낸다. 마찬가지로, 독자는 그 단어들을 해독하여야 한다. 단순히 합리성의 논리를 넘어서는 상상력의 영역에 의존하는 것을 통해서 말이다. Leach, *Camouflage*, p. 21.

51 이것은 튜링에 의해 만들어진 그 지점으로 우리에게 되돌아온다. 기계의 창의성은 오로지 다른 기계에 의해서만 인지될 수도 있다. 물론 기계가 우선 창의성을 인지하는 능력을 갖추고 있다고 가정하면 말이다. Dermot Turing, *Prof.*

52 Neil Leach, Anil Seth, Refik Anadol, Daniel Bolojan and Kris Mun, 'DigitalFUTURES World, AI and Neuroscience', 패널 토의, 27 June 2020, https://www.youtube.com/watch?v=L1H7eL8pk5k&t=4321s.

53 Craig Reynolds, 'Flocks, Herds, and Schools: A Distributed Behavioral Model', *Computer Graphics* 21, no. 4 (July 1987): 25-34.

54 Geoffrey Hinton, 'Can the Brain do Backpropagation?', Stanford Seminar, YouTube video uploaded 28 April 2016. https://www.youtube.com/watch?v=VIRCybGgHts.

55 Boden, pp. 90-1. 이 원리는, Anil Seth와 같은 신경과학자에 의한, 새로운 연구의 시작을 열었다. 그들은 예측지각predictive perception의 원리를 주장하였다. 그로써 두뇌는 내부로부터 나오는 예측에 외부로부터 받아들이는 이미지에 의지하는 만큼 의지한다. Seth, 'A predictive processing theory of sensorimotor contingencies', 97-118; Clark, *Surfing Uncertainty*.

56 Bengio in Ford, *Architects of Intelligence*, p. 25.

57 Hiroshi Ishiguro (Maholo Uchida와의 대화중에서), 'A Reflection of Ourselves: Robots and the Journey Towards Understanding Human Intelligence', in Woods, Livingston and Uchida, *AI: More Than Human*, pp. 174-9.

4장Chapter 4

1 Scott Roxborough, 'Rutger Hauer on "Blade Runner 2049" and Why Films Today "Lack Balls"', *Hollywood Reporter*, 18 February 2018, hollywoodreporter.com/heat-vision/rutger-hauer-blade-runner-2049-why-films-today-lackballs-1085827.

2 Blade Runner는 2019년 11월 19-21을 배경으로 설정되어 있다. 우리가 속편인 Blade Runner 2049를 찾아보면 말이다.

3 유니콘의 꿈, 그리고 블레이드 러너에서의 로스앤젤레스 경찰국LAPD의 경찰관인 Gaff가 만든 유니콘의 종이접기 피큐어는 데커드Deckard 자신이 레플리컨트일 수도 있는지에 대한 이유로서 언급되어 왔다. 블레이드 러너에서 흥미로운 아이디어로서 이어지며 남겨진 가능성은 블레이드 러너 2049에서는 그것이 사실이라는 것이 확인되었다. Murray Chapman, 'What is the significance of the unicorn?', *Blade Runner Insights*, 1998, https://br-insight.com/library/significance-of-the-unicorn/.

4 Makoto Sei Watanabe, 'AI Tect: Can AI Make Designs?', in Neil Leach and Philip Yuan (eds), *Computational Design*, Shanghai: Tongji University Press, 2017, pp. 68-75. 건축분야에서 인공지능의 발전을 추적하는 것은 쉬운 일이 아니다. 많은 인공지능 연구자들은 자신들의 연구를, *Medium*과 같은, 온라인 플랫폼에 게시한다. 그러나 인공지능과 건축에 관한 연구에 집중하는 단일 사이트는 없다. 인공지능과 건축에 집중하는 어떤 연구저널도 지금까지는 없다. 그처럼 이 분야에서의 발전을 개관하는 것은 핵심 기여자들players 중 일부를 간과할 위험성이 있다. 특히 그들이 영어가 아닌 다른 언어로 자신들의 저술을 출판할 때 말이다.

5 Watanabe, 'AI Tect: Can AI Make Design?'.

6 www.thispersondoesnotexist.com. 그 원리는 건축 웹사이트 이면에 놓여 있다. *This building does not exist* (www.thisbuildingdoesnotexist.com) 그것은 더 이상 운영되지 않는다.

7 Kostas Terzidis, *Algorithmic Architecture*, London: Routledge, 2006, p. 11: Kostas Terzidis, *Permutation Design*, London: Routledge, 2014, p. 85. 이것 또한 창조성에 대해 특정한 좀 더 보수적인 접근방식들이, 마르틴 하이데거의 접근방식처럼, 재고되어야 할 필요가 있다고 제안하기 시작한다. 예를 들어, 하이데거의 개념은 예술 작품은 그리스 용어 '알레테이아진리 또는 폭로, aletheia' 와 연결되어 있다는 것이다. 그것은 '잊지 않기not forgetting' 를 의미한다. 다시 말해, 예술 작품을 생산하는 것은 '예술가' 가 이미 존재하는 '진리truth' 를 그저 벗겨내는 것uncover —혹은 '기억하는' 것remember— 이다. 이에 대해서는 Leach, Rethinking Architecture, pp. 98-9.를 보라.

8 Refik Anadol, 'Art in the Age of Machine Intelligence' , TED Talk, July 2020, https://www.ted.com/talks/refik_anadol_art_in_age_of_machine_intelligence/transcript?language=en.

9 Refik Anadol. 'DigitalFUTURES: AI and Neuroscience' , 6 July 2020, https://www.youtube.com/watch?v=L1H7eL8pk5k& list=PLtuu5idZ57EUn4j0H3a95ksa6PzJYq11x&index=10.

10 이 논평은 원래 AA 스쿨 1학년 학생으로 재학 중이던 쿨하스가 작성한 엘리아 젱겔리스Elia Zengelis를 위한 에세이 속에 있다. Rem Koolhaas, Stefano Boeri, Sanford Kwinter, Nadia Tazi and Hans Ulrich Obrist, *Mutations*, Barceloa: Actar, 2000.

11 Koolhaas et al., *Mutations*.

12 Yonca Keremoglu, 'A Data Universe Made of Memories, AI and Architecture' , interview with Refik Anadol, *Digicult*, undated, http://digicult.it/articles/a-data-universe-made-of-memories-ai-and-architecture-interview-with-refik-anadol/.

13 Anadol, 'DigitalFUTURES' ,

14 Anadol, 'Art in the Age of Machine Intelligence' .

15 Google Arts and Culture, 2018, 'WDCH Dreams' , https://artsandculture.google.com/exhibit/wdch-dreams-laphil/yQlyh25RSGAtLg?hl=en.

16 Anadol, 'Art in the Age of Machine Intelligence' .

17 인간적 용어로 이해하자면, 그땐, '기억' , '꿈' , 그리고 '의식' 은 여기에서는 인용부호 안에서 표현되어져야 한다. 인공지능은 말 그대로 인간 존재가 소유하고 있

는 기억들, 꿈들, 혹은 의식과 같은 종류들을 가지고 있지 않다. 그러나 Anil Seth는 정확한 의미는 맥락에 의존한다고 지적한다. 컴퓨터 메모리computer memory 혹은 메모리 매트리스memory mattress에서와 같은 곳에서 우리가 '메모리"란 용어를 사용할 때, 그것을 인용부호 안에 둘 필요가 있는가? Anil Seth, ' DigitalFUTURES: AI and Neuroscience', 6 July 2020, https://www.youtube.com/watch?v=L1H7eL8pk5k& list=PLtuu5idZ57EUn4j0H3a95ksa6PzJYq11x&index=10.

18 기억에 대한 테마는 아나돌의 초기 프로젝트, *녹아내리는 기억Meting Memories*위에 세워졌다. http://refikanadol.com/works/melting-memories/.

19 아나돌이 지적한 바에 의하면, '우리는 아카이브에 기록하고 있는 모든 폴더, 모든 이미지, 모든 사운드를 가지고 있다. 하나하나씩, 아카이브가 램RAM에 그 자체를 저장하도록 하거나 혹은 보호한다. 그래서 그 건물들은 향수어린 폴더들을 거치며, 첫 번째 음악 감독들을 찾고, 이윽고 최초의 상징적 순간들을 발견한다. 그리고 그 건물은 우리를 위해 그것들을 구성한다.' Kyle Huewe, 'Refik Anadol: "WDCH Dreams" ', *Flaunt*, 20 November 2018, www.flaunt.com/content/refik-anadol.

20 아나돌이 지적하기를 '두 번째 부분은 완벽하게 유기적이다. 그 건물은 자신의 완전한 역사를 지켜보기 시작한다. 갑자기 한 다발의 빅뱅의 순간들을 본다. 데이터 우주들Data universes이 우리 앞에 나타난다. 가능한 한 감정적으로 말이다.' Huewe, 'Refik Anadol' .

21 Huewe, 'Refik Anadol' .

22 이것은 WCDH와 연관된 아나돌의 첫 번째 프로젝트가 아니다. 그의 *Visions of America*(2014)는 콘스트 홀의 내부에 투영된 상호작용적 설치작품이었다. http://refikanadol.com/works/visions-of-america-ameriques/.

23 Anadol, 'DigitalFUTURES' .

24 Anadol, 'DigitalFUTURES' .

25 '내가 그것을 생각할 때, Infinity Room은 어린아이 같은 기억에서부터 생겨났다. 아이로서, 나는 장소를 많이 바꾸는 것에 대한 꿈을 꾸고는 하였다. 비록 대안으로 군인이나 장난감 차로 놀이를 하였지만, 집의 공간적 요소들을 가지고 우리 집의 다락에서 장소를 만들거나 혹은 방의 창문을 다시 디자인하는 것과 같은 별난 짓을 하였다. 사실 나의 엄마는 심리학자에게 나를 데려가는 것을 고려하였는데 나의 관심사가 전통적인 놀이 방식과는 달랐기 때문이었다. 나는 항상 공간들을 바꾸고 변형시키는 것을 꿈꾸었다. 그리고 *Infinity Room*은 실제로 그러한 꿈들의 결과물이었다.' Susan Fourtané, 'Refik Anadol: The Leonardo da Vinci of the 21st Century' , *Interesting Engineering*, 23 June 2019, https://interestingengineering.

com/refik-anadol-the-leonardo-da-vinci-of-the-21st-century.

26 https://refikanadol.com/works/wind-of-boston-data-paintings/;https://refikanadol.com/works/bosphorus/.

27 https://www.artechouse.com/nyc.

28 그러나, 때때로 아나돌 그 자신은 그 효과를 고조시키기 위해 개입하였다: '기본적으로, 예술가로서 나는 붓을 잡고 기계의 정신에 그것을 찔러 넣고 기계의 의식을 지닌 건축을 그렸다.' Bruce Stering, 'Refik Anadol at Artechouse in New York City'. *Wired*, 30 October 2019.를 보라.

29 이미지는 StyleGANs에 대한 일련의 조사들 중의 일부로 생성되었다. 초기에는 다양한 양식의 시대들에 초점을 맞추었다. 예를 들어 고딕, 르네상스, 모더니즘, 해체주의, 그런 다음 게리와 파트너스, 콤, 토요 이토, 타다오 안도와 같은 특정 건축가들에게 초점을 맞추었다.

30 그러나 우리는 컴퓨터 작동을, 인간 중심적인 언어를 컴퓨터들의 작동을 설명하기 위해 사용함으로써, 의인화하는 것에 대한 위험성을 의식하여야 한다.

31 참으로, 신경과학자 Anil Seth에 따르면, 색채에 대한 우리의 온전한 개념은 그 자체가 뇌에 의해 생성된 하나의 구축물이다: 'DigitalFUTURES'.

32 Seth, 'A predictive processing theory of sensorimotor contingencies', 97-118; Clark, *Surfing Uncertainty*.

33 Seth, 'A predictive processing theory of sensorimotor contingencies', 97-118. 이것은 크리스티앙 메츠Christian Metz가 기술하고 있는 '시선의 이중적 순간double moment of vision'과 다르지 않다. (Christian Metz, *Psychoanalysis and the Cinema*, London: Macmillan, 1992, p. 51): '누군가 (투사적 방식으로in a projective fashion)시선을 던질 때, 그 사람은 말하자면 "조명되어 왔던illuminated" 것을 (내사적 방식으로in an introjective fashion)수용하고 흡수한다.' 따라서 의식은, 메츠Metz의 용어로 말하자면, 일종의 "표면 기록하기recording surface"로서 기능한다. Leach, *Camouflage*, pp. 140-1.

34 세스Anil Seth와 그의 팀은 의식이 변경된 상태altered states of consciousness가 우리에게 근원적인 의식적 지각conscious perception을 이해하는데 어떻게 도움이 되는지를 탐구해 왔다: Keisuke Suzuki, Warrick Roseboom, David J. Schwartzman and Anil K. Seth, 'A Deep-Dream Virtual Reality Platform for Studying Altered Perceptual Phenomenology', *Scientific Reports* 7, no. 15982 (2017), DOI:10.1038/s41598-017-16316-2.

35 릭 그루시Rick Grush는 앞서 '통제된 환각controlled hallucination'이라는 개념을 사용

해 왔다. 그러나 그루시는 그 표현은 캘리포니아 샌디에고 대학UCSD에서의 대담에서 라메쉬 자인Ramesh Jain이 처음으로 사용하였다는 것을 인정한다. Rick Grush, 'The Emulation Theory of Representation: Motor Control, Imagery, and Perception', *Behavioral and Brain Sciences* 27 (2004): 377-442 (p. 393).

36 Anil Seth, 'Your Brain Hallucinates Your Conscious Reality', TED Talk, April 2017, https://www.ted.com/talks/anil_seth_your_brain_hallucinates_your_conscious_reality?language=en.

37 Memo Akten, 'Learning to See: Gloomy Sunday', 2017, Memo.tv. http://www.memo.tv/prtfolio/gloomy-sunday/.

38 Akten, 'Learning to See: Gloomy Sunday'.

39 *주이상스Jouissance*는 미적 관조aesthetic contemplation중에 갑작스럽게 확 타오르는 씁쓸하면서도 달콤한bittersweet 순간이다. Leach, *Camouflage*, p. 232.를 보라. 또한 Dylan Evans, *An Introductory Dictionary of Lacanian Psychoanalyis*, London: Routledge, 1996, p. 92.를 보라.

40 '이것은 엄밀하게 라캉 자신이 환상fantasy은 현실의 궁극적 지지체라고 말했을 때 마음 속에 지니고 있는 것이다: "현실reality"는 "상징적 희열symbolic bliss"이라는 어느 정도 환상-프레임fantacy-frame은 실재the Real의 심연을 들여다보는 시야를 배제한다.' Slavoj Zizek, 'From Virtual Reality to the Virtualisation of Reality', in Leach, *Designing for a Digital World*, p. 122.

41 이것은 어느 정도 Seth의 해석과 다르다. 그는 '현실'은, 우리의 통제된 환각에 대해 우리가 동의할 때, 우리가 보는 것에 대한 의견일치의 한 형태라고 주장한다. Seth, 'Your Brain Hallucinates Your Conscious Reality'.

42 Zizek, 'From Virtual Reality to the Virtualisation of Reality', p. 122.

43 Zizek, 'From Virtual Reality to the Virtualisation of Reality', p. 123.

44 Nic Bostrom, 'Are You Living in a Computer Simulation?', *Philosophical Quarterly* 53, no. 211 (2003): 243-55.

45 Zizek, 'From Virtual Reality to the Virtualisation of Reality', p. 125.

46 https://www.youtube.com/watch?v=WCsjbPc9624&feature=youtube.be

47 이러한 실험은, 어쩌면, 예술작품의 창작을 시작하기 위해, 어느 정도 무작위적 흔적-페인트의 흩뿌림 혹은 연필 선들-을 만드는 예술적 전략과 비교할 수 있을 것이다. 자신의 글 *프랜시스 베이컨: 감각의 논리Francis Bacon: The Logic of Sense*에서 질 들뢰즈Gilles Deleuze는 그림그리기를 시작하는 하나의 방법으로서 그가 '다이어그

램diagram' 이라고 부르는 전략을 기술하고 있다. Gilles Deleuz, Francis Bacon: *The Logic of Sense*, Minneapolis: Minnesota University Press, 2005. 여기서 다이어그램–혹은 '그래프', 베이컨 자신이 그것을 부른 것처럼–은 주어진 조건들을 분열시키고 상상력의 공간을 여는 역할을 한다. 회화를 개발하는 것을 시작하기 위한 전략으로서 '다이어그램' 은 혼란스럽고 무작위적인 행위들–예술가들로 하여금 전통의 자유를 깨트릴 수 있도록 해주는 생성적 기법–을 토대로 한다.

48 이것은 예전에 베르나르 추미Bernard Tschumi와 나누었던 대화와 관련이 있다. 그 대화에서 우리는 '건축가' 로서 건축가들이 세계를 어떻게 보아야하는지에 대해 논의하고 있었다. 비록 건축가가 어떤 종류의 렌즈를 통해 세계를 본다고 할지라도 말이다

49 이것이 아나돌이 사용하는 '건축가가 되어가는 중architect-ing' 이라는 용어와 유사할 수 있을까? Refik Anadol, Anil Seth, Neil Leach, Daniel Bolojan and Kris Mun, 'DigitalFUTURES: AI and Neuroscience', 27 June 2020, https://www.youtube.com/watch?v=L1H7eL8pk5k.

50 이것은 모방적 동화mimetic assimilation과정과 유사하다: '인간존재가 외부의 형태들을 흡수하는 것은 모방 충동mimetic impulse을 통해서이다. 그 형태들을 상징적으로 자신들의 자아표현으로 통합하고 그런 다음 그들이 생산하는 사물들the objects 속에 그 형태들을 다시 명료하게 표현한다.' Leach, *Camouflage*, p. 44.

51 Neil Leach, 'Can a Building Be an Apparatus?' Spool: *Cyber-Physical Architecture* 6, no 1(2019): 5-16(guest eds, Sang Lee and Henriette Bier). G. Deleuze, *The Fold: Leibniz and the Baroque*, Minneapolis: University of Minnesota Press, 1993.

52 Neil Leach, There is No Such Thing as a Digital Building: A Critique of the Discrete', in Gilles Retsin (ed.), 'Discrete: Reapprasing the Digital in Architecture', *AD* 258 (2019): 139.

53 Neil Leach, *The Anaesthetics of Architecture*, Cambridge, MA: MIT Press, 1999.

54 Mitchell, *Artificial Intelligence*, pp. 106-8.

55 Jacques Derrida, 'Point de Folie – Maintenant I'Architecture', in Leach, Rethinking Architecture, p. 307.

56 '지금 해체주의의 개념 그 자체는 건축적 은유와 유사하다 ... 그것은 단지, 구축되어 왔던 것을 해체하는 방법을 알고 있는, 건축가의 기법이 아니라 기법 그 자체, 건축적 은유의 권위를 건드리고 그로써 그것이 가진 건축적 미사여구를 구성하는 것에 대해 조사하는 것이다. 해체주의는 단순히 -그 이름이 가리키는 것처럼 여겨지는 것과 같은-, 구축에 대한 아이디어를 단독으로 상상할 수 있을 때의 그 역(逆)

구축reversed construction에 관한 기법이 아니다. 누군가는 해체deconstruction가 건축적인 것 그 이상도 이하도 아니라고 말 할 수도 있다. 건축적 사고는 다음의 의미에서만 해체적일 수 있다. 그것을 시각화하기 위한 시도가 철학에서 건축이 연속되는 권위를 확고하게 하는 것처럼 말이다.' Jacques Derrida, 'Architecture Where the Desire May Live', in Leach, *Rethinking Architecture*, pp. 302-3.

57 Watanabe, 'AI Tect: Can AI Make Designs?'.

58 Mitchell, *Artificial Intelligence*, p. 272.

59 Sigmund Freud, *The Interpretation of Dreams: The Royal Road to the Unconscious*, New York: Macmillan, 1913.

60 Neil Leach, 'We Have Never Been Digital', in Phillip Anzalone, Marcella del Signore and Andrew Wit (eds), *ACADIA 2018: Recalibration: On Imprecision and Infidelity, Proceedings of the 38th Annual Conference of the Association for Computer Aided Design in Architecture*, Universidad Iberoamericana, Mexico 2018.

61 Watanabe, 'AI Tect: Can AI Make Designs?', p.75.

62 Watanabe, 'AI Tect: Can AI Make Designs?', p.75.

63 Michael Hansmeyer는 'The New Era of Computational Productivity' 에서 인용되었다. http://h20195www2.hp.com/v2/getpdf.aspx/4AA7-4082ENW.pdf.

64 Woods, Livingston and Uchida, *AI: More Than Human*.

5장Chapter 5

1 램Rehm은 그 설치installation 배후의 기술에 대해 기술하고 있다: '건축적 야수The Architectural Beast는 함께 연결된 6개의 신경망들을 토대로 하고 있다 ... 그것은 2개의 분류기들classifiers이 있는 StyleGAN이다 ... 그것은 하나의 이미지 서빙 능력을 갖고 있다. 그것은 이미지를 토대로 한 기술적descriptive 텍스트를 생성하는 텍스트 분석기에 대해 하나의 이미지를 가진다. 그리고 나아가 그것은 그러한 짧은 구절들에 대한 더 상세한 설명을 위해 또 다른 텍스트 생성기를 이용한다 ... 그것은 쇼에서 다른 사람들의 이론적이고 비평적인 텍스트로 훈련받았다. 이 같은 것을 생성하는 것은 인터넷상에서 주변을 맴돌면서, 그것을 소비하고, 3개월 이상 끊임없이 새로운 이미지를 생산하는 것과 같은 종류일 것이다 ... 그러나 또한 그것에 대해 적기 위한 것이다. 왜냐하면 우리는, 기계에서 일어나고 있던, 이 같은 심미적 변환의 일관적이고 화합적인 다양한 표현들을 한데 묶어 생산하기 시작하기를 원했기 때문이다.'

Casey Rehm, Goldsmiths Lecture, 3 February 2020, https://vimeo.com/389542895.

2 그 예술가들 및 건축가들은 BairBalliet, Hernan Diaz Alonso, Griffin Enright, Damjan Jovanovic, Alberto Kalach, Ferda Kolatan, Elena Manferdini, Fabian Marcaccio, Lucy McRae, P-A-T-T-E-R-N-S, Florencia Pita, Casey Rehm, Ruy Klein, Servo LA-Stockholm, Testa & Weiser, Tom Wiscombe 그리고 Liam Young이었다.

3 Hernán Díaz Alonso, 'The Architectural Beast', FRAC, http://www.frac-centre.fr/_en/biennale/years-solitude/landscapes/the-architectural-beast/the-architectural-beast-1163.html.

4 'The Architectural Beast', Instagram, https://www.instagram.com/p/B6e6CS4JShv/?utm.

5 동반하는 글들은, 과학자 앨런 소칼Alan Sokal이 패러디한 논문, 'Transgressing the Boundaries: Toward a Transformative Hermeneutics of Quantum Gravity경계 넘어서기: 양자중력의 변형적 해석학을 향하여' 을 제출하였던, 그 유명한 1996년 출판 공작sting과 비교할 수 있다. 그 논문은 포스트모던 문화연구저널인 *Social text誌*에 게재 승인되었고 출판되었다. 이 논문은 문화연구계를 성공적으로 풍자하였다. Alan Sokal, 'Transgressing the Boundaries: Towards a Transformative Hermeneutics of Quantum Gravity' *Social Text* 46-47 (1996): 217-52.

6 그러나 인공지능이 의식적이 되고 인공 일반 지능AGI을 달성하기 전까지는, 명백하게 그것들은 의미가 없다. 그것은 의미 있는 방식으로 작동할 것이라 기대할 수 없다.

7 Diaz Alonso, 'The Architectural Beast'.

8 이것에 대해서는, Neil Leach, *The Anaesthetics of Architecture*, Cambridge, MA: MIT Press, 1999, p. 88.을 보라.

9 '인공지능이 역할을 찾는 것은 당신에게 달렸다. 나는 그런 일이 벌어질 때까지 살아 있지 않아 행복하다. 그러나 내 아이들과 그 일에 관여하는 문제에 대해서는 걱정스럽다.' Wolf Prix와의 인터뷰, 'Forward Slash', *Wash* 1, https//:washmagazine.com/Interview-Wolf-D-Prix.

10 '모든 컴퓨터 프로그램들은 폐쇄 시스템들closed systems이다. 폐쇄 시스템에서는 시험trial과 오류가 없다. 오직 하나의 방식, 즉 "PARAPATRIK" 방식이 있을 뿐이다. 나는 그[Patrik Schumacher]를 PARAPATRIK이라 부른다. 나는 정말로 그의 작품을 인정한다. 그러나 그가 규칙들을 사용하는 것은 나에게 폐쇄 시스템을 떠올리게 한다. 거기에는 다양성이 없다.' Wolf Prix와의 인터뷰, 'Forward Slash'.

11 참으로 Prix의 초기의 많은 실험적 드로잉들은 억눌린 생각들을 놓아 주기위한 메

커니즘으로서 무의식을 끌어오려 하였다. 그것은 어쩌면 '무의식적인' 것들도 함께 방출하는 것일 것이다. —레피크 아나돌Refik Anadol의 월트 디즈니 콘스트 홀 프로젝션WDCH projection과 매우 유사하게— 우리는 건축을 표현의 새로운 형태들로 열어젖히는 인공지능의 잠재력을 흘낏 볼 수 있다.

12 Philip Johnson and Mark Wigley, *Deconstruvtivist Architecture*, New York: MOMA, 1988.

13 Karl Popper, *The Open Society and its Enemies*, 2 vols, London: Routledge, 1995.

14 Telephone conversation with Wolf Prix, 25 February 2020.

15 Telephone conversation with Wolf Prix,

16 Telephone conversation with Wolf Prix,

17 Telephone conversation with Wolf Prix,

18 Telephone conversation with Wolf Prix,

19 Telephone conversation with Wolf Prix,

20 Telephone conversation with Wolf Prix,

21 *DeepHimmelb(l)au*는, 점진적 훈련progressive training, 순환 일관성cycle consistency, 모형 조건화model conditioning을 포함한, 생성된 샘플들에서 특징들을 더 잘 구분하고 가장 지배적인 특징들을 더 잘 통제할 수 있도록 해주는 딥 러닝 기술들을 실행하고 있다. *DeepHimmelb(l)au*는 CycleGANs, StyleGANs, 그리고 CANs을 포함하는 범위의 기술들을 사용하여 생성된다.

22 볼로얀Bolojan은 Ion Mincu School of Architecture와 The Angewandte School of Architecture에서 건축을 수학하였다. 쿱 힘멜블라우의 컴퓨터 작업 건축가로 있는 것과는 별개로, 볼로얀은 현재 Angewandte School of Architecture에서 ZHA의 Patrik Schumacher의 지도를 받는 박사과정 학생이며, Florida Atlantic University(FAU)의 조교수이다.

23 WhatsApp conversation, 27 November 2019.

24 '그 업무들 중 일부는 2D 재현을 처리할 것이다. 그러나 다른 업무들은 3D 정보를 처리할 것이다. 예를 들어, 만일 우리가 디자인 프로세스를 증가시키기를 원한다면 그래서 물리적 모형들을 만들 때 우리는 HoloLens을 통해 디스플레이 되는 실시간 분석을 한다. ' WhatsApp conversation.

25 볼로얀은 제약조건들 중 일부를 개략적으로 보여준다: '우리는 그냥 영상 입력을 하고 신경망에 분석하고 물리적 모형으로 분석내용을 디스플레이 하도록 요청할 수 없다. 왜냐하면 영상출력은 신경망이 그냥 보게 될 2D 정보이기 때문이다. 우

리가 창조하고 있는 그 순간에 렌더러들reders의 목표는 단지 렌더러의 시각적 레이어들 뿐만 아니라, 심층 레이어depth layer, 윤곽contour 등등(우리는 그 순간에 대략 18개의 레이어들을 추출한다) 그 이상을 추출할 수 있는 상태가 되는 것이다. 예를 들어, 우리는 대상물과 그 대상물들의 깊이를 볼 수 있는 신경망의 능력을 강화시키기 위해 심층 레이어를 이용할 수 있다. 그렇게 해서 신경망이 분석결과를 생성할 때, 3D의 특성을 알게 될 것이고, 올바른 해석을 생성하는 것이 가능해질 것이며 이후에 분석결과를 수정할 것이다. 렌더링은 또한 우리에게 레이블이 있는 데이터labelled data를 생성하도록 해준다. 물질성을 고려하며, 다른 건물 요소들은 이후에 신경망이 보거나 혹은 출력하는 특정 특징들을 강화하거나 축소시키는 더 많은 방식들을 제공해 줄 것이다. 이것은 우리가 다른 데이터셋을 구축하지 않는다는 것을 말하고자 하는 것이 아니다. 우리가 렌더링하는 모든 건물들에 대해서, 마찬가지로 우리는 하나의 통합전략으로 조직된 명료한 3D 모형들을 창조한다.' WhatsApp conversation.

26 Thom Mayne, interview in Chandler Ahrens and Aaron Sprecher (eds), *Instabilities and Potentialities: Notes on the Nature of Knowledge in Digital Architecture*, New York: Routledge, 2019, p. 115.

27 Mayne, interview in Arens and Sprecher, *Instabilities and Potentialities*, p. 117.

28 Mayne, interview in Arens and Sprecher, *Instabilities and Potentialities*, p. 117.

29 Mayne, interview in Arens and Sprecher, *Instabilities and Potentialities*, p. 117.

30 Interview with Thom Mayne, Morphosis office, 27 February 2020.

31 Interview with Thom Mayne, Morphosis office,

32 Interview with Thom Mayne, Morphosis office,

33 Grasshopper는 여기서 하나의 단순한 인공지능 형태로서 이해될 수 있다. 인공지능이 몇몇 사람들에게는 단순히 소프트웨어로 이해될 수 있는 것처럼 말이다.

34 신경과학자 Antonio Damasio는 직감intuition을 '그것으로 인해 우리가 어떤 문제에 대한 추론 없이도 해법에 도달하는 불가사의한 메커니즘' 으로 기술하고 있다. Antonio Damsio, *Descartes' Error: Emotion, Reason, and the Human Brain*, New York: Putnam, 1994, p. 188.

35 Watanabe, 'AI Tect: Can AI Make Designs?' , p. 68.

36 Watanabe: '만일 이러한 프로세스들을 알고리즘으로 적을 수 있다면, 그것들은 컴퓨터 프로그램으로 전환될 수 있다. 그리고 만일 프로그램을 적을 수 있다면, 그것들은 구조architecture를 생성하는데 사용될 수 있다. 따라서 이 방법의 핵심은 알고

리즘들을 밖으로 끄집어내는externalization 것이다.' 이것이 와타나베로 하여금 그가 'AI Tect' 라고 부르는 개념을 탐구하도록 이끈 것이다. 'AI Tect라는 용어는 Architectural Intelligence건축지능와 Artificial Intelligence인공지능 두 가지 의미를 포함한다.' Watanabe, 'AI Tect: Can AI Make Designs?' , p.70.

37 Watanabe, 'AI Tect: Can AI Make Designs?' , p.71.

38 Satoru Sugihara, 'Design Outside of the Frame: A Role of Architects in the Era of Artificial Intelligence,' in Chandler Ahrens and Aaron Sprecher (eds), *Instabilities and Potentialities: Notes on the Nature of Knowledge in Digital Architecture*, London: Routledge, 2019, p. 178.

39 Patrik Schumacher, 'Comment Intégrez-Vous I'IA dans vos Travaux?' , *Ircam*, 21 February 2020, https://www.youtube.com/watch?v=EFNdJLKufAY.

40 Patrik Schumacher, 'Comment Intégrez-Vous I'IA dans vos Travaux?' ,

41 Patrik Schumacher, 'Comment Intégrez-Vous I'IA dans vos Travaux?' ,

42 나는 이 연구 정보에 대해 Daniel Bolojan에게 감사한다.

43 물론, 여기에서 다루지 않은 빌딩 성능을 테스트하기 위한 많은 다른 기법들이 있다.

44 예를 들어, Helix Re는 건물의 성능을 테스트하기 위해 '디지털 트윈digital twins' 의 사용을 확장하고 있다. Jim lichtenwalter, 'Fireside Q&A: Jamie Roche, HELIX RE's CEO' , Builtworlds, 3 May 2019, https://builtworlds.com/news/fireside-qa-jamie-roche-helix-res-ceo/.

45 물론 디자인들을 테스트하기 위한 많은 다른 인공지능 기술들이 있다. 이 주제를 여기서 다루기에는 공간이 불충분하다.

46 그러나 우리는 인공지능과 특히 GANs를 이용한 작업에 대한 과제들을 간과해서는 안된다. 마찬가지로 딥러닝으로 작업하기 위해 요구되는 그래픽처리장치GPU 자원의 엄청난 양을 간과해서도 안 된다.

47 Russell in Ford, *Architects of Intelligence*, p. 43.

48 Russell in Ford, *Architects of Intelligence*, p. 43.

49 '비록 건축 형태들의 ... 디자인과 제작fabrication이 ... 디지털 도구들의 사용을 포함한다 할지라도, 그 자체로 형태들은 디지털인 것은 아니다. 디지털적 재료digital material 그러한 것은 존재하지 않는다. 만일 "디지털"을 "아날로그"의 반대로 이해한다면 말이다. 더 나아가, 디지털 건축과 같은 것은 존재할 수 없다. 만일 우리가 "건축"을 물질적 건물들로 이해한다면 말이다. 이것은 건물에 대한 디지털 디자인

이 존재할 수 없다는 것을 말하고자 하는 것이 아니다. 그러나 이 디자인들은 사실상 비물질적 모형들이다.' Leach, 'There Is No Such Things as a Digital Buildings', p. 141.

50 이전에 내가 지적한 바와 같이, '비록 늘 발달하고 있는 신기술들과 더불어, 특히 3D 프린팅 영역에서, 지속적으로 확장하고 있는 디지털 제작digital fabrication 기술들의 리스트가 존재한다할지라도, 그 기술들의 핵심에는 이들 프로세스들이 수 천 년 간 존재해 왔다. 결국 벽돌구조는 부가적인 제작의 한 형태가 아니면 무엇인가? 쪼개기, 끌 작업, 그리고 톱질은 절삭적 가공subtractive manufacturing의 한 형태가 아니면 무엇인가? 그리고 벽돌쌓기, 파이프 구부리기, 혹은 납판 접기와 같은 아날로그 버전의 프로세스들이 지금은 종종 로봇 도구들을 이용해 이루어지고 있는 프로세스가 아니고 무엇인가? 그처럼, 디지털 제작이 할 수 있는 것은 —어떤 의미에서— 새로운 것이 없다는 것을 우리는 인정할 수 있을지도 모른다.' Neil Leach, 'Introduction', in Philip Yuan, Achim Menges and Neil Leach, *Digital Fabrication*, Shanghai: Tongji University Press, 2017, p. 13.

51 닐 거센펠드Neil Gershenfeld가 통찰력 있게 언급한 바와 같이, '진보적인 성장을 해왔던 것은 사물을 제작하는데 있어서의 디지털 혁명이다. 그것은 컷팅, 그라인딩, 레이저, 플라스마, 워터젯, 전선, 칼질, 핀 구부리기, 짜기weaving, 성형moulding, 추출하기, 용접과 결속하기다.' N. Gershenfeld, M. Carney, B. Jenett and S. Wilson, 'Macrofabrication with Digital Tools: Robotic Assembly', *AD* 85, no. 5 (2015): 122-7.

52 사실 디지털이 맡은 주요 역할은 '제어' 역할이다. 그것이 컴퓨터 수치제어Computer Numerically Controlled(CNC) 밀링 머신의 공구경로를 제어하는 것이든, 혹은 디자인에서의 곡면을 제어하는 것이든, 혹은 BIM과 다른 소프트웨어를 통한 디자인과 제작 물류를 제어하는 것이든 말이다.

53 이것은 대건 캠Dahgan Cam과 마이클 데실라스Michail Desyllas에 의해 영국에 설립된 스타트업 AI Build의 배후에 있는 원칙이다. 두 사람은 영국건축협회 건축학교AA의 DRLDesign Research Laboratory 프로그램을 수학하였다. Cam과 Desyllas는 부가적인 제작 프로세스를 모니터하고 통제하기 위해 인공지능의 사용을 탐구해왔다. 특히 그들은 인공지능의 기술들을 사용함으로써 미래 공장을 재고하기 위한 시도 중에 있다. Guy Brown, '3 Fundamentals of High-Speed, High-Quality 3D Printing', *Medium*, 23 August 2019, https://medium.com/ai-build-techblog/3-fundamentals-of-high-speed-high-quality-3d-printing-1f9b384cfe70.

54 Rodney Brooks는 Ford의 저서 *Architects of Intelligence*, p. 435.에서 인용하였다.

55 Daniel Terdiman, 'Autodesk's Lego Model-Building Robot is the Future of Manufacturing', *Fast Company*, 20 July 2018, https://www.fastcompany.com/90204615/autodesks-lego-model-buildinng-robot-is-the-future-of-manufacturing.

6장Chapter 6

1 Mike Haley, 'The Future of Design Powered by AI'. *Autodesk University*, 2019, https://www.autodesk.com/autodesk-university/content/future-design-powered-ai-mike-haley-2019.

2 다른 곳에서, 헤일리Mike Haley는 Autodesk에서 수행중인 연구를 기술하고 있다. 그것은, 예측적 텍스트와 다르지 않는, '예측적 디자인predictive design'의 한 형태가 된다. Mike Haley, 'The Future of Design Powered by AI', https://www.autodesk.com/autodesk-university/content/future-design-powered-ai-mike-haley-2019.

3 이것은 이제 Autodesk에서 새로운 연구라인이 되었다. 이전의 디자인 경험이 미래의 디자인 경험에 어떻게 반영될 수 있는지를 탐색하는 데 초점이 맞추어졌다. 디자이너들이 창조해왔던 모든 디자인들을 캐내는 '지식 그래프knowledge graph'를 사용하며, 이전 디자인들 속에 부호화 된 지식을 기반으로 제안하기 위해서 말이다. Mike Haley, 'Humans + AI = The Future of Making', Deep Learning Montréal@Autodesk, 6 May 2018, https://knowledge.autodesk.com/search-result/caas/video/youtube/watch-v-NSJwq9CVolk.html.

4 Randy Deutsch, *Superusers: Design Technology Specialists and the Future of Practice*, London and New York: Routledge, 2019, p.xix.

5 동일한 상황이 명백하게 글쓰기에 적용된다. 텍스트를 읽기 쉽도록 하기 위해서는, 단어들이 자연스럽게 흐르도록 하기 위해서는 상당한 노력을 들여야 한다.

6 Mae Rice, 'The Top 21 AI Real Estate Companies to know', *Built In*, 29 July 2019, htts://builtin.com/artificial-intelligence/ai-real-estate.

7 Håvard Haukeland, 'Spacemaker named among world's 500 most innovative science and deep tech startups!', *Medium*, 4 September 2017, https://blog.spacemaker.ai/spacemaker-named-among-worlds-500-most-innovative-science-and-deep-tech-startups-2016618c2c12.

8 Jonas Blick Bakken, 'Gründerbedriften har snart 100 ansatte — pekes ut som det heteste stedet å jobbe', *Dagens Næringsliv*, 27 April 2019; https://www.dn.no/mor-

gendagens-naringsliv/spacemaker/carl-christensen/havard-haukeland/grunderbedriften-har-snart-100-ansatte-pekes-ut-som-det-heteste-stedet-a-jobbe/2-1-577148?fbclid=IwAR2K5NbDjVYFAO1iEPmUJs_MJ6L5Y1R6TOrw CNe4fTCc1agt6am4d9F9Uuw.

9 *Dagens Næringsliv*, https://www.dn.no/staticprojects/2019/01/grundere/?sector=Fintech#/vinnere/oppstart-b2b.

10 Steve O'Hear, '도시개발을 위한 AI 소프트웨어, Spacemaker는 Autodesk로부터 2억 4천만 달러를 획득하였다', *TechCrunch*, 17 November 2020, https://techcrunch-com.cdn.ampproject.org/c/s/techcrunch.com/2020/11/17 /spacemaker-ai-software-for-urban-development-is-acquired-by-autodesk-for-240m/amp/.

11 Steve O'Hear, 'Spacemaker Scores $25 million Series A to Let Property Developers Use AI', *TechCrunch*, 9 June 2019, https://techcrunch.com/2019/06/09/spacemaker/.

12 Bilal Chowdhry, 'Designing Better Cities with Artificial Intelligence', *Designing in the Wild*, Interaction 3-8 February 2019, Seattle, Washington, https://interaction19.ixda.org/program/talk-designing-better-cities-with-artificial-intelligence-bilal-chaudhry/.

13 Zoom conversation, 6 May 2020.

14 Klara Vatn, 'Introducing Explore, a creative toolbox for architects and developers', *Medium*, 4 May 2020, https://blog.spacemaker.ai/introducing-explore-a-creaive-toolbox-for-architects-and-developers-4d1a8df1318d.

15 Zoom conversation, 6 May 2020.

16 Vatn 'Introducing Explore'.

17 Carl Christensen, 'Global PropTech Interview #5 with Carl Christensen, co-founder of Spacemaker AI', 2 December 2019, https://www.youtube.com/watch?v=hvmus_VUtQ8&app=desktop. 'Surrogate models'은 여기서 '디지털 트윈들'로 이해되어져야 한다.

18 Carl Christensen, 'Global PropTech Interview #5'. 아이작 뉴턴Isaac Newton은 '거인의 어깨 위에 섬으로써' '더 멀리 보아왔다'고 주장하였다. 그로써 그가 의미하는 바는 과거에 쌓아 올린 강화된 지식으로부터 이득을 얻었다는 것이다. 'Issac Newton Letter to Robert Hooke, 1675', https://discover.hsp.org/Record/dc-9792/Description#tabnav. 이제 우리의 어깨 위의 인공지능으로, 우리 스스로가

'거인들' 혹은 도이취Deutsch의 용어로 '슈퍼유저'가 될 수 있다.

19 Zoom conversation, 6 May 2020.

20 Zoom conversation, 6 May 2020.

21 Zoom conversation, 6 May 2020.

22 Zoom conversation, 6 May 2020.

23 Zoom conversation, 6 May 2020.

24 Zoom conversation, 6 May 2020.

25 Zoom conversation, 6 May 2020.

26 https://www.urbandictionary.com/define.php?term-xkool.

27 논문은 https://www.gooood.cn/job-xkool.htm에서 Google Translate를 이용하여 번역되었다.

28 글을 쓰고 있는 시점에, 1억 위안화RMB는 대략 1천 4백만 US 달러와 동일하다. 또한 'AI Architectural Design SaaS Firm Xkool Raises RMB 8-digit Pre-A, Marbridge Daily', 20 June 2018, https://www.marbridgeconsulting.com/marbridgedaily/2018-06-20/article/111781/ai_architectural_design_saas_firm_xkool_raises_rmb_8_digit_pre_a.

29 Wanyu He, 'Urban Experiment: Taking off on the wind of AI', *AD* 90, NO.3 (2020): 99.

30 '디자인 두뇌design brain'와 더불어, 사실상 디자인들을 생성하기 위해 사용된 세 개의 다른 신경망들이 있다. 'Babel바벨'이라 불리는 첫 번째는 기본적인 디자인 논리를 토대로 빠른 생성 신경망으로 구성되어 있다; 'Parthenon파르테논'이라 불리는 두 번째는 백만 개의 진보적인 건축 디자인 사례들로 이루어진 데이터셋으로 훈련된 합성곱 신경망이다; 'Colosseum콜로세움'이라 불리는 세 번째는 'Parthenon' 신경망을 사용하여 훈련된 생성적 적대 신경망GAN이다. 그것의 역할은 선호하는 결과를 도출하기 위해 평가될 수 있는 더 많은 옵션들을 생성하는 것이다. '평가 두뇌evaluation brain'는 몬테카를로 트리 검색Monte Carlo Tree Search(MCTS)을 사용하여 '디자인 두뇌'의 결과들을 비교한다. 몬테카를로 트리 검색은 네 가지 단계-선택, 확장, 시뮬레이션, 그리고 역전파-를 아홉 개의 최상의 해법들이 달성될 때까지 반복한다. Xi Peng, Penkun Liu and Yunfeng Jin, 'The Age of Intelligence: Urban Design Thinking, Method Turning and Exploration', 2020, 10.1007/978-981-13-8153-9_25.

31 그가 지적한 바와 같이, '기계학습을 위해 전문가 시스템들에 크게 의존하는, 초기의 지능적 디자인 도구들은 반자동 기술로 사전 계획 단계에서 계산 효율성을 향

상시키기 위해 개발되었다. 대규모 계산에 드는 시간과 노동 비용을 감소시키는데 도움을 주기 위해서 말이다. 특히 이러한 도구들은, 디자이너들에게 참조사항들을 알려주는 기능은 갖고 있지 않은 채, 모든 종류의 디자인 가능성을 생성하기 위해 실행한다.' Wanyu He, 'From Competition, Coexistence to Win-Win Relationship between Intelligent Design Tools and Human Designers', *Landscape Architecture Frontiers* 7, no. 2 (2019): 76-83.

32 '딥러닝 기술을 토대로 하는 일련의 비지도 학습 알고리즘을 ... 동반하는, 통계적 학습, 특징 추출, 그리고 최적화 기술들을 기반으로 하는 지도 학습 알고리즘의 출현은 디자인 도구들의, 대체로 최선의 해법을 탐색하기 위한 운영 논리를 더욱 향상시켜 왔다.' He, 'From Competition, Coexistence to Win-Win Relationship', 76-83.

33 로제타스톤Rosetta Stone은 1799년에 발견된 석판이다. 기원전 196년에 이집트에서 공포한 조례가 세 가지 버전으로 새겨져 있다. 하나의 버전은 고대 이집트의 상형문자hieroglyphic script이다, 하나는 고대 이집트의 데모틱 문자demotic script이다. 그리고 하나는 고대 그리스 문자이다. 이 세 가지 문자들의 비교를 통해, 연구자들은 고대 이집트 상형문자를 처음으로 해독할 수 있었다. Richard Parkinson, Whitfield Diffie, Marie Fisher, and R. Simpson, *Cracking Codes: The Rosetta Stone and Decipherment*, Berkeley: University of California Press, 1999.

34 He, 'From Competition, Coexistence to Win-Win Relationship', 76-83.

35 He, 'Urban Experiment', pp. 95-9.

36 Xkool은, 2017년 선전-홍콩 두 도시의 도시건축 비엔날레Shezhen-Hong Kong Bi-City Biennale of Urbanism/Architecture를 위한 선전市Shenzhen의 전형적인 도시마을을 분석하기 위해, 다차원적 도시 디지털 플랫폼을 개발하였다. 그것은 궁극적으로 쓰레기 수거 시설들rubbish collection facilities의 배치를 수정하기 위한 제안에 영감을 주었다. 그 플랫폼은 순환신경망recurrent neural network(RNN)과 장단기 메모리long short-term memory(LSTM)네트워크 회귀모형regression model으로 구성되어 있다. He, 'Urban Experiment', pp. 95-9.

37 이것은 플랫폼 'This Person Does not Exist이 사람은 존재하지 않는다'에 영감을 받았다. 이 플랫폼은, 이따금 모든 것을 밝혀주는 결점만이 있는, 지극히 그럴듯한 얼굴로 환각을 일으킨다. https://thispersondoesnotexist.com/.

38 https://eyesofthecity.net/ai-chitect/.

39 '그 플랫폼은 이용자들을 위한 평면을 계획하고 추천할 수 있다. 그것은 기본설계design development를 위해 사용될 수 있다. 팔라디오가 설계한 빌라들Palladian villas

의 형태문법을 기반으로 하는 연구와 후속적인 파라메트릭 디자인 연구parametric design research와 비교하면, 이 플랫폼은, 도시/건축분야의 유사한 습작들excercises을 한데 모으며, 규칙들을 수작업으로 세팅하는 대신 데이터 훈련을 통해 기계들에게 규칙을 가르침으로써 잠재적으로 태핑기계들tapping machines을 창조하는 데 초점을 맞추고 있다. He, 'Urban Experiment' , p. 99.

40 Christensen이 언급하기를, '우리의 야망은 이 *데 파토de facto* 플랫폼을 북유럽, 유럽, 그리고 전 세계에서 부동산 개발을 계획하도록 만드는 것이다.' Christensen, 'Globa PropTech Interview #5' .

41 Zoom conversation, 6 May 2020.

42 Amy Webb, 'China is Leading in Artificial Intelligence, and American Business Should Take Note' , *Inc.*, September 2018, https://www.inc.com/magazine/201809/amy-webb/china-artificial-intelligence.html.

43 Neil Leach, 'There is No Such Thing as Digital Design' , in David Gerber and Mariana Ibanez (eds), *Paradigms in Computing: Making, Machines, and Models for Design Agency in Architecture*, Los Angeles: eVolo Press, 2014, pp. 14858.

44 이것은 2002년 암스테르담의 건축아카데미Academie van Bouwkunst에서 구조설비structural installation의 생성에 사용된 프로세스이다. 그것으로 인해 가능한 '해법들'의 배열이, 확률적 비단조 담금질 기법stochastic non-monotonic simulated annealing의 독점적 프로세스를 통해, 주어진 일단의 제약조건에 따라 eifFORM 프로그램에 의해 컴퓨터연산으로 생성되었다. 최종 버전은 대체로 미학적 기반 위에서 선택되었다. Kristina Shea, 'Directed Randomness' , in Neil Leach, David Turnbull and Chris Williams (eds), *Digital Tectonics*, London: Wiley, 2004.

45 나는 여기서 수년 전 AA에서의 리뷰를 떠올렸다. 한 학생이 여섯 개의 디자인 옵션들을 보여주며 자신의 프로젝트를 발표하였다. 다음 학생은 컴퓨터를 통해 그 문제를 몰아 다양한 잠재적 해법들을 제안하였다. 비록 그 대부분들이 현저하게 유사해 보였지만, 그는 적어도 인간적 편견을 피했고 자신의 접근방식에서 좀 더 객관적이었다.

46 Autodesk는 또한 인간의 편견을 극복하기 위한 인공지능 사용의 가능성을 탐색중이다. Haley, 'Human + AI' .

47 Larry Page, 'The Academy of Achievement Interview' , www.achievement.org, 28 October 2000, Tom Taulli, *Artificial Intelligence Basics: A Non-Technical Introduction*, New York: Apress, 2019, p.1.에도 인용되었다.

48 울프럼 알파Wolfram Alpha는 이 질문에 대한 답으로, Douglas Adams, *The*

Hitchhiker's Guide to the Galaxy, New York: Pocket Books, 1979, p. 3.에서 그 질문에 대한 하나의 참고를 토대로 하여, '42' 를 제시하였다.

49 예를 들어, aiwriter.app을 이용하여 생성된 Ada Lovelace와의 인터뷰를 보라: https://aiwriter.app/sample/43ffa2aeb4253fdadc.

50 글을 쓰고 있는 그 때, Alexa는 당신을 'Construction' 에 대한 Wikipedia 페이지로 당신을 데려다 줄 것이다. 만일 요청을 하면 말이다.

7장Chapter 7

1 Patrik Schumacher, 'Parametricism: A New Global Style for Architecture and Urban Design' , in Neil Leach (ed.), 'Digital Cities' , *AD* 79, no. 4 (July-August 2009): 15. 논문은 Leach and Yuan, *Computational Design*에서 재 인쇄되었다. 또한 Nick Pisca, 'Forget Parametricism' , in Leach and Yuan, *Computational Design*을 보라.

2 Schumacher, 'Parametricism' , p. 16.

3 Schumacher, 'Parametricism' , p. 15.

4 Nick Pisca는 파라메트리시즘parametricism에 대한 비평을 제공하고 있다: '[디지털주의Digitalism]는 그 자체가 문화적으로 수용된 미와 형태에 대한 선입관preconception을 넘어 시스템의 논리의 미를 자랑한다. 형태는 공식을 따른다.' Nick Pisca, 'Forget Parametricism' , in Leach and Yuan, *Computational Design*, pp. 43-8. 또한 Neil Leach, 'The Informational City' , *Next Generation Building 2* (2015), TU Delft를 보라.

5 최근에 건설된 도시 어얼둬쓰市Ordos조차도, 슈마흐가 '파라메트리시즘' 이라 부르는 것의 대한 증거를 거의 볼 수 없다. MAD Architects가 설계한 박물관을 별개로 하고서 말이다. 어얼둬쓰市는 성공하기 위해 분투해온 도시다. Peter Day, 'Ordos: The Biggest Ghost Town in China' , *BBC News*, 17 March 2012, http://www.bbc.com/news/magazine-17390729.

6 Ben Bratton, 'iPhone City' , in Leach, 'Digital Cities' .

7 물리적 형태를 최우선으로 하는 것에 맞서, 따라서 하나의 대안적 논리를 가정하고, —'형태를 위한 형태' 에서와 같은—형태와 정보를 구별할 수도 있다. 만일 우리가 과거 수 십 년에 걸쳐 순수형태에 대한 집착으로부터 구조적이거나 혹은 환경적인 요인들과 같은 일단의 더 성능적인 고려사항들로 전환하는 것을 보아왔다면, 그것으로 인해 형태는 성능적 제약조건들performative constraints에 의해 정보가 알려지고

있다. 우리는 순수 정보로 더 많이 전환한 것을 인식하고 있어야 하지 않은가?

8 운전하는 동안, 휴대폰을 쥐고 있는 것은 이제 불법이다. 그러나 초기에, 대부분의 휴대폰들은 '자동차 폰car phones'으로 알려져 있다. 가장 유명한 영국의 휴대폰 아울렛들 중의 하나인 Carphone Wareouse는 이러한 초기 역사에 대한 증거를 품고 있다.

9 '우버화uber-ification'에 대해서는, http://schlaf.me/post/81679927670; http://www.huffingtonpost.com/michael-boland/apple-pays-real-killer-ap_b_6233828.html을 보라.

10 William Wilson, 'Uber Forced out of China', *Heritage Foundation*, 21 November 2016, https://www.heritage.org/asia/commentary/uber-forced-out-china.

11 Mario Carpo, *The Second Digital Turn: Design Beyond Intelligence*, Cambridge, MA: MIT Press, 2017.

12 '다른 방식으로, 오늘날의 디지털 아방가르드는 이미, 초기의 날것 상태로 있는 그대로의 속성을 지닌 난잡하게 구분되어 있는 것messy discreteness에 어떤 방식으로든 관여하기 위해, 빅 데이터와 컴퓨터연산을 사용하기 시작하였다. — 우아하게 합리화된 수학적 표기법에 대한 조정 혹은 편법shortcut없이 ... 난잡한 포인트-클라우드point cloud와 이들 프로세스의 결과로 나타나 디자인과 연산의 체적 유닛들volumetric units은 오늘날 점점 더 명백히 연결부가 끊어지고 파편적인 상태로 나타나고 있다. 그리고 이러한 방식의 구성에서 유래한 양식은 종종 voxelization복셀화 혹은 voxelation으로 불리어진다.' Carpo, The Second Digital Turn, p. 66. 이러한 복셀화의 사용은 그러나 '건축화architecturalisation'의 덫에 갇힌다: '픽셀과 복셀들이 —그것은 그것으로서 디지털적인 것the digital을 나타내는 것이 아니라 그것을 '시각화' 하기 위한 전략들의 결과effects이다.— 카르포Mario Carpo에 의해 그대로literally "디지털" 건축 형태들이 되는 것으로 보인다. 필립 모렐Philippe Morel에 의해 창조된 볼리바르 시리즈 의자들Bolivar series of chairs의 경우에서처럼 말이다.' Neil Leach, 'Tere Is No Such Thing as a Digital Building: A Critique of the Discrete', Gilles Retsin (ed.), 'Discrete: Reapprasing the Digital in Architecture', *AD* 258 (2019): 138.

13 '건축화'에 대해서는 pp. 95-6.을 보라.

14 Bratton, 'iPhone City'.

15 www.unfolded.ai. 웹 주소에도 불구하고, 그 회사는 지금 인공지능을 사용하지 않는다.

16 Shan He, 'Data Driven Urbanism: The Balance Between Spatial Intelligence and

Design Craftsmanship', in Mark Burry (ed.), 'Urban Futures: Designing the Digitalised City', *AD* 90, no. 3 (May-June 2020): 86-93.

17 He, 'Data Driven Urbanism'.

18 He, 'Data Driven Urbanism'.

19 Manuel Castells, *The Informational City: Information Technology, Economic Restructuring and the Urban-Regional Process*, Oxford: Blackwell, 1989.

20 Manuel Castells, *The Rise of the Network Society - The Information Age: Economy, Society and Culture*, vol. 1, Malden, MA, and Oxford: Blackwell, 1996; Manuel Castells, *The Power of Identity - The Information Age: Economy, Society and Culture*, vol. 2, Malden, MA, and Oxford: Blackwell, 1997; Manuel Castells, *End of Millennium - The Information Age: Economy, Society and Culture*, vol. 3, Malden, MA, and Oxford: Blackwell, 1998.

21 M. Batty, K. Axhausen, G. Fosca, A. Pozdnoukhov, A. Bazzani, M. Wachowicz, G. Ouzounis and Y. Portugali, 'Smart Cities of the Future', *European Physics Journal*, Special Topics 214 (2012): 481-518. 앤서니 타운센드Anthony Townsend는 유사점을 강조하고 있다: '정보기술은 해법의 일부가 될 필요가 있다. 그러나 그것이 홀로 어떤 문제를 해결하는 것은 아니다. 그것이 스마트하고 강력하다손 치더라도 말이다.' 타운센드는 스마트시티를 '정보기술이 인프라스트럭처, 건축, 일상의 사물들, 그리고 사회적, 경제적, 그리고 환경적 문제들을 다루는 우리의 신체들 까지도 결합되는 장소들'로 정의하고 있다. Anthony Townsend, *Smart Cities: Big Data, Civic Hackers, and the Quest for a New Utopia*, New York: Norton, 2014, p. 15.

22 Batty et al., 'Smart Cities of the Future', 481-518.

23 Benjamin Bratton, *The Stack: On Software and Sovereignty*, Cambridge, MA: MIT Press, 2017.

24 정보를 수신하고 전송하는 장치들은 분명히 3차원 데카르트 공간에서 작동한다. 그러나 우리는 동일한 것을 정보 그 자체에 적용할 수 있는지 없는지를 물을 수는 없는가? 주어진 그 정보는 디지털로 전송된다. 그리고 그 디지털은 비물질적이고 따라서 무차원적non-dimensional이다.

25 Bratton, *The Stack*, p. 375.

26 Bratton, *The Stack*, pp. 70-1.

27 Jane Jacobs, *The Death and Life of the Great American Cities*, New York: Random House, 1961.

28 Benjamin Bratton, 'The City Wears Us. Notes on the Scope of Distributed Sensing and Sensation', *Glass-Bead Journal*, 2017, http://www.glass-bead.org/article/city-wears-us-notesscope-distributed-sensing-sensation/?lang=enview.

29 '생활환경지능Ambient intelligence' 은 정보통신기술들ICTs을 우리의 미래를 형성할 방법에 대한 한 하나의 전망이다. 그것은 사람들의 현존을 이해하고 적용하도록 설계되고 그들의 환경을 수동적 제어로부터 자유롭게 하는 끊김 없는 지능적 환경의 세계를 의미한다.' Kristrún Gunnarsdóttir and Michael Arribas-Ayllon, 'Ambient Intelligence: A Narrative in Search of Users', *Academia*, 2011, https://www.academia.edu/1080720/Ambient_Intelligence_an_innovation_narrative.

30 John Markoff, 'Mark Weiser, a Leading Computer Visionary, Dies at 46', *New York Times*, 1 May 1999.

31 이 미래의 전망에 대해서는 MIT Project Oxygen, 'Project Overview', http://oxygen.csail.mit.edu/Overviewhtml.을 보라.

32 일상생황에서의 사례들은 치과의 대기실에서 종종 발견되는 환자를 진정시키는 특수한 목적을 위한 수족관 그리고 장거리 비행 항공기의 객실에서 사용되는 승객들을 깨우기 위한 차등 조명differential lighting을 포함한다. 비록 이 사례들이 단순한 일 방향 상호작용 프로세스들one-way interactive processes이라 할지라도 말이다.

33 게다가 제러미 벤담Jemremy Bentham과 다른 이들의 사상으로부터 나오는 감시에 대한 정립된 비평이 있다. Shoshona Zuboff, *Surveillance Capitalism: The Fight for a Human Future at the New Frontier of Power*, New York: PublicAffairs, 2019.

34 Merritt Roe Smith and Leo Marx (eds), *Does Technology Drive History? The Dilemma of Technological Determinism*, Cambridge, MA: MIT Press, 1995.

35 Neil Leach, 'London Mimetica/Camouflage London' (in Italian and English), *Domus* (January 2005): 90-5.를 보라.

36 Steve Johnson, *Emergence: The Connected Lives of Ants, Cities and Software*. New York: Schribner, 2002.

37 또한 John Holland, *Emergence: From Chaos to Order*, New York: Perseus, 1999; Mitchell Waldrop, *Complexity: The Emerging Science at the Edge of Order and Chaos*, New York and London: Simon and Schuster, 1992.

38 창발적 상호작용 시스템Emergent Interaction System은 하나의 환경으로 구성되어 있다. 그 안에는 수많은 개별 행위자들이 몇 가지 경험/현상들을 공유하고 있다. 그 행위자들보부터의 데이터 발생과 그들의 행태는 수집되고, 변형되며 환경으로 되돌아간다. 창발적 상호작용emergent interaction의 요구조건을 정의하는 것은 이러한 피드백이 개인과 집단의 행태에 어느 정도 주목할 만하면서도 흥미로운 영향을 미

친다는 것이다. —개인들, 집단들, 그리고 공유 현상들 간의 상호작용에서 피드백 메커니즘의 결과로서 무엇인가가 "창발한다." 'N. Andersson, A. Broberg, A. Bränberg, E. Jonsson, K. Holmlund and L.-E. Janlert, 'Emergent Interaction System — designing for emergence', 논문은 2003년 독일 뮌헨의 Momuc workshop에서 발표되었다. http://www8.cs.umu.se/~bopspe/publications/ accessed 3/31/2014

39 건축계 내에서, 멀티-에이전트시스템들multi-agent systems은 중요한 연구 분야가 되었다. Neil Leach, and Roland Snook (eds), *Swarm Intelligence: Architectures of Multi-Agent Systems*, Shanghai: Tongji University Press, 2017. 디자인의 광범위한 모형distributed model에 대한 관심은 스탠 앨런Stan Allen에 의해 예견되었다. 그가 크레이그 레이놀즈Craig Reynolds의 작품을 인용하고 떼 논리swarm logic가 창발적 방법론들emergent methodologies에 대한 통찰력을 제공한다고 제안할 때 말이다: '무리crowds와 떼swarms는 통제의 끝자락에서 작동한다. 제안적인 형태적 가능성들은 차치하고, 나는 두 가지 사례들을 제안하기를 원한다. 그것은 건축이 전통적인 하향식 통제 형태로부터 그 집중을 유리하게 변환시킬 수 있고, 그리고 좀 더 유동적인 상향식 접근방식의 가능성을 살피기 시작할 수 있다는 것이다. Stan Allen, 'From Object to Field', *Architectural Design* 67, no. 5/6 (May-June 1997): 24-31.

40 독일 신경과학자 볼프 싱어Wolf Singer는 또한 도시와 뇌를 비교하였다. Wolf Singer, 'Die Architektur des Gehirns als Modell für komplexe Stadtstrukturen?' in C. Maar and F. Rötzer (eds), *Virtual Cities*, Basel: Birkhauser, 1997, pp. 153-61. 이러한 비교는 쿱 힘멜블라우에게 연구 집단인 Brain City Lab을 개발하도록 영감을 주었다. 그 연구소는 2008년 베니스 비엔날레에서 하나의 도시 모형을 전시하였다. 그 모형은, 도시의 지형 모형 위에 뉴런들의 행동들을 투영한 지도를 그려내기 위해, 컴퓨터연산 방법을 사용하였다. Coop Himmelb(l)au, 'Future Revisited', http://www.coop-himmelblau.at/archiecture/projects/coop-himmelblau-future-revisited/.

41 예를 들어, Michael Hensel, Achim Menges and Michael Weinstock, 'Emergence: Morphognetic Design Strategies', *AD* (July-August 2004); Michael Weinstock, *The Architecture of Emergence: The Evolution of Form in Nature and Civilisation, London*: Wiley, 2010.을 보라.

42 이것은 또한 때때로 개체군적 행태populational behviour로 불린다. 마누엘 데란다Manuel DeLanda가 언급한 바와 같이, '위치를 벗어난 개체군들의 역학관계는 매우 다른 독립체들의 개체군 역학관계와 매우 밀접한 관계가 있다. 주기적인 화학적 반응에서의 분자들, 둥지를 짓는 서식지에서의 흰개미들, 그리고 어쩌면 시장에서

의 인간 행위자들조차도 그런 것처럼 말이다. 다시 말해서, 구성요소들의 속성과 행태에 있어서 큰 차이에도 불구하고 상호작용하는 독립체들interacting entities의 주어진 개체군은 유사한 집단행동을 보여주는 경향이 있을 것이다.' Manuel DeLanda, 'Deliuze and the Use of the Genetic Algorithm in Architecture' in Leach, *Designing for a Digital World.*

43 Leach and Snooks, *Swarm Intelligence*, p. 108.

44 Leach, Turnbull and Williams, *Digital Tectonics*, p. 72.

45 예를 들어, Leach and Snooks, *Swarm Intelligence*; Neil Leach, 'Swarm Urbanism', in Neil Leach (ed.), Digital Cities, London: Wiley, 2009, pp. 56-63.을 보라.

46 다른 곳에서 논의되었던 바와 같이, 겉으로 보기에 복잡한 이러한 형태들은 사실 상대적으로 간단한straightforward 알고리즘들에 의해 생성된다. 반면 단순한 비누거품의 둥근 형태는, 내적 · 외적 압력의 형태발생론적 작용morphogenetic play, 표면장력, 등등에 의해 생성되며. 그 만큼, 훨씬 더 복잡하다. Leach, 'We Have Never Been Digital'.

47 Gilles Deleuze and Félix Guattari, 'City/State', in Leach, *Rethinking Architecture*, p. 297.

48 내가 다른 곳에서 주장했던 바와 같이, '이것은 "행위자들"로서 인간들 간의 관계를 이해하기 위한 흥미로운 방식을 개척한다. 인간적 작용들human operations에 대한 외골격의 한 형태로서 도시의 시스템과 구조fabric 내에서 말이다,' Neil Leach, 'Swarm Urbanism', in Leach, 'Digital Cities', *AD* 79, no. 4, Profile 200 (July-August 2009): 62.

49 Kevin Kelly, *Out of Control: The New Biology of Machines, Social Systems, and the Economic World*, New York: Basic Books, 1995.

50 John Holland, Johnson, *Emergence*, p.27.에서 인용되었다. 홀란드의 요점은 파도를 구성하는 물 분자들은 끊임없이 변한다. 그러나 파도의 패턴은 동일한 것으로 남아 있다. 바위가 여전히 그곳에 있고 물이 흐른다면 말이다. John Holland, *Emergence: From Chaos to Order*, New York: Perseus, 1999, p. 29.

51 역동적 평형상태의 형태를 유지하고 있는 이 도시 모형은 자동제어의 복잡계로서의 지구에 대한 더 큰 모형과 맥을 같이한다. 제임스 러브록James Lovelock이 가정한 것처럼 말이다. James Lovelock, *Gaia: A New Look at Life on Earth*, Oxford: Oxford University Press, 1979.

52 '항상성homeostasis' 이라는 용어는 미국의 생리학자 월터 브래드포드 캐넌Walter Bradford Cannon이 1927년 생명체들living systems을 언급하면서 처음 만들었다. 캐넌

은 고대 그리스 용어인 'homeo' ('유사한similar' 을 의미하는)를 선택하였다. 대안적 그리스 용어인 'homo' ('동일한 것the same')보다 말이다. 이렇게 함으로써, 캐넌은 인간적 작용들human operations과, 자동온도조절기의 경우에서와 마찬가지로, 그것은 고정된 시스템 내에서 작동하는, 기계적 작용들로부터 나오는 중요한 변수들과 구분하고자 하였다. Bradford Cannon, 'Organization for Physiological Homeostasis', *Physiological Reviews* 9, no. 3 (1929): 399-431.

53 애슈비William Ross Ashby는 호메오스탓homeostat은 체스게임 마저도 할 수 있을 것이라고 예견하였다. William Ross Ashby, *Design for a Brain: The Origin of Adaptive Behavior*, London: Champion and Hall, 1960.

54 여기에 지그문트 프로이트Sigmund Freud의 저술과 맥을 같이하는 것이 있다. 그는 이미 '무의식의 수리적 구성hydraulic construction of the conscious' 과 리비도 경제libidinal economy를 언급하였다. 그처럼 '개인의 의식적 경험과 행동은 욕망과 억압간의 급증하는 리비도적 투쟁의 현시manifestation이다.' John Daugman, 'Brain Metaphors and Brain Theory', in *Computational Neuroscience*, Cambridge, MA: MIT Press, 1993.

55 Alan Turing, letter to William Ashby, 1946, W. Ross Ashby Archive, http://www.rossashby.info/letters/turing.html.

56 Antonio Damasio, *The Strange Order f Thinkgs: Life, Feeling and the Making of Cultures*, New York: Vintage, 2019.

57 Antonio Damasio and Gil Carvalho, 'The Nature of Feelings: Evolutionary and Neurobiological Origins', *Neuroscience* 14 (2013): 143.

58 틀림없이, 다마지오Antonio Damasio 자신은 결코 도시와 두뇌를 동일시하려 하지 않을 것이다. 또한 인공지능과 두뇌를 비교하려고도 하지 않을 것이다. 사실상 다마지오는 실질적으로 인공지능을 배경으로 하고 있으며, 저명한 인공지능 선구자 워런 매컬러Warren McCulloch를 자신의 첫 번째 미국인 스승으로 생각하였다. 정말로 당시에 다마지오는 신경과학, 컴퓨터연산, 그리고 인공지능에서 초기의 흥미의 일부를 공유하였다. 그럼에도 지금 그는 이러한 견해의 결점을 알고 있다. 그 견해는 신체의 중요성을 간과하고 있다. '그러나 돌이켜보면, 인간의 정신이 어떻게 보이고 느낄 것 같은가에 대한 사실주의적 시각의 방법으로는 제공할 만한 것이 거의 없었다. 그것이 어떻게 가능하겠는가? 각 이론들이 뉴런들의 활동에 대한 메마른 수학적 기술을 생명과정life processes의 열역학thermodynamics을 떼어낸다고 하면 말이다. 불 논리Boolean algebra는 정신minds을 만드는 것에 관한 한 한계가 있다.' Damasio, *The Strange Order of Things*, p. 240.

59 이전에 또한 나는 뇌의 한 형태로 작동하는 주택의 가능성에 대해 탐구해왔다: Neil Leach, 'Emergent Interactivities: From the primitive hut to the cerebral hut', *Proceedings of the 34th Annual Conference of the Association for Computer Aided Design in Architecture*, 23-25 October 2014, n.p.p.: n.p., pp. 145-52.

60 Kelleher, *Deep Learning*, p. 79.

61 알리바바는 항저우Hangzhou에 기반을 둔 중국의 다국적 재벌 지주회사이다. 알리바바는 전자상거래를 전문으로 하고 있으며 아마존에 대한 중국 라이벌로 여겨질 수 있다. 아마존과는 달리, 비록 알리바바가 직접 판매에 관여하지 않고 어떤 물류 창고를 소유하고 있지 않다할지라도 말이다. https://www.alibaba.com/.

62 Liu Feng, 'City Brain, a New Architecture of Smart City Based on the Internet Brain', https://arxiv.org/ftp/arxiv/papers/1710/1710.04123.pdf.

63 https://www.tomtom.com/en_gb/traffic-index/hangzhou-traffic.

64 Abigail Beall, 'In China, Alibaba's data-hungry AI is controlling (and watching) cities', *Wired*, 30 May 2018, https://www.wired.co.uk/article/alibaba-city-brain-artificial-intelligence-china-kuala-lumpur=.

65 https://www.alibaabacloud.com/solutions/intelligence-brain/city.

66 Blog Post, 'City Brain Now in 23 Cities in Asia', *Alibaba Cloud Blog*, 28 October 2019, https://www.alibabacloud.com/blog/city-brain-now-in-23-cities-in-asia_595479.

67 이것은 어쩌면, 중앙 집중화된 형태라기보다 문어와 훨씬 많이 닮은, 분산지능distributed intelligence의 한 형태로 이해될 수 있을 것이다. Marion Nixon and J. Z. Young, *The Brains and Lives of Cephalopods*, New York: Oxford University Press, 2003.

68 도시 두뇌City Brain는 상대적으로 중국에서 작동하기 쉽다. 포괄적인 교통 감시망이 이미 그곳에 설치되었다는 점을 고려해보면 말이다. Zunaira Saieed, 'Kuala Lumpur set to become smart city next year', *The Star*, 25 April 2019, https://www.thestar.com.my/business/business-news/2019/04/25/kuala-lumper-set-to-become-smart-city-next-year.

69 City Brain Lab, Alibaba Damo Academy, https://damo.alibaba.com/labs/city-brain.

70 Kacper Kubara, 'Artificial Intelligence meets the Internet of Things', *Towards Data Science*, 10 July 2019, https://towardsdatascience.com/artificial-intelligence-meets-

the-internet-of-things-a38a46210860; Bernard Marr, 'What is the Artificial Intelligence of Things? When AI Meets IoT', *Forbes*, 20 December 2019, https://www.forbes.com/sites/bernardmarr/2019/12/20/what-is-the-artificial-intelligence-of-things-when-ai-meets-iot/#7cb3ab1fd.

71 Murad Ahmed, 'Lunch with the FT: Demis Hassabis', *Financial Times*, 30 January 2015, https://www.ft.com/content/47aa9aa4-a7a5-11e4-be63-00144feab7de.

72 Shalley Fan, 'Scientists Discovered "Mini-Computers" in Human Neurons — and That's Great News for AI', *SingularityHub*, 14 January 2020, https://singularityhub.com/2020/01/14/scientsts-discovered-mini-computers-in-human-neurons-and-thats-great-news-for-ai/.

73 '인터넷은 인간의 뇌와 매우 유사한 방향으로 진화할 것이다. 그리고 그것은 자신의 기억신경계, 중앙신경계, 그리고 자율신경계를 갖출 것이다. 시각적, 청각적 촉각적 감각과 운동신경계에 더하여서 말이다. 다른 한편으로, 인간의 뇌는 적어도 수 만년 동안의 진화를 통해 모든 인터넷 기능들을 갖추어 왔다. 그리고 인터넷의 지속적 발전은 신경과학자들이 [그] 인간 두뇌의 비밀을 밝히는데 도움이 될 것이다. 과학실험들은 두뇌는 또한 구글, 페이스북과 같은 SNS 시스템, IPv4와 같은 주소 부호화 시스템, 그리고 Cisco와 같은 경로배정 시스템과 같은 검색 엔진을 소유하고 있다는 것을 증명할 것이다.' Liu Feng and Peng Geng, 'Discovery and Analysis of iEvolution Laws [Z]', *China Science Paper Online*, 2008, https://arxiv.org/pdf/1806.10095.pdf.

74 Jeffrey Stibel, *Wired for Thought: How the Brain is Shaping the Future of the Internet*, Cambridge, MA: Harvard Business Press, 2009, p. xxviii.

75 '인터넷은 두뇌의 복제품이다. 즉 컴퓨터들과 마이크로칩들은 뉴런들(체세포soma 혹은 계산 유닛caculating unit)을 재현하고 있다; 뇌 속의 기억처럼 웹사이트는 정보를 보호하는 장소가 된다; 페이지들 간의 연결고리는 의미지도semantic map를 만든다; 그리고 축색돌기와 수상돌기처럼, 전화기 선은 다양한 지역들을 가로질러 그 정보를 옮긴다.' Stibel, *Wired for Thought*, p. xxiii.

76 Jeff Stibel, 'The Internet is a Brain, *Harvard Business Review*, 23 June 2008, https://hbr.org/008/06/the-internet-is-a-brain.html.

77 '인터넷은, 다양한 경로들이 얼마나 혼잡하거나 혹은 충분히 이용되지 않는지를 체크하기 위하여 수신기로부터의 피드백을 이용함으로써, 정보의 흐름을 제어하기 위해, "가산 증가, 증가 감소Additive Increase, Multiplication Decrease" (AIMD)알고리즘을 이용한다. 피드백이 늦을 때에는, 그 비율이 감소한다. 그리고 피드백이 빠를 때에는 그 비율이 증가된다. 뇌는, "장기강화long term potentiation"과 "장기억압long term depression"을 포함한, 피드백 메커니즘을 기반으로 하는 유사한 "알고리즘"을 이용한다.' Jonathan Suen, 'The Internet and your Brain are more alike than you Think', *Salk News*, 9 February 2017, https://www.salk.edu/news-release/internet-brain-alike-think/.

78 Saket Narlakha and Jonathan Suen, 'Using Inspiration from Synaptic Plasticity Rules to Optimize Traffic Flow in Distributed Engineered Networks', *Neural Computaion* 29, no. 5, May 2017, pp.1204-28.

79 그러나 일부는 의식없이 인터넷은 완전히 뇌처럼 작동할 수 없다고 주장할 수도 있다. 즉 의식이 없는 것과 마찬가지로 인공지능은 완전히 인간의 지능처럼 작동할 수 없다. 그러나 스티벨Jeffrey Stibel은 이러한 우려를 무시한다: '인터넷은 인간적 의미(그리고 누가 그것을 필요로 하겠는가?)에서 결코 "의식적"이지 않을 수도 있다. 그러나 그것은 집단의식을 창조할 수 있을 것이다. (그리고 이미 창조할 수 있다.)' Stibel, *Wired for Thought*, p. xxix. 집단의식은 그 자체가 논란이 많은 개념이다. 샌디 볼드윈Sandy Baldwin은 우리는 인터넷을 의식이 아니라 무의식과 비교하여야 한다고 주장하기까지 한다. 인터넷은 무의식처럼 작동한다고 추측하면서 말이다. 슬라보예 지젝Slavoj Zizek이 언급하기를, '클린트 번햄Clint Burnham은 단지 인터넷에 정신분석을 적용한 것이 아니다. 즉 그는 무의식 그 자체가 어떻게 "인터넷처럼 구성되어" 있는지를 증명하고 있다. 불가해한impenetrable 디지털 웹에 우리가 얽혀있는 것이 우리의 사고와 행동을 과도하게 결정짓는 무의식의 방식을 적절히 이해할 수 있도록 해준다.' Slavoj Zizek, Sandy Baldwin, *The Internet Unconscious: On the Subject of Elecronic Literature*, London: Bloomsbury, 2015.의 뒷면 겉표지에 인용되었다.

80 우리는 또한 인간 존재의 '지능'이 가능한 최상 수준의 지능이 아니라는 것을 인정할 필요가 있다. 그것은 단지 '인간-수준의 지능'이다.

81 Wang Jiang, 'City Brain: Rethinking the Relationship Between Technology and City', *ULI Asia Pacific*, 2 July 2019, https://www.youtube.com/watch?v=RTPjzeQKg2w.

8장Chapter 8

1 예를 들어, 허버트 사이먼Herbert Simon과 앨런 뉴얼Allen Newell은 1968년까지 컴퓨터가 세계 체스 챔피언이 될 것이라고 믿었다. 그리고 사이먼은 그런 다음 1985년까지 기계는 인간이 할 수 있는 어떤 것이든 할 수 있을 것이라는 예측을 계속해 나갔다.

Herbert Simon and Allen Newell, 'Heuristic Problem Solving: The Next Advance in Operations Research', *Operations Research* 6, no. 1(1958): 7-8

2 Mary Hayhoe, Neil Mennie, Brian Sullivan and Keith Gorgos, 'The Role of Internal Models and Prediction in Catching Balls. From Reactive to Anticipatory Cognitive Embodied Systems', *AAAI* (2005).

3 커즈와일은 하나의 생존 방식으로서 예측의 사례를 인용하고 있다: '우리의 조상들 중 한명이 수 천 년 전에 사바나를 관통해 걸어갈 때, 한 짐승이 그녀가 걷고 있는 길 쪽으로 이동하고 있다는 것을 그녀는 알아차렸을 수도 있다. 만일 그녀가 진로를 유지한다면, 그들의 경로가 교차하리라는 것을 예측하였을 것이다. 이것을 토대로 그녀는 또 다른 방향으로 향하기로 결심하였고, 그녀의 전망은 살아남는데 가치가 있을 수 있다는 것을 증명하였다.' Ray Kurzweil, *How to Create a Mind: The Secrets of Human Thought Revealed*, New York: Penguin, 2012, p. 250.

4 Seth, 'A predictive progressing theory of sensorimotor contingencies', 97-118; Clark, *Surfing Uncertainty*.

5 Andy Clark, 'Whatever next? Predictive brains, situated agents, and the future of cognitive science', *Behavior and Brain Sciences* 36, no. 3(June 2013): 181-204.

6 Walsh, *Machines that Think*, p. 288. 이것은 영국의 공상과학소설 텔레비젼 시리즈인 레드 드워프Red Dwarf에 나타나는 홀로그램인 아놀드 유다 림머Arnold Judas Rimmer — 혹은 그냥 '림머Rimmer' —를 연상시킨다.

7 Walsh, Machines *that Think*,

8 https://www.tesla.com/support/full-self-driving-computer.

9 Walsh, *Machines that Think*, p. 276.

10 Andreas Huyssen, *Twilight Memories: Marking Time in a Culture of Amnesia*, New York: Rouledge, 1995.

11 Behnaz Farahi, *The Living, Breathing Wall*, 2013, http://behnazfarahi.com/the-living-breathing-wall/.

12 William Hazlitt, *Essay XIV: On the Difference between Writing and Speaking*, vol. 2, New York: Derby & Jackson, 1857. p. 172.

13 Tatiana Schlossberg, 'Literacy Rates', *McSweeney's Internet Tendency, 7 February* 2011, https://www.mcsweeneys.net/articles/literacy-rates.

14 Ray Kurzweil, 'How my Predictions are Faring', *Kurzweilai.net*, October 2010, https://www.kurzweilai.net/images/How-My-Predictions-Are-Faring.pdf. 커즈와

일은 유행병과 싸우는데 있어서 사이버 보안의 역할을 언급하기조차 하였다. Andy Greenberg, 'Ray Kurzweil: Look to Cybersecurity to Fight Human Pandemics', *Forbes*, 23 February 2011, https://www.forbes.com/sites/andygreenberg/2011/02/23/ray-kurzweil-look-to-cybersecurity-to-fight-human-pandemics/#4cf70679ae08.

15 Ray Kurzweil, 'How my Predictions are Faring'.

16 Gordon Moore, 'Moore's Law at 40', in David Brock (ed.). *Understanding Moore's Law: Four Decades of Innovation*, Philadelphia: Chemical Heritage Foundation, 2005, pp. 67-84.

17 Gordon Moore, 'Cramming More Components onto Integrated Circuits', *Electronics* 38, no. 8(19 April 1965).

18 Moore, 'Moore's Law at 40', pp. 67-84.

19 Ray Kurzweil, 'The Law of Accelerating Returns', 7 March 2001, https://www.kurzweilai.net/the-law-of-accelerating-returns.

20 Murray Shanahann, *The Technological Singularity*, Cambridge, MA: MIT Press, 2015, p. xix.

21 '나는 급격하게 성장한 경제가 지나치게 선전되었다고 생각한다. 지금까지, 지속된 기간 동안 급격하게 성장해 왔던 우주에는 과정이 없다. 왜냐하면 당신이 국부적으로 그것과 관련되어 있거나 혹은 사용하는 것들을 소진해버리기 때문이다.' Brian Bergstein, 'A Top Roboticist Says A.I. Will Not Conquer Humanity', *Medium Future*, 4 January 2019, https://medium.com/s/2069/a-top-roboticist-says-a-i-will-not-conquer-humanity-133f2611d035.

22 https://www.kuzweilai.net/the-law-of-accelerating-returns.

23 Ray Kurzweil, *The Age of Intelligent Machines*, Cambridge, MA: MIT Press, 1990.

24 Kurzweil, *The Age of Intelligent Machines*, p. 133.

25 Kurzweil, *The Age of Intelligent Machines*, p. 441.

26 Kurzweil, *The Age of Intelligent Machines*, p. 437.

27 Kurzweil, *The Age of Intelligent Machines*, p. 437.

28 이것은 위에서 언급된 이시구로 히로시Hiroshi Ishiguro의 논평과 맥을 같이 한다. Ishiguro, 'A Reflection of Ourselves', pp. 174-9.

29 Kurzweil, *The Age of Intelligent Machines*, p. 431.

30 Ray Kurzweil, *The Age of Spiritual Machines: When Computers Exceed Human Intelligence*, New York: Penquin, 1999.

31 https://kurzweilai.net/images/How-My-Predictions-Are-Faring.pdf.

32 '개인 컴퓨터들은 폭넓은 범위의 크기와 형태에서 유용하며 일반적으로 손목시계, 반지, 귀걸이, 그리고 기타 신체 장식물과 마찬가지로 의복과 보석 속에 내장된다.' https://kurzweilai.net/images/How-My-Precitions-Are-Faring.pdf.

33 https://kurzweilai.net/images/How-My-Precitions-Are-Faring.pdf.

34 '케이블들은 사라지고 있다. 포인팅 장비들pointing devices, 마이크로폰, 디스플레이들, 프린터들, 그리고 때로는 키보드와 같은 구성 품들 간의 통신은 단거리 무선기술을 사용한다 ... 컴퓨터들은 일상적으로 상존常存하는 전 세계적 네트워크에 접속하기 위한 무선기술을 포함한다. 그것은 신뢰할 수 있고, 즉각적으로 활용할 수 있는 광대역 통신을 제공한다.' https://urzweilai.net/images/How-My-Predictions-Are-Faring.pdf.

35 '컴퓨터들은 일상적으로 영화 이미지 카메라들을 포함한다. 그리고 얼굴로 소유자들을 확실하게 밝힐 수 있다.' https://kurzweilai.net/images/How-My-Predictions-Are-Faring.pdf.

36 '안경에 장착된 컴퓨터 디스플레이들 또한 사용되고 있다. 이러한 특수 안경들은 이용자들에게 정상적인 시각 환경을 볼 수 있도록 해준다. 한편, 뷰어viewer의 앞에서 맴도는 것으로 보이는 가상 이미지를 만들어 낸다. https://kurzweilai.net/images/How-My-Predictions-Are-Faring.pdf.

37 Drake Baer, '5 amazing predictions by futurist Ray Kurzweil that came true - and 4 that haven't' , *Business Insider*, 20 October 2015.

38 Yuli Ban, 'Kurzweil's 2009 is our 2019' , *Reddit*, 2019, https://www.reddit.com/r/singularity/comments/94dkea/kurzweils_2009_is_our_2019/.

39 https://kurzweilai.net/images/How-My-Predictions-Are-Faring.pdf.

40 Kurzweil, *The Age of Spiritual Machines*, p. 406. 책과 영화로 된, *은하수를 여행하는 히치하이커를 위한 안내서* 시리즈에서, 더글러스 애덤스Douglas Adams는 즉각적인 통역을 제공하기 위해 귀 속에 삽입된 바벨피쉬Babel Fish를 포함하고 있다. https://hitchhikers.andom.com/wiki/Babel_Fish.

41 Kurzweil, *The Age of Spiritual Machines*, pp. 410-11.

42 Kurzweil, *The Singularity is Near*, https://singularityhub.com/2017/03/31/can-futurists-predict-the-year-of-the-singularity/#sm.00001ep69rsevnd56vi0hrvmkpsor.

43 Christiana Reedy, 'Kurzweil Predicts That the Singularity Will Happen in 2045', *Futurism*, 5 October 2017, futurism.com/kurzweil-claims-that-the-singularity-will-happen-by-2045.

44 Shanahan, *The Technological Singularity*.

45 Stanislaw Ulam, 'Tribute to John von Neumann', *Bulletin of the American Mathematical Society* 64, no. 3, Pt. 2 (May 1958).

46 Vincent Vernon, *The Technological Singularity*, n.p.p.: n.p., 1993.

47 http://www.kurzweilai.net/the-law-of-accelerating-returns.

48 David Chalmers, 'The Singularity: A Philosophical Analysis', *Journal of Consciousness Studies* 17 (2010): 7-65.

49 Christianna Reedy, 'Kurzweil Predicts That the Singularity Will Happen in 2045', *Futurism*, 5 October 2017. futurism.com/kurzweil-claims-that-signularity-will-happen-by-2045.

50 Reedy, 'Kurzweil Predicts That the Singularity Will Happen in 2045'.

51 'The Turing Test, 1950', *The Alan Turing Internet Scrapbook*, https://www.turing.org.uk/scrapbook/test.html.

52 Walsh의 저서 제목에서 전달되는 혼란스러운 메시지에도 불구하고, 우리는 분명히 아직 그곳에 도달하지 않았다. Walsh, *Machines that Think*.

53 이러한 관점에서, 토비 월시Toby Walsh와 같은 인공지능에 관한 전문가가 인공지능의 과거, 현재, 그리고 미래에 대한 책에 제목을 *Machines that Think: The Future of Artificial Intelligence*생각하는 기계들: 인공지능의 미래라고 지어야 했던 것은 다소 놀랍다. 좀 더 그럴듯한 제목은 *Machines that Might Eventually Think*결국 생각할 수도 있는 기계들일 것이다. 대부분은 당장은 컴퓨터들은 생각할 수 없다고 주장할 것이다. Walsh, *Machines that Think*.

54 David Chalmers, 'How Do You Explain Consciousness?', TED Talk, 2014, https://www.ted.com/talks/david_chalmers_how_do_you_explain_consciousness/transcript.

55 Justin Weinberg, 'Philosophers on GPT-3 (with replies by GPT-3)', *Daily Nous*, 30 July 2020, https://dailynous.com/2020/07/30/philosophers-gpt-3/.

56 닉 보스트롬Nick Bostrom은 계속해서 초지능superintelligence의 3가지 표상을 밝히고 있다. '속도 초지능speed superintelligence: 시스템은 인간 지능이 할 수 있는 모든 것

을 할 수 있다. 그러나 더 빠르게 ... 집단 초지능: 시스템은 대규모의 수의 더 작은 지성들로 구성되어 있다. 그처럼 수많은 굉장히 일반적인 분야들에 걸쳐 시스템의 전체 성능이 엄청나게 초과하고 있다. 어떠한 현행 인식 시스템의 성능보다도 말이다 ... 품질 초지능Quality superintelligence: 시스템은 적어도 인간의 정신만큼 빠르다 그리고 엄청나게 질적으로 더 영리하다.' 그러나 보스트롬은 초지능을 이해하는 다른 방법들이 존재한다는 것을 인정한다. Nick Bostrom, *Superintelligence: Paths, Dangers, Strategies*, Oxford: Oxford University Press, 2016, pp. 64, 65, 68.

57 Bostrom, *Superintelligence*, p. 26.

58 'Elon's Message on Artificial Superintelligence —ASI', *Science Time*, 24 October 2020, https://www.youtube.com/watch?v=ZCeOsdcQObl&feature=youtu.be. 또한 Amber Case, 'We Are All Cyborgs Now', *TEDWomen*, 2010, https://www.ted.com/talks/amber_case_we_are_all-cyborgs_now?language=en.

59 Irving John Good, 'Speculations Concerning the First Ultraintelligent Machine', in Franz Alt and Morris Rubinoff (eds), *Advances in Computers*, New York: Academic Press, 1965, p. 33.

60 일론 머스크는 Ricki Harris, 'Elon Musk: Humanity is a Kind of Biological Boot Loader for AI' *Wired*, 1 September 2019에 인용되었다. https://www.wired.com/story/elon-musk-humanity-biological-boot-loader-ai/.

61 Arthur Ellis, *Teaching and Learning Elementary Social Studies*, Boston: Allyn & Bacon, 1970, p. 431.

62 앤디 클라크Andy Clark는 예측지각과의 관계에서 우리에게 이것에 대해 상기시킨다. Clark, *Surfing Uncertainty*.

63 Turing, 'Computing Machinery and Intelligence', 433-60.

64 이것 또한 혼란스럽다. 왜냐하면 2029년이 커즈와일은 인공지능이 인공일반지능AGI이 아니라 '인간 수준의 지능'에 도달하는 날짜이기 때문이다. Ford, *Architects of Intelligence*, p. 528.

65 다른 시간 추정들에 대해 개관하기 위해서, https://aiimpacts.org/ai-timeline-surveys/.를 보라.

66 Kanta Dihal, Andrew Hessel, Amy Robinson Sterling and Fancesca Rossi, 'Visionary Interviews', in Woods, Livingston and Uchida, *AI: More Than Human*.

67 Ford, *Architects of Intelligence*, p. 436.

68 Dihal, Hessel, Sterling and Rossi, 'Visionary Interviews', in Woods, Livingston and Uchida, *AI: More than Human*, p. 210.

69 '인간 수준의 지능' 은 의식을 요구하지 않는다는 것을 지적해야만 한다. 반면에 인공일반지능은 의식을 필요로 한다. Ford, *Architects of Intelligence*, p. 528.

70 Russell in Ford, *Architects of Intelligence*, p. 48.

71 캘리Kelly는 지능은 일차원적이 아니라 '수많은 유형과 방식의 인식으로 구성되어 있다. 각 지능은 하나의 연속체continuum이다.' 캘리에게 있어서, 지능은, 많은 다른 사고의 유형들을 포함하며 전신whole body을 통해 가득 차 있는, 사실상 하나의 생태계이다. Kevin Kelly, 'The Myth of a Superhuman AI' , *Wired*, 25 April, 2017, https://www.wired.com/2017/04/the-myth-of-a-superhuman-ai/

72 Hassabis in Ford, *Architects of Intelligence*, p. 176.

73 Roger Penrose, 'Consciousness is Not a Computation' , 2020년 4월 4일 Lex Fridmann과의 인터뷰, https://www.youtube.com/watch?v=hXgqik6HXc0.

74 Anil Seth, 'Your Brain Hallucinates Your Conscious Reality' , TED Talk, April 2017, https://www.ted.com/talks/anil_seth_your_brain_hallucinates_your_conscious_reality?language=en.

75 Ray Kurzweil, *How to Create a Mind: The Secrets of Human Thought Revealed*, New York: Penguin, 2012.

76 Eric Elliott, 'What's it like to be a computer: an interview with GPT-3' , 18 September 2020, https://www.youtube.com/watch?v=PqbB07n_uQ4&ab_channel=EricElliott.

77 이 관찰에 대해 Casey Rehm에게 감사드린다.

78 Max Tegmark, *Life 3.0: Being Human in the Age of Artificial Intelligence*, New York: Vintage, 2017, p. 314.

79 'Elon Musk's Message on Artificial Superintelligence — ASI' , *Science Time*, 24 October 2020, https://www.youtube.com/watch?v=ZCeOsdcQObl&feature=youtu.be.

80 확실한 정도로 우리가 어쩌면 예측할 수 있는 것은, 그러나, '포스트인공지능post-AI' 운동이 출현할 것이라는 것이다. '포스트디지털post-digital' 운동이 출현했던 것처럼 말이다. 그러나 우리가 '디지털' 적인지 아닌지 조차 아직도 결코 명확하지 않다. '포스트디지털' 은 더더욱 아니다. 만일 인공지능이 우리들을 가르쳐 온 어떤 것이 있다면, 디지털의 분야가 끊임없이 진화하고 있다는 것이다. 그처럼, 우리는 완전하게 디지털과 친숙하다거나 혹은 어쩌면 디지털을 넘어섰을지도 모른다

고 까지 하는 주장들은 약간 시기상조인 듯이 보인다. 디지털의 죽음에 관한 소문들은 크게 과장되었다. Leach, 'We Have Never Been Digital'.

81 Brooks in Ford, *Architects of Intelligence*, p. 423.

82 Brooks in Ford, *Architects of Intelligence*, p. 441.

83 빌 게이츠Bill Gates는 Leach, Designing for a Digital World, p.6 '도입' 에 인용되었다.

84 그러나 디지털 혁명에 대한 모든 예측들이 옳다고 증명된 것은 아니다. 많은 이들이 이것이 자동적으로 진보적인 실험 문화로 이끌 것이라고 희망하였다. 사실상 그것은 그저 우리에게 불필요한 정보spam을 준 것이다. 다른 이들은 그것은 우리 도시들의 치밀화densification로 이끌 것으로 예측하였다. 그럼에도, 앤드류 질레스피Andrew Gillespie가 지적한 바와 같이, 그것은 쇼핑센터, 아마존 창고와 같은 도시 시설들의 범위를 벗어나도록 하였다. 한편 내부 도시의 가게들은 점점 더 온라인 쇼핑의 발달로 위협받고 있다. Andrew Gillespie, 'Digital Lifestyles and the Future City', in Leach, *Designing for a Digital World*, pp. 68-72.

85 '나 자신의 예측은 2020년까지 "컴퓨터 연산"이라는 용어를 사용조차 하지 않을 것이라는 것이다. 왜냐하면 그것은 모든 곳에 존재할 것이기 때문이다.' 'Interview' in Neil Leach and Xu Weiguo(eds), *Design Intelligence: Advanced Computational Techniques for Architecture*, Beijing: CABP, 2010, P.8.

86 이 주장은 장 보드리야르Jean Baudrillard로부터 나온 것이다. 그는 일단 모든 것이 심미화되면, '예술"이라는 단어는 의미가 없어진다: '모든 것이 심미화 될 때, 아무것도 더 이상 아름답거나 혹은 추하지 않다, 그리고 예술 그 자체는 사라진다.' Jean Baudrillard, 'Transpolitics, Transsexuality, Transaesthetics', trans. Michael Valentin, in William Stearns and William Chaloupka (eds), *The Disappearance of Art and Politics*, London: Macmillan, 1992, p. 10. 그 주장은 마찬가지로 다른 분야들에 적용할 수 있다: ' 모든 것이 역사적이 될 때, 역사적인 것은 더 이상 없다. 모든 것이 정치적이 될 때, 정치적인 것은 더 이상 없다. 마찬가지로, 모든 것이 미적이 될 때, 미적인 것은 더 이상 아무것도 없다. 우리는 초역사적transhistorical, 초정치적transpolitical, 그리고 초미적transaesthetic 세계 속에서 살아가고 있다. 각 범주는 팽창하고 확대되기 때문에 비만 상태가 존재한다. 그리고 내용들은 지워진다. 모든 것이 무한대로 복제되어왔다. 이러한 복제의 액스터시ecstasy, 이러한 포화saturation의 사회에서, 사건들은, 모든 의미를 박탈당한 채, 정보의 공백 속에서 행방불명이 되었다.' Neil Leach, *Millennium Culture*, London: Ellipsis, 1999, p. 24.

87 매카시McCarthy는 덧붙인다. '그 구절을 이전에 들었을 때, 모호한 느낌이 들었다.

그러나 나는 지금까지도 결코 그것을 찾을 수 없었다.' N. J. Nielson, 'Oral History of John McCarthy' 의 필사본, 2007년 9월 12일 캘리포니아 마운틴뷰 Mountain View의 Computer History Museum에서 Nils Nielson이 인터뷰 함. http://www.nasonline.org/publications/biographical-memoirs/memoir-pdfs/mccarthy-john.pdf; reprinted in N. J. Nielson, *John McCarthy: A Biographical Memoir*, Washington, DC: National Academy of Sciences, 2012.

88 Walsh, *Machines that Think*, p. 17.

89 Stibel, *Wired for Thought*.

90 Turing, letter to William Ashby.

91 Geoffrey Hinton interviewed by Martin Ford, in Ford, *Architects of Intelligence*, p. 80.

92 Hassabis and Hui, 'AlphaGo' , p.88.

93 Philip Yuan, Mike Xie, Neil Leach, Jiawei Yao, Xiang Wang (eds), *Architectural Intelligence*, Singapore: Springer, 2020.

94 '집단적으로 그것들은 건축 지능architectural intelligence(AI)으로 불릴 수 있다. AI Tect라는 용어는 두 가지 의미들을 포함한다. 즉 *건축지능과 인공지능*이다.' Watanabe, 'AI Tect: Can AI Make Designs?' , pp.68-75.

95 https://eyesofthecity.net/ai-chitect/.

96 스틴슨은 그 용어를 4명의 건축가들을 언급하기 위해 사용하고 있다: 크리스토퍼 알렉산더Christopher Alexander, 리처드 사울 워먼Richard Saul Wurman, 세드릭 프라이스 Cedric Price, 그리고 니콜라스 네그로폰테Nicholas Negroponte다. Molly Wright Steenson, *Architectural Intelligence: How Designers and Architects Created the Digital Landscape*, Cambridge, MA: MIT Press, 2017.

97 Yuan, Xie, Leach, Yao and Wang, *Architectural Intelligence*, p.3.

98 Mark Burry, *Expiatory Church of the Sagrada Familia: Antonio Gaudí*, London: Phaidon, 1992; Winfried Nerdinger, *Frei Otto: Complete Works*, Basel: Birkhüser, 2005.

99 이것은 캠브리지 대학교 건축학부의 어느 스튜디오에서의 사례다.

100 마리아 단츠Maria Dantz가 말하길, '제가 공부를 시작했을 때를 기억합니다. 첫 두 학기동안 우리의 교수들은 매우 단호했습니다. 우리는 손으로 그려야 했어요. 나는 바우하우스 대학교에서 누구도 아직도 그렇게 한다고 생각하지 않아요. 동일한 방식으로, 이제 ArchiCad, Revit, 그리고 그 같은 것들을 사용하는 것은 일반적입니다. 인공지능 툴들은 같은 맥락에 놓일 겁니다.' Zoom 대화, 2020년 5월 6일.

101 Leach, 'We Have Never Been Digital'.

102 Christensen, 'Global PropTech Interview #5'. Spacemaker로부터 그들의 작업방법들에 대한 더 많은 세부사항들을 얻기 위한 수많은 시도들이 있었음에도 불구하고, 정보는 나올 것 같지 않았다.

103 Neil Leach, *The Death of the Architect*, London: Bloomsbury, 2021를 보라.

104 MIT Project Oxyen, 'Project Overview', http://oxygen.csail.mit.edu/Overview.html.

105 p. 117.을 보라

106 Haley, 'The Future of Design Powered by AI'.

107 He, 'Urban Experiment', p. 99

108 Dantz, Zoom conversation, 6 May 2020

109 Havard Haukeland, Spacemaker AI, Zoom conversation, 6 May 2020.

110 p. 128.을 보라.

111 p. 122.을 보라.

역주

서문Preface

[1] 스티븐 호킹: Stephen Hawking, 영국의 이론물리학자, BBC와의 인터뷰에서, "지금까지 개발된 초보적 인공지능 기술이 매우 유용하다는 것을 입증했지만, 인간에 필적하거나 능가하는 수준의 인공지능 개발에는 두려움을 느낀다."고 말한다. 그리고 "인공지능은 스스로를 개량하고 도약할 수 있는 반면, 인간은 생물학적 진화 속도가 늦어 인공지능과 경쟁할 수 없고 대체되고 말 것"이라고 경계하였다. (출처:https://www.hani.co.kr/arti/international/international_general/667299.html)

[2] 스튜어트 러셀: Stuart Russell, 영국의 컴퓨터 과학자, 피터 노빅Peter Novic과의 공저인 *인공지능: 현대적인 접근방식Artificial Intelligence: A Modern Approach*은 인공 지능 분야의 표준 텍스트로 간주되며, 전 세계 1400개 이상의 대학에서 교재로 사용되고 있다.

[3] 슬로터봇: slaghterbots도살 로봇들, 스튜어트 러셀이 2017년 미래 생명 연구소Future of Life Institute와 협력하여 제작한 동영상으로 특정 재래식 무기협약Convention on Certain Conventional Weapons에 관한 유엔 회의에서 발표하였다. 7분 길이의 동영상으로 저렴한 마이크로드론 떼가 인공지능과 안면 인식을 사용하여 사전 프로그래밍된 기준에 따라 정적을 암살하는 시나리오를 담고 있다.

[4] as a dialectical foil: 사물의 다른 성격으로 인해 비교 대상의 특징이 강조되는 것을 의미한다.

도입Introduction

[1] 스포티파이: Spotify, 2006년에 설립된 스웨덴의 음악 스트리밍 및 미디어 서비스 제공업체이다.

[2] 넷플릭스: Netflix, '인터넷Net' 과 '영화Flicks' 를 합성한 이름의 스트리밍 엔터테인

먼트 기업으로서 영화, 드라마, TV 프로그램, 다큐멘터리, 애니메이션 등의 다양한 장르의 컨텐츠를 제공하는 플랫폼이다.

[3] 시리: Siri, Apple의 iOShk iPadOS, macOS, tvOS등 애플의 소프트웨어 탑재 기기들 전반에서 작동하는 인공지능 개인 비서 응용 프로그램이다.

[4] 알렉사: Alexa, 아마존에서 개발한 인공지능 플랫폼이다. 알렉사는 아마존 에코에 처음 사용되었다. 사용자는 아마존 에코를 이용하여 알렉사와 의사소통을 할 수 있으며, 알렉사는 음악재생, 알람설정, 날씨정보 제공, 교통정보 제공 등 많은 기능들을 제공한다.

[5] 코타나: Cortana, 마이크로소프트가 제작한 인공지능 개인비서 소프트웨어이다. 유저의 관심사를 자동 또는 수동으로 인식가능하며, 단순 피드백이 아닌 능동적으로 중요한 일을 알려주는 기능이 있다.

[6] 구글 어시스턴트: Goole Assistant, 구글이 개발한 인공지능 비서로서, 자연어와 키보드로 양방향 대화가 가능하다.

[7] *메트로폴리스: Metropolis*, 1927년 상영된 독일 표현주의 SF영화로, 미래도시의 디스토피아속의 대도시를 배경으로 한다. 영화에 마리아라는 이름을 가진 *Maschinenmensch(독일어로 '기계-인간')*라는 여성 모양의 가상의 로봇이 등장한다. 영화에 등장하는 최초의 가상 로봇 중 하나이다. 공장과 기계중심으로 발달한 도시문명에서 가장 부정적이고 사악한 존재로 묘사되고 있다.

[8] *2001: 스페이스 오디세이: 2001: A Space Odyssey*, 1969년 개봉된 미국의 SF 영화로서, 인간의 진화와 기술, 인공지능과 우주 생활을 다루고 있다. 이 영화에 인공지능 컴퓨터 할HAL 9000이 등장한다. 할은 사람과 자연어로 이야기할 수 있으며, 사람의 얼굴을 알아볼 수 있고, 입술을 읽고, 그림 비평과, 감정을 추론할 수 있다. 그리고 인간과 같이 게임을 할 수 있도록 프로그래밍되어 있다. HAL은 '발견법적으로 프로그램된 알고리즘 컴퓨터(Heuristically Programmed Algorithmic computer)' 의 약자이다.

[9] *터미네이터 영화들: Terminator movies*, 인공지능의 반란을 소재로 한 SF 액션 영화 시리즈이다. 이 영화에 등장하는 인공지능 스카이넷Skynet은 주요 악역으로 등장하는 가상의 인공의식, 인공 일반 지능 시스템이다.

[10] *블레이드 러너: Blade Runner*, 1982년 미국에서 제작된 SF 액션 스릴러 영화이다. 필립 K. 딕Philip K. Dick의 1968년 소설《안드로이드는 전기양을 꿈꾸는가? (Do Androids Dream of Electronic Sheep?)》를 원작으로 하였다. 후속 작으로 35년 만에 *블레이드 러너 2049*가 제작되었다. 식민행성의 노동력을 충원하기 위해 제작된 복제인간인 리플리칸트는 비록 수명은 짧으나 인간과 똑같은 외형을 지녔

고, 사고 능력도 동일하다.

[11] 고유수용감각: proprioception, 운동감각이라고도 하는 고유수용감각은 자신의 신체위치, 자세, 평형 및 움직임 등에 대한 감각으로 우리 몸이 어디에 위치해 있고 어떻게 움직이는지 아는 감각이다.

[12] 앤디 클라크: Andy Clark, 영국의 철학자로 서식스대학교의 인지철학교수이다. 그의 논문과 저술은 마음의 확장, 의식 경험의 본질을 형성하는데 있어서 환경의 역할, 연결주의, 로봇공학의 역할과 성격 등을 다루고 있다.

[13] 데이비드 차머스: David Chalmers, 오스트레일리아의 철학자이자 언어철학 분야를 전문으로 하는 인지과학자이다. 그의 연구는 의식철학과 의식에 대한 과학적 연구에 집중되어 있다.

[14] 캐서린 헤일스: Katherine Hayles, 미국의 포스트모던 문학평론가이며, 듀크대학교 문학 프로그램교수이다. 그녀는 "포스트휴먼"을 인간의 지능이 지능적인 기계와 공동 생산되는 것으로 개념화 될 때 나타나는 것으로 본다. 포스트휴먼의 관점에서는 신체의 존재와 컴퓨터 시뮬레이션 사이에는 본질적인 차이나 절대적인 경계가 없다. 따라서 포스트휴먼은 전통적인 인본주의적 "인간"개념을 해체한다.

[15] '포스트휴먼의 조건' : Posthuman condition, 1999년에 발간된 이 책의 원제는 《How We Became Posthuman: Virtual Bodies in Cybernetics, Literature, and Informatics, 우리가 포스트휴먼이 된 방법: 사이버네틱스, 문학 및 정보학에서의 가상 신체》이다. 근본적으로 빠르고 불안한 기술 변화의 시대에 인간이 무엇인지, 그리고 컴퓨터가 가져온 사회 및 기술혁명의 결과로 자아와 철학이 어떻게 변형되는지를 고찰한다.

[16] 도나 해러웨이: Donna Haraway, 해러웨이는 자신의 에세이 〈A Cyborg Manifesto: Science, Technology, and Socialist-Feminism in the Late Twenty Century, 사이보그 메니페스토: 20세기 후반의 과학, 기술, 그리고 사회주의 페미니즘>에서 성차별 사회를 극복하는 사회적 · 정치적 상징으로 사이보그를 제시하였다. 서구적 자아를 구조화하는 이원론적 대립 즉 우월한 것과 열등한 것의 구분을 붕괴시키는 사이보그의 사회 · 정치적 의미에 주목한다.

[17] 키메라: chimera, 키메라는 생물학에서 하나의 생물체 안에 유전형질이 다른 세포가 함께 존재하는 것을 말한다. 그리스 신화에 등장하는 머리는 사자, 몸통은 염소, 꼬리는 뱀으로 이루어진 괴물 키마이라(Χίμαιρα Khimaira "암염소")에서 유래하였다. 키메라는 키마이라의 영어식 발음이다.

[18] 조이 이토: Joi Ito, 인터넷 및 기술회사에 중점을 둔 일본 기업가이자 벤처 캐피털

리스트이다. 〈Resisting Reduction: A Manifesto, Designing our Complex Future with Machines, 환원주의에 저항하기: 선언문, 기계와 더불어 우리의 복잡한 미래 설계하기>에서 이토는 기술과 인간의 대결로 보는 기술적 특이점technical singularity이라는 환원주의를 경계하여야 한다고 주장한다. 그보다 인간 모두가 참여자가 되는 인간과 기술이 통합되는 시스템은 인공지능이 아니라 확장된 지능으로 생각하여야 한다고 말한다.

[19] 아난트 징란: Anant Jhingran, 스타트업 StepZen의 CEO, StepZen은 개발자가 디지털 경험digital experience을 강화하는 데 필요한 데이터에 접근하는 방법을 단순화 시키는 접근방식(API, Application Programming Interface)을 제공하는 회사이다. 징란에게 있어서 인공지능(AI)은 기계를 자율적이고 인간과 분리시키는 개념인 반면 지능 증폭(IA, Intelligence Amplication)은 인간의 능력을 확대하기 위해 컴퓨팅의 힘을 통제하고 이용하는 개념이다. 인공지능에 집착하는 것은 미래를 생각하는데 있어서 잘못된 방식이라고 주장한다.

[20] 얀 르쿤: Yann LeCun, 프랑스 컴퓨터 과학자로서 딥러닝 분야의 세계적인 전문가이다. 주로 기계학습, 컴퓨터 비전, 모바일 로봇 공학 및 컴퓨터 신경과학 분야에서 일한다. 그는 2022년 2월에 인간 수준의 인공지능을 위해서는 "세계 모형world models"을 학습하는 능력이 핵심일 수 있다고 제안한다. "세계 모형"은 인간과 동물이 관찰과 약간의 상호작용만으로 세계가 작동하는 방식으로 배경지식을 학습할 수 있는 것에 착안하였다.

[21] 앨런 튜링: Alan Turing, 잉글랜드의 수학자, 암호학자, 논리학자, 컴퓨터과학자이며, 컴퓨터 과학의 선구적 인물이다. 범용컴퓨터 모형으로 간주될 수 있는, 튜링 기계Turing Machine로 알고리즘과 계산computation개념을 형식화함으로써 이론 컴퓨터 과학의 발전에 지대한 공헌을 하였다. 튜링 테스트를 고안한 것으로도 유명하다.

1장Chapter 1

[1] 마가렛 보덴: Margaret Boden, 인공지능, 심리학, 철학, 인지 및 컴퓨터 분야를 아우르는 인지과학 연구 교수이다.

[2] 존 켈러허: John Kelleher, 더블린 공과대학의 정보 · 통신 · 엔터테인먼트 연구소의 아카데믹 리더이다. 기계학습, 딥 러닝, 데이터 과학 관련 저서가 있다.

[3] 좁은 인공지능: narrow AI, 약한 인공지능weak AI으로도 불린다. 좁은 인공지능은 인간이 사물을 기억하고 인식하고 간단한 문제를 해결하는 것과 같은 기본적인 행

동을 수행하는 방식을 모방하는데 중점을 둔다. 스스로 생각하고 학습할 수 있는 기술을 사용하는 강한 AI와 대조적이다.

[4] 인공 일반 지능: artificial general intelligence(AGI), 인공 일반 지능은 인간이 할 수 있는 어떠한 지적인 업무도 성공적으로 해낼 수 있는 (가상적인) 기계의 지능을 말한다. 인공 일반 지능은 강한 AIstrong AI, 완전 AIfull AI, 또는 '일반 지능적 행동general intelligent action' 을 실행하는 기계의 능력이라고도 한다. 일부에서는 '강한 AI' 와 구별하여 특정 문제해결이나 이성적 업무의 연구, 완수를 위해 사용되는 소프트웨어를 ' 응용 AIapplied AI(또는 '좁은 AInarrow AI' , '약한 AIweak AI')라 부르기도 한다. 약한 AI는 강한 AI와는 반대로 인간의 인지적 능력의 모든 범위를 수행하려 시도하지 않는다.

[5] *매트릭스: Matrix*, 1999년에 개봉된 SF 액션 영화, 매트릭스 시리즈의 첫 번째 작품으로 인류가 무의식적으로 매트릭스 안에 갇힌 디스토피아적 미래를 묘사한다. 매트릭스는 지능적인 기계intelligent machine가 에너지원으로 인간의 신체를 사용하는 동안 인간의 주의를 분산시키기 위해 창조한 가상현실silmulated reality이다. 스미스 요원Agent Smith은 가상현실에 불안정을 초래할 수 있는 인간환영humman simulacra을 제거하여 시스템 내에서 질서를 유지하도록 프로그램 된 매트릭스 내의 인공지능 프로그램AI program이다.

[6] *엑스 마키나: Ex Machina*, 2015년에 개봉된 SF 스릴러 영화이다. 에이바Ava는 인공지능 휴머노이드 로봇이다.

[7] GPT-3: 생성적 사전학습 변환기 3Generative Pre-trained Transformer 3는 OpenAI에서 만든 인공지능이다. GPT-3은 딥러닝deep learning을 이용하는 알고리즘으로 책이나 인터넷에 있는 수많은 텍스트를 학습하여 단어와 구절을 연결해 인간다운 텍스트를 만들어내는 자기회귀 언어 모델이다. 비지도 학습과 생성적 사전학습기법, 변환기를 적용하였다. 번역과 대화, 작문을 할 수 있으며 GPT-2에 비해 인간이 쓴 글인지 기계가 쓴 글인지 구분하기 힘들다.

[8] 페드로 도밍고스: Pedro Domingos, 워싱턴 대학교의 컴퓨터과학 및 공학 명예교수이다. 그의 연구분야는 불확실한 추정uncertain inference을 가능하게 하는 마르코프 논리 네트워크Marov logic network로 알려진 기계학습과 데이터 마이닝이다. 머신러닝은 '학습' 하는 방법, 즉 데이터를 활용하여 일부 작업 세트의 성능을 향상시키는 방법을 이해하고 구축하는데 전념하는 연구분야이다. 기계학습은 명시적으로 프로그램밍하지 않고도 예측이나 결정을 내리기 위해 훈련데이터라고 하는 샘플 데이터를 기반으로 모델을 구축한다. 데이터 마이닝은 비지도 학습을 통한 탐색적 데이터분석에 중점을 둔 관련 연구분야이다.

[9] 피츠와 매컬러: Walter Pitts & McCulloch, 초기의 신경 시스템 모형 중에서 가장 잘 알려진 모형은 피츠와 매컬러가 1943년에 제안한 모형이다. 그들은 인간의 두뇌를 논리적 서술을 구현하는 이진 원소들의 결합으로 추측하였는데 이진 원소인 뉴런은 on이나 off상태를 나타낸다. McCuloch, W. S. and Pitts, W. H. (1943). A logical calculus of the ideas immanent in nervous activity. *Bulletin of Mathematical Biophysics*, 5:115-133.

[10] 클라우드 서비스: Cloud service, 클라우드 컴퓨팅을 지원하는 서비스, 클라우드 컴퓨팅은 인터넷 기반의 컴퓨팅을 말한다. 인터넷 상의 가상 서브에 프로그램을 두고 필요할 때마다 컴퓨터나 스마트 폰 등에 불러와 사용하는 서비스다. 클라우드라는 단어가 말해주듯, 인터넷 통신망 어딘가에 구름에 싸여 보이지 않는 컴퓨팅 자원(CPU, 메모리, 디스크 등)을 원하는 대로 가져다 쓸 수 있다. 구름에 싸여 있다는 것은 그 내부를 보려고 하거나 알지 않아도 얼마든지 내가 원하는 것을 꺼내어 사용할 수 있다는 것이며, 인터넷이 연결된 어느 곳에서든 이것을 보장받을 수 있다는 뜻이다. 웹서비스 운영자 입장에서 클라우드를 바라본다면, 서버를 직접 구매할 때 고려해야 할 전력, 위치, 확장성을 고민하지 않고, 데이터 센터 어딘가에 이미 준비되어 있는 서버를 사용하며, 서버 세팅 등을 신경쓰지 않고 서비스 운영에만 집중 가능하다. 또한 서비스 부하에 따라 실시간 확장성을 지원받을 수 있으며, 사용한 만큼 비용을 지불하기 때문에 서비스 운영에 있어서 효율성이 훨씬 높아진다고 할 수 있다. 서비스는 퍼블릭 클라우드Public Cloud, 프라이빗 클라우드Private Cloud, 하이브리드 클라우드Hybrid Cloud 형태로 제공된다.

[11] 유전프로그래밍: genetic programming, 유전 프로그래밍은 사용자가 원하는 작업을 수행하는 컴퓨터 프로그램을 찾아내는 방법이다. 생물학적 진화를 통해 착안한 알고리즘으로, 유전 알고리즘Genetic Algorithm의 확장된 형태이고 기본적인 특성은 기존 유전 알고리즘 방식과 흡사하다. 유전 프로그래밍의 종류는 트리Tree모형, 스택Stack모형, 선형Linear모형, 그래프Graph모형 등이 있다. 유전 알고리즘은 자연세계의 진화과정에 기초한 계산 모형으로서 존 홀래드John Holland에 의해 1975년에 개발된 최적화optimization 및 검색 문제search problems를 해결하는 기법의 하나이다.

[12] 에템 알페이딘: Ethem Alphaydin, 튀르키예의 Özyeğin 대학교 컴퓨터 공학부교수이다. 추천 시스템recommendation systems, 안면 인식face recognition, 무인자동차driverless cars를 포함한 애플리케이션들의 기반이 되는 기계학습에 대해 개관하는 《*Machine Learning: The New AI*》를 저술하였다. 기계학습의 진화과정, 중요한 학습 알고리즘들learning algorithms과 사례 애플리케이션들을 소개하고 있다.

[13] 요수아 벤지오: Yoshua Benjio, 캐나다의 컴퓨터 과학자로, 딥 러닝의 창립자 중

한 사람이자 이 분야의 세계적 권위자이다. 맥길대학교에서 컴퓨터과학으로 박사 학위를 받은 뒤, 몬트리올 대학교 부속 학습 알고리즘 연구소Montreal Institute for Learning Algorithms(MILA)에서 인공지능을 연구하고 있다.

[14] 멜라니 미첼: Melanie Mitchell, 미국의 과학자이며, 산타페 연구소Santa Fe Institute에서 복잡성Complexity을 연구하는 교수이다. 주요 연구분야는 유추 추론analogical reasoning, 복잡계complex systems, 유전 알고리즘genetic algorithms, 그리고 세포자동장치cellular automata였다. 《*유전 알고리즘 입문An Introduction to Genetic Algorithms*》, 《*복잡성: 가이드 투어Complexity:A Guided Tour*》, 《*인공지능: 생각하는 인간을 위한 가이드 Artificial Intelligence: A Guide for Thinking Humans*》 등의 저술이 있다.

[15] 데이비드 허블과 트로스텐 비셀: David Hubel and Torsten Weisel, 데이비드 허블과 트로스텐 비셀은 1960년대 초 스티븐 쿠플러Stephen Kuffler와 함께 존스 홉킨스 대학교Johns Hopkins University에서 하버드Harvard University로 건너와 하버드 의학전문대학원Harvard Medical School에 신경생물학과를 설립하였다. 시각 시스템visual system과 시각처리visual processing에 획기적인 발견으로 1981년 노벨 생리의학상을 수상하였다. 허블과 비셀은 고양이 뇌에 있는 개별 뉴런individual neurons의 전기적 활동을 기록하였다. 그들은 이러한 실험을 통해 시각적 피질의 지도a map of visual cortex를 체계적으로 만들었다.

[16] 알렉스(알렉산더) 모드빈체브: Alex(Alexander) Mordvintsev, 컴퓨터 그래픽과 비전, 창발현상Emergent Phenomenas, 기계학습에 열정적이며, 시각화하는 것을 좋아한다. Google DeepDream을 발명하여 신경망을 사용하여 완전히 새로운 하위 장르의 예술을 출시하고 인공지능에서 이미지를 시각화하는 방식에 근본적인 변화를 일으켰다. 그의 작업은 인공지능이 과거에 본 것을 기반으로 이미지를 해석하는 방법을 이해하는 데 도움이 되었다. (출처:aiartists.org/alexander-mordvintsev)

[17] 임베딩: embdding, 인공신경망에서 임베딩은 인간이 사용하는 자연언어나 이미지와 같은 고차원 정보를 컴퓨터가 이해할 수 있는 저차원의 정보로 변환하여 필요한 정보를 보존하는 것을 임베딩이라고 한다. 예를 들어, 컴퓨터는 0과 1로 수치화된 정보만을 이해할 수 있다. 그러나 인간의 자연어는 수치화되어 있지 않은 데이터이기 때문에 특징을 추출하여 수치화 해주어야 한다. 이 때, '언어의 벡터화'가 이루어지고 이러한 일련의 과정을 단어 임베딩Word Embedding이라고 한다. 텍스트와 이미지 정보도 마찬가지로 각 정보가 지닌 특수 정보를 벡터공간에 맵핑하는 임베딩을 통해 컴퓨터는 정보를 해석하고 벡터 공간상에서의 정보들 간의 관계(예를 들어 유사성)를 통해 의미 있는 결과를 도출할 수 있다.

[18] 이안 굿펠로우: Ian Goodfellow, 인공 신경망 및 딥 러닝에 대한 작업으로 유명한

컴퓨터 과학자 및 엔지니어이다. 이전에 Google Brain에서 연구원으로, Apple에서 기계학습 책임자로 근무하였으며, 2014년 GAN(Generative Adversarial Network)의 발명을 포함하여 딥 러닝 분야에 중요한 공헌을 하였다. 생성적 적대 신경망은 비지도 학습Unsupervised Learning에 사용되는 인공지능 알고리즘으로, 제로섬zero-sum 게임 틀 안에서 서로 경쟁하는 두 개의 신경 네트워크 시스템에 의해 구현된다.

[19] 마니쉬 나약: Manish Nayak, 마니쉬 나약은 심층 합성곱 적대 신경망(Deep Convolutional Generative Adversarua Network)을 통한 기계학습의 딥 러닝 구조를 설명하면서, 생성적 적대 신경망을 구성하는 두 가지 요소, 즉 생성기(Generator)와 판별기(Discriminator)를 각각 아티스트와 예술비평가에 비유하여 각각의 역할을 설명하고 있다.

[20] Pix2Pix: Pix2Pix는 필립 아이솔라Philip Isola 등이 개발한 조건부 생성적 적대 신경망conditional GAN이다. 실제 데이터, 노이즈noise 및 라벨label을 사용하여 이미지를 생성한다. 그것은 두 가지 구조, 즉 생성기를 위한 U-Net과 판별기를 위한 PatchGAN을 이용한다. U-Net은 이미지 분할을 위해 개발된 합성곱 신경망이다. patchGAN은 N×N 사이즈의 패치 영역에 대해 진위를 판단한다.

[21] 손실함수: loss function, 손실함수는 데이터를 토대로 산출한 모델의 예측 값과 실제 값과의 차이를 표현하는 지표이다. 딥 러닝 혹은 기계학습은 컴퓨터가 가중치를 찾아가는 과정이다. 컴퓨터는 우선 값을 대입하여 문제를 풀어본다, 그런 다음 대입한 결과와 실제 정답간의 차이를 최대한 줄이는 방향으로 값을 대입하게 된다. 이 값의 차이를 손실loss이라고 하며 이 손실을 줄이는 방향으로 학습이 진행된다.

[22] 복셀: voxel, 복셀은 체적요소이며 3차원 공간에서 정규 격자 단위의 값을 나타낸다. 복셀이라는 용어는 부피volume와 픽셀pixel의 합성어로서, '부피를 가진 픽셀'이라는 뜻으로 2D에서의 픽셀을 3차원의 형태(3D)로 구현한 것을 의미한다.

[23] 포인트 클라우드: point cloud, 포인트 클라우드는 공간에 있는 일단의 데이터 점들이다. 그 점들은 3차원 형상이나 물체를 표현할 수도 있다. 각 점들의 위치는 데카르트 좌표값(X,Y,Z)을 가진다. 포인트 클라우드는 일반적으로 3D 스캐너 혹은 사진 측량 소프트웨어로 생성된다.

[24] 다중 뷰 합성곱 신경망: multi-view convolutional neural networks, 다양한 뷰의 2D 형상 이미지들을 통합하여 3D 형상의 결과물을 얻을 수 있다는 것을 확인하였다. (출처: Han Su 등, Multi-view Convolutional Neural Networks for 3D Shape Recognition)

[25] 변이형 자동 인코더: variational auto-encoder(VAE), 자동 인코더auto-encoder는 입력 데이터의 차원축소를 통해 특징 값을 지니는 잠재적 변수latent variable을 얻고, 이 변수를 활용하여 디코더decoder를 통해 출력 데이터를 생성한다. 여기서 인코더는 학습데이터를 잠재적 변수latent variable로 변환하는 역할을 하며 디코더는 잠재적 변수를 기반으로 학습데이터와 유사한 데이터를 생성하는 역할을 한다. 이에 비해 변이형 자동 인코더(VAE)는 인코더를 통해 학습데이터로부터 잠재적 분포latent distribution를 생성한다. 그리고 이러한 분포 내의 랜덤 값을 샘플링하면 잠재적 분포에 대응하는 의미에 따라 새로운 데이터를 생성할 수 있다.

[26] 미분 메쉬 렌더러:differential mesh renderer, 렌더링분야에서 신경망을 접목하기 위한 시도에서, 3D 오브제 공간까지 그레이디언트gradient를 보내는 문제가 있었다. 왜냐하면 선형결합의 연속으로 표현 가능한 대다수의 컴퓨터 비전computer vision과는 달리 3D렌더러는 래스터라이제이션rasterization 과정에 포함된 샘플링 때문에 미분이 불가능하게 된다. 그러나 모니터는 픽셀이라는 특유의 구조로 화상을 표현하기 때문에 화면에 3D 그래픽을 이루는 기본 도형인 삼각형을 모니터에 출력하기 위해서 래스터라이제이션 과정이 필수적이다. 따라서 3D 오브제가 프로젝션을 통해 스크린 공간으로 넘어간 후에 2D에서 아무리 손실loss을 구해도 3D 오브제 공간까지 그레이디언트를 보낼 수 없었다. 이 문제를 해결하기 위해 미분 렌더러는 역전파에서 그레이던트를 렌더링하는 것만을 근사화한다.

[27] PyTorch3D: 3D 데이터 표현, 일괄 처리 및 속도 등의 문제를 해결하기 위한 딥러닝 작업을 위해 필요한 3D 운영자, 이기종 일괄처리 기능heterogeneous batching capabilities, 모듈식 미분 렌더링modular differentiable rendering APIApplication Programming Interface 등의 툴킷을 제공한다.

[28] 스타니스라스 차이루: Stanislas Chaillou, Rayon 공동설립자, Spacemaker AI의 데이터 과학자이자 건축가이다. 그는 스위스 로잔 공과대학을 졸업하고 하버드대학에서 건축석사학위를 받았다. 그의 작업은 건축설계 프로세스에 인공지능을 통합하는 것이다. 저서로는 《Artificial Intelligence and Architecture: From Research to Practice, 2022》, 《IA & ARCHITECTURE, 2020》, 《Learning Cities: Collective Intelligence in Urban Design, 2022》 있다.

[29] 데이터 마이닝: data mining, 데이터마이닝, 또는 자료채굴은 대규모로 저장된 데이터 안에서 체계적이고 자동적으로 통계적 규칙이나 짜임을 분석하여, 가치 있는 정보를 빼내는 과정이다. 데이터 마이닝 기법은 통계학 쪽에서 발전한 탐색적 자료분석, 가설검정, 다변량분석, 시계열분석, 일반선형모형 등의 방법론과 데이터베이스 쪽에서 발전한 OLAP(온라인 분석 처리:On-Line Analytic Processing), 인공지능 진영에서 발전한 SOM(자기조직화 지도:Self-Organizing Map), 신경망,

전문가 시스템 등의 기술적인 방법론이 쓰인다.

[30] GOFAI 기법: Good Old-Fashion AI, 좋은 구형 인공지능이라는 뜻으로 존 호질랜드John Haugeland에 의해 명명되었다. 기술적으로 제한된 종류의 상징적 AIsymbolic AI, 즉 규칙기반 또는 논리적 에이전트만을 나타낸다. 이 접근방식은 1980년대에 특히 전문가 시스템을 구현하는 접근방식으로 인기가 있었지만 이후 상징적 AI는 불확실한•추론과 개방적 시스템을 더 잘 처리하기 위해 여러 방식으로 확장되었다.

[31] 제너레이티브 디자인: generative design, 특정 제약조건을 충족하는 특정수의 출력을 생성하는 프로그램과 특정 출력을 선택하거나 입력 값, 범위 및 분포를 변경하여 실현 가능한 영역을 미세 조정하는 설계자를 포함하는 반복적 설계프로세스이다. 건축의 제너레이티브 디자인은 건축가가 더 많은 가능성과 창의성으로 더 넓은 솔루션 공간을 탐색할 수 있도록 하는 반복적 디자인 프로세스이다.

[32] 디지털 트윈: digital twin, 미국 제너럴 일렉트릭(GE)이 주창한 개념으로, 컴퓨터에 현실 속 사물의 쌍둥이를 만들고, 현실에서 발생할 수 있는 상황을 컴퓨터로 시뮬레이션함으로써 결과를 미리 예측하는 기술이다.

[33] 사물인터넷: Internet of Things, IoT, 각종 사물에 센서와 통신 기능을 내장하여 인터넷에 연결하는 기술을 의미한다. 여기서 사물이란 가전제품, 모바일 장비, 웨어러블 디바이스 등 다양한 임베디드 시스템이 된다.

[34] 마이클 베티: Michael Batty, 영국의 도시 계획가, 지리학자 및 공간 데이터 과학자이다.

2장Chapter 2

[1] 골렘: Golem, 골렘은 신화에 등장하는 사람의 형상을 한 움직이는 존재로, 어떠한 물체를 매개로 마법을 사용해 창조한다. 또한 시편이나 중세의 서사시에는 돌이나 진흙 등 무정형의 물체를 일컫는 용어로 사용되기도 했다.

[2] 프랑켄슈타인: Frankenstein, 영국작가 메리 셸리Marry Shelley가 쓴 1818년 소설이다. 프랑켄슈타인은 비정통적인 과학실험으로 지혜로운 피조물sapient creature을 창조한 젊은 과학자 빅터 프랑켄슈타인Victor Frankenstein에 관한 이야기이다.

[3] 조지 불: George Boole, 영국의 수학자, 논리학자이다. 논리 대수인 불 대수를 창안해, 기호논리학 분야에 큰 업적을 남겼다. 1854년 저서 《*사고의 법칙The Laws of Thought*》에 불 대수Boolean algebra를 포함하고 있다. 불의 논리Boolean logic는 정보화

시대의 토대를 마련한 것으로 알려져 있다.

[4] 불 논리; Boolean logic, 수학 논리에서 불 대수는 변수variable값이 진리값인 *true* 및 *false*인 대수학의 한 분야로, 일반적으로 각각 1과 0으로 표시된다.

[5] 에니그마: Enigma, 독일어인 에니그마는 회전자로 작동하는 암호 기계의 한 종류로, 이름은 고대 그리스어로 '수수께끼'를 뜻하는 아이니그마(고대 그리스어: αἴνιγμα)라는 말에서 따온 것이다. 암호의 작성과 해독이 가능하며 보안성에 따라 여러 모델이 있다.

[6] 블레츨리 파크: Bletchley Park, 영국 버킹엄셔주 밀턴케인스에 있는 정원과 저택이다. 제2차 세계 대전 동안 독일의 암호를 해독하던 곳으로도 알려져 있다.

[7] 벤야미 브래튼: Benjamin H. Bratton, 철학 및 응용 연구와 그가 "행성 규모 계산planetary scale computation"이라고 부르는 것의 지정학적 의미에 대한 저술로 유명한 미국 사회학자, 건축 및 디자인 이론가이다.

[8] 범範 외설: gross indecency, 범範 외설은 일부 영어권에서 범죄이다. 원래 남색을 제외한 나머지 남성들 간의 성행위를 범죄화하기 위해 사용되었다. 이 용어는 사적인 장소를 포함하여 남성간의 성행위를 범죄로 규정한 노동법 수정안Labouchere Amendment(1885년 형법 수정법 제11조)에 처음 사용되었다.

[9] *닥터 후: Doctor Who*, 1963년부터 BBC에서 방송된 영국 SF 텔레비전 프로그램이다. 인간으로 보이는 닥터는 실제로는 시간의 군주Time Lords라는 외계 종족이다. 시간의 군주는 시간 여행 기술과 시간에 대한 비선형 인식의 지배로 인해 그렇게 명명되었다.

[10] 다트머스 여름 회의: Dartmouth Summer Workshop, 다트머스 회의는 인공지능이라는 분야를 확립한 학술회의다. 1956년에 열렸다. 당시 다트머스 대학에 있던 존 매카시가 개최한 것으로, 마빈 민스키, 나다니얼 로체스터, 클로드 섀넌 등도 공동으로 제안했다. 그 제안서에서 처음으로 인공지능이라는 용어가 사용되었다.

[11] 퍼셉트론: Perceptron, 퍼셉트론은 인공신경망의 한 종류로서 1957년 코넬항공연구소Cornell Aeronautical Laboratory의 프랑크 로젠블랫에 의해 고안되었다 기계학습에서 퍼셉트론(또는 멕컬러-피츠 뉴런)은 이진 분류기binary classifier의 지도학습supervised learning을 위한 알고리즘이다. 생물학적 원리에 따라 구성되고 학습 능력을 보여주는 전자장치이다.

[12] 프랑크 로젠블랫: Frank Rosenblatt, 프랭크 로젠블랫은 신경생물학자이다. 퍼셉트론을 개발했다. 코넬에서 심리학을 전공한 로젠블랫은 이 후 마빈 민스키와 라이벌 구도를 형성하며 기호주의와 연결주의로 나뉘어 이론 싸움을 벌이게 된다.

[13] 연결주의 AI: connectionist AI, 인간의 뇌와 상호 연결된 뉴런의 작동 방식을 기반으로 AI 프로세스를 모델링한다. 이 모델은 퍼셉트론이라는 것을 사용하여 단일 뉴런을 나타낸다. 연결주의 AI로 구축된 시스템은 데이터에 대한 노출 증가와 이와 관련된 패턴 및 관계 학습을 통해 더욱 지능화 된다. 이에 반해 기호적 AIsymbolic AI는 규칙 기반 AI, 클래식 AI ALC 좋은 구식 AI(GOFA) 등으로 불린다. 초기 인공 지능 연구의 대부분은 인간 지식과 행동 규칙을 컴퓨터 코드에 삽입하는 방법에 중심을 두고 있다.

[14] 제프리 힌턴: Geofferey Hinton, 인공지능 분야를 개척한 영국의 인지심리학자이자 컴퓨터 과학자이다. 토론토 대학교 교수로 재직중이며, 구글의 석학 연구원을 겸하고 있다. 오류 역전파법Backpropagation, 딥 러닝, 그리고 힌턴 다이어그램을 발명했다.

[15] 방위고등연구계획국: DARPA(Defense Advanced Research Projects Agency), 미국 국방성의 연구, 개발 부문을 담당하고 있으며 인터넷의 원형인 ARPANET을 개발한 것으로 잘 알려져 있다.

[16] 레이 커즈와일: Raymond Kurzweil, 미국의 컴퓨터 과학자, 작가, 발명가, 미래학자이다. 그는 광학 문자 인식(OCR), 텍스트-음성 합성, 음성 인식 기술 및 전자 키보드 악기와 같은 분야에 참여하고 있다. 그는 건강, 인공지능, 트랜스휴머니즘, 기술적 특이점 및 미래주의에 관한 책을 저술하였다.

[17] 로드니 브룩스: Rodney Brooks, 로봇 공학에 대한 행동주의적 접근 방식을 대중화한 것으로 알려진 오스트레일리아의 로봇공학자이자 로봇 공학 기업가이다.

[18] 쇼기: Shogi, 쇼기는 일본에서 두 사람이 마주보고 편을 갈라 판 위에 말을 세우고 정해진 법칙에 따라 움직여 겨루는 장기와 비슷한 보드게임이다. 일본 장기, 본장기, 책장기, 소장기라고 불린다.

[19] 멀티 에이전트 강화학습: multi-agent reinforcement learning(MARL), 다중 에이전트 강화학습은 강화학습의 하위 분야이다. 다수의 에이전트가 협업 또는 경쟁하는 환경에서의 문제를 강화학습을 통해 해결하려는 것이다. 밀티 에이전트 강화학습에서는 싱글 에이전트 강화학습과는 달리, 협업 또는 경쟁에 대한 다수의 에이전트의 최적 행동을 찾아야 한다. (출처:유병현 등, 멀티 에이전트 강화학습 기술 동향, 전자통신동향분석 35권 제6호 2020년 12월)

[20] 리카이푸: Kai-Fu Lee, 중화민국 출신의 기업인이자 전산학자이다. 2005년 7월에서 2009년 9월까지 구글 차이나의 사장직을 맡았다. 기계학습과 패턴 인식 분야를 연구하였다.

3장Chapter 3

[1] 해석기관: Analytical Engine, 해석기관은 영국의 수학교수 찰스 배비지가 고안한 기계적 범용 컴퓨터의 설계이다. 1837년에 처음 발표하여 설계는 1871년 그가 죽기 전까지 계속되었다. 해석기관은 경제적, 정치적, 법적 문제로 인해 실제 만들어지지 않았다. 해석기관의 논리적 설계 자체는 매우 현대적이었으며, 약 100년 뒤의 첫 범용 컴퓨터의 모습을 예측하였다.

[2] 자카드 직기: Jacquard loom, 직기織機에 자카드 기계가 장착된 직기를 말한다. 작카드 기계는 브로케이드, 다마스크 및 마틀 라세와 같은 복잡한 패턴의 직물 제조 공적을 단순화하는 직기에 장착된 장치이다.

[3] 소네트: sonnet, 유럽의 정형시의 한 가지이다. 단어 자체의 의미는 작은 노래 '라는 뜻으로 오크어 단어 sonet와 이탈리아어 sonetto에서 유래했다. 13세기경까지 엄격한 형태와 특정 구조를 갖춘 14줄로 구성된 시를 의미하는 말이었다.

[4] 머신비전: machine vision, 기계에 인간이 가지고 있는 시각과 판단 기능을 부여 한 것으로 사람이 인지하고 판단하는 기능을 하드웨어와 소프트웨어의 시스템이 대신 처리하는 기술이다. 머신비전은 카메라, 영상보드, 광학기기, 영상처리 소프트웨어 등을 이용하여 수행한다.

[5] 크리스티스: Christie's, 영국 런던에서 제임스 크리스티에James Christie에 의해 1766년에 창설된 경매회사이다.

[6] 하이퍼파라미터: hyperparameter, 머신 러닝을 학습할 때에 더 효과가 좋도록 하는 주 변수가 아닌 자동 설정 변수를 의미한다. 학습률Learning Rate, 손실함수Cost Function, 정규화 파라미터Regulation parameter, 미니 배치 크기Mini-batch Size, 훈련 반복 횟수Training Loop, 은닉층의 뉴런 개수Hidden Unit, 가중치 초기화Weightinitialization 등이 있다.

[7] 시그라프: SIGRRAPH(Special Interest Group on Computer Graphics and Interactive Techiques), 뉴욕에 기반을 둔 컴퓨터 그래픽 및 인터랙티브 기술에 관한 국제 컴퓨팅 기계협회의 특별관심 그룹이다. 1969년에 설립되었다.

[8] 발터 벤야민: Walter Benjamin, 유대계 독일인으로 마르크스주의자이자 문학평론가이며 철학자이다.

[9] 밈: meme, 밈은 한 사람이나 집단에게서 다른 지성으로 생각 혹은 믿음이 전달될 때 전달되는 모방 가능한 사회적 단위를 총칭한다. 밈은 1976년, 리처드 도킨스의 〈이기적 유전자〉에서 문화의 진화를 설명할 때 처음 등장한 용어이다. 유전자가

자기복제를 통해 생물학적 정보를 전달하듯이, 밈은 모방을 거쳐 뇌에서 뇌로 개인의 생각과 신념을 전달한다.

[10] 보이즈: Boids 1986년 크레이그 레이놀즈가 개발한 인공지능 알고리즘으로 새의 무리 짓는 행동을 시뮬레이션하는 것을 의미한다.

[11] 창발성: emergent property, 창발創發 또는 떠오름 현상은 하위 계층(구성 요소)에는 없는 특성이나 행동이 상위 계층(전체 구조)에서 자발적으로 돌연히 출현하는 현상이다. 또한 불시에 솟아나는 특성을 창발성創發性, emergent property 또는 이머전스emergence 라고도 부른다. 자기조직화 현상, 복잡계 과학과 관련이 깊다.

[12] 히로시 이시구로: Hiroshi Ishiguro, 일본 오사카 대학 공학과 대학원 시스템 혁신과의 지능형 로봇 연구실 소장이다. 실험실의 주목할 만한 개발은 얼굴 움직임과 같은 눈에 보이는 행동과 실물과 같은 외관을 지닌 휴머노이드 로봇인 Actroid이다. 그는 로봇 개발에서 가능한 한 살아있는 인간과 유사한 로봇을 만드는 아이디어에 집중한다. 주요 저서로는 《*인간은 얼마나 인간인가?: 로봇 연구의 관점*》이 있다.

4장Chapter 4

[1] 리플리컨트: replicant, 1982년 영화 *블레이드 러너*와 2017년 속편 *블레이드 러너 2049*에 등장하는 가상의 생체공학 휴머노이드이다. 넥서스 시리즈의 리플리컨트는 성인 인간과 거의 동일하지만 모델에 따라 일부는 힘, 속도, 민첩성, 탄력성 및 지능을 다양한 정도로 가지고 있다. 리플리컨트는 가상의 보이트-캄프 테스트를 통해 탐지할 수 있다. 이 테스트에서는 감정적 반응이 유발되고 리플리컨트의 비언어적 반응이 인간의 반응과 다르다.

[2] 보이트-캄프 테스트: Voight-Kampff test, LAPD의 블레이드 러너가 리플리컨트 여부를 결정하기 위해 사용하였다. 이 테스트는 감정적으로 도발적인 질문에 대한 응답으로 호흡, 심박수, 얼굴이 붉어지고 동공 확장과 같은 신체 기능을 측정하였다. 리플리컨트를 탐지하는 데는 일반적으로 20~30개의 교차 참조 질문이 필요했다.

[3] 마코토 세이 와타나베: Makoto Sei Watanabe, 일본 건축가, 와타나베의 디자인은 컴퓨터와 수학적 알고리즘을 사용하여 그의 스타일을 생성하는 현대적인 접근 방식이 특징이다.

[4] 코스타스 테르지디스: Kostas Terzidis, 중국 Tongji 대학교 디자인과 혁신과 교수, 디지털 미디어, 키네틱 디자인Kinetic Design, 연구방법론을 가르친다. 저서로는

《*Algorithmic architecture*》, 《*Expressive form*》, 《*Algorithms for Visual Design*》 등이 있다.

[5] 구글 AMI: Google AMI(Artist + Machine Intelligence), 아티스트와 엔지니어가 함께 기계 지능을 사용하여 프로젝트를 실현하는 Google의 프로그램이다. 새로운 형태의 예술적 협업을 지원함으로써, 지능형 시스템에 대해 생각하고 작업하는 새로운 방식에 대해 연구한다.

[6] 파라그 미탈: Parg Mital, 미국의 컴퓨터 예술가이자 정보,표현,관심의 속성에 집착하는 학제 간 연구자이다. 현재 Hypersurfaces社의 최고기술책임자 및 연구책임자를 맡고 있다. 그의 예술적 실천은 생성적 영화 경험, 증강현실 환각, 그리고 대규모 시청각 자료의 표현적 제어와 결합한다.

[7] 알레한드로 곤잘레스 이냐리투: Alejandro González Iñárritu, 멕시코의 영화감독, 영화 프로듀스, 영화 각본가이다.

[8] Artehouse: 미국 워싱턴 DC, 뉴욕, 마이애미 비치에 전시관을 둔 Artehouse는 art+tech+house의 합성어이다. 디지털 및 체험 예술 분야의 혁신적 리더를 자처하는 Artehouse는 최첨단 기술 기반 전시와 경험을 통해 예술의 가능성과 예술의 경험을 확장한다. 진보적인 아이디어, 예술가, 관객을 연결하여 예술, 과학, 및 기술의 교차점에서 혁신과 창의성을 자극한다.

[9] 보간법: interpolation, 수치 분석의 수학적 분야에서 보간은 알려진 데이터 포인트의 개별 세트 범위를 기반으로 새로운 데이터 포인트를 구성하는 방법인 추정의 한 유형이다.

[10] 아닐 세스: Anil Seth, 영국 서식스 대학의 인지 및 계산 신경과학 교수이다. *Neuroscience of Consciousness* 저널의 편집장이기도 하다.

[11] 메모 애크텐: Memo Akten, 영국의 런던을 기반으로 활동하는 아티스트이자 크리에이티브 기술자이다. 그는 멀티미디어 경험을 창출하기 위해 첨단 전자, 소프트웨어 및 하드웨어 시스템을 재전유하는 것으로 잘 알려져 있다. 그는 그것을 "과학, 자연기술과 문화와 우리의 관계에 대한 우리의 인식을 변화시키기 위한" 시도라고 말한다.

[12] 슬라보예 지젝: Slavoj Zizek, 유고슬라비아 출신의 대륙철학자이자 헤겔, 마르크스, 자크 라캉 정신분석학에 기반한 비판이론가이다. 그는 정치이론, 영화이론, 이론정신분석학에 공헌해 왔다. 라캉에 의하면 환상은 의식과 무의식으로 분열된 주체와 욕망의 원인 간의 관계 속에서 탄생한다고 설명하였다. 즉 자신이 원하는 것을 온전히 이룰 수 없음으로 인해 등장하는 욕망은 자신의 결여를 채우기 위해 환상을 창조하기 때문이라는 것이다. 지젝은 이러한 환상을 일컬어, 원초적 상실에 대한 서사(충동의 포기 과정)이라고 표현한다.

[13] 주이상스: jouissance, "즐거움"을 의미하는 프랑스 용어로, 과도한 종류의 쾌락을 의미하며, 쾌락의 원칙을 넘어 끊임없이 시도하도록 강요한다. 마르크스의 잉여가치 개념을 빌어 라캉은 주이상스는 사용가치가 없고 단지 향락을 위해 지속되는 향락의 과잉이다.

[14] 시뮬라크르: simulacrum, 시뮬라크르simulacre는 가상, 거짓 그림 등의 뜻을 가진 라틴어 시뮬라크룸(simulacrum)에서 유래한 말로, 시늉, 흉내, 모의 등의 뜻을 지닌다. 이 라틴어 단어는 영어 안에도 그대로 흡수되어서 모조품, 가짜 물건을 가리키는 말로 쓰인다. 시뮬라크르는 실제로는 존재하지 않는 대상을 존재하는 것처럼 만들어 놓은 인공물을 지칭한다. 포스트모더니스트 프랑스 사회이론가 장 보드리야르는 시뮬라크르는 실재의 사본이 아니라 그 자체로 진리가 된다고 주장한다.

[15] 장 보드리야르: Jean Baudrillard, 프랑스의 사회학자, 철학자, 문화이론가이다. 그는 미디어 분석으로 가장 잘 알려져 있다. 현대문화, 기술 커뮤니케이션, 시뮬레이션 및 초현실hyper-reality과 같은 개념의 공식화하였다. 잘 알려진 저술은 《*Seduction*》, 《*Simulacra and Simulation*》, 《*America*》, 《*The Gulf War Did Not Take Place*》 등이 있다.

[16] 질 들뢰즈: Gilles Deleuze, 프랑스 철학자이다. 대표적 저서로는 《*자본주의와 정신분열증*》, 《*천 개의 고원*》 등이 있다. 그의 작업은 철학을 비롯한 예술 및 문학이론, 포스트 구조주의 및 포스트 모더니즘과 같은 인문학 전반에 걸쳐 다양한 분야에 영향을 미쳤다.

[17] 주름: fold, 질 들뢰즈가 라이프니츠 철학을 재해석하며 도출한 개념이다. 들뢰즈는 주름을 끊임없이 분화하는 잠재성으로 이해한다. 라이프니츠는 공간을 서로 공존하는 실체들 사이의 질서로 정의했다. 따라서 실체가 없는 곳에서는 공간도 없다. 공간은 상대적인 관계일 뿐 더 이상 실체가 아니다. 현대의 건축가들은 질 들뢰즈의 주름 개념이 가지는 잠재성에 주목하고 여러 영감을 이끌어 내었다. 특히 랜드스케이프 건축과 해체주의에 지대한 영향을 미쳤다.

[18] 자크 데리다: Jacques Derrida, 알제리 태생의 프랑스 철학자이다. 문학, 회화, 정신분석학 등 문화 전반에 관한 많은 저서를 남겼으며, 특히 포스트모더지즘으로 특징지어지는 현대철학에 해체개념을 도입한 것으로 유명하다.

[19] 패러프락시스: parapraxis, 정신분석에서, parapraxis라고도 하는 '프로이트의 실수Floydian Slip'는 무의식적으로 억제된 소원이나 내부 사고 과정의 간섭으로 인해 발생하는 언어, 기억 또는 신체 행동의 오류이다. 프로이트의 실수는 지그문트 프로이트Sigmund Freud의 1901년 저서 《*The Psychopathology of Everyday Life*》에서 걸

보기에 사소하고, 심지어 기이하거나, 무의미한 오류와 실수, 특히 Signorelli parapraxis시뇨렐리 패러프락시스를 설명하고 분석한 이름을 따서 명명되었다.

[20] 화이트 박스: white box, 네트워크 운영체제 등의 소프트웨어가 포함되지 않은 하드웨어를 일컫는 용어이다. 화이트박스는 인텔Intel에서 자사의 중앙처리장치(CPU) 수요를 확대할 목적으로 기획한 하드웨어이다. 제조자와 판매자 브랜드가 부착되지 않는다고 해서 언브랜디드(unbranded) 퍼스널컴퓨터라고도 한다. 중앙처리장치와 하드디스크드라이브(HDD)를 제외한 나머지 부품만 장착한 컴퓨터를 베어본bare born 컴퓨터라고 하는데, 항공기의 블랙박스가 핵심 운항 정보를 담은 것과 달리 핵심 부품을 제외했다는 뜻에서 화이트박스라고 하였다.

[21] 마이클 한스마이어: Michael Hansmeyer, 알고리즘 아키텍처 기술, 생성적 예술 사고방식 및 CAD 소프트웨어를 활용하여 복잡한 구조를 생성하는 포스트모던 건축가이다. 그는 현재 취리히에 있는 ETH 아키텍처 부서의 CAAD 그룹에 소속되어 있다.

5장Chapter 5

[1] 헤르난 디아즈 알론소: Hernán Díaz Alonso, 아르헨티나계 미국인 건축가이다. 로스앤젤레스에 있는 SCI-Arc의 이사/최고 경영자이자 로스앤젤레스에 기반을 둔 프랙티스 HDA-X의 설립자이자 교장이다. SCI-Arc(Southern California Institute of Architecture, 남부 캘리포니아 건축연구소)는 1972년에 설립되었으며 전통적인 건축학교보다 제도적으로나 예술적으로 전위적이고 더 모험적인 것으로 간주된다.

[2] 교차오염: cross-contamination, 교차오염은 다른 식품, 도마 및 기구를 적절히 취급하지 않을 경우 유해한 박테리아가 식품으로 옮겨지는 것을 말한다.

[3] 케이시 렘: Casey Rehm: 미국의 디자이너이자 알고리즘 컨설턴트이다. 현재 SCI-Arc에서 대학원 디자인 스튜디오와 프로그래밍 및 디자인 로봇 공학 세미나를 가르치고 있다.

[4] 다미얀 요바노비치: Damjan Jovanovic, 미국의 건축가이자 소프트웨어 디자이너이다. 현재 SCI-Arc의 전임교수이다. 그는 건축의 이미지 공간을 장악하는 소프트웨어의 기술적, 개념적, 문화적 효과를 탐구한다. 그의 작업은 실험적인 건축 소프트웨어의 개발에 중점을 두고 있으며, 그의 관심은 소프트웨어 플랫폼의 문화와 미학, 현대 건축 교육, 저작권과 창조성에 관한 문제들이다.

[5] 리암 영: Liam Young, 호주 태생의 영화감독이자 건축가이다. 그의 작업은 디자인

픽션과 비평 디자인 분야에 있다. 그의 작품은 도시의 미래를 상상하고 프로토타입을 만드는 것을 목표로 영화, 소설, 디자인, 스토리텔링 사이에서 점점 희미해지는 경계를 탐구한다. 사변적 디자인, 영화, 상상의 도시 시각화를 사용하여 그는 도시의 존재에 대한 질문을 던지고 건축과 엔터테인먼트의 역할에 대해 도발적인 질문을 던진다. 그는 SF작가나 미래학자처럼 건축가로서 그의 작업에 접근한다.

[6] 교차수분: cross-pollinate, 꽃가루(=꽃의 수컷 부분에서 생성된 가루)가 바람, 곤충 등에 의해 한 꽃에서 다른 꽃으로 옮겨지는 과정을 말한다.

[7] 타니아 싱어: Tania Singer, 독일 심리학자이자 사회 신경 과학자이며 독일 베를린에 있는 막스 플랑크학회 사회 신경과학 연구소의 과학 책임자이다.

[8] 영행렬: zeros, 선형대수학에서 영행렬(영어: zero matrix, null matrix)은 모든 성분이 0인 행렬이다.

[9] 소피의 선택: Sophie's choice, 미국에서 제작된 1982년 드라마 영화이다. 이 영화는 나치의 유대인 학살이 인간에게 얼마나 깊은 상처를 남겼는지를 생생히 보여준다. 폴란드인인 미모의 여주인공 소피는 유대인은 아니었지만 홀로코스트 생존자이다. 그녀는 애인이 레지스탕스였다는 이유로 아우슈비츠로 보내지는 과정에 그녀에게 흑심을 품은 독일장교가 그녀의 두 명의 아이들 중 한 명만 살려주겠다고 제안한다. 궁지에 몰린 상황에서 아들을 선택해 살려내고 딸은 죽게 되는 비극적 상황에서도 수용소에서 살아남아 아들을 구해내려 필사의 노력을 다하지만 결국 아들을 찾지 못하고 전쟁은 끝이 난다. 그 죄책감이 평생 소피를 괴롭힌다. 그녀의 남편인 네이선 역시 홀로코스트의 후유증으로 정신이상에 시달리며 소피에게 집착하며 학대한다. 그로 인해 부부 사이의 결혼생활은 위험에 처하고 이웃이자 그녀의 삶에 연민을 느끼는 작가 지망생인 스팅고와 떠나게 되지만, 결국 소피는 다시 네이선에게 돌아간다. 소피의 선택은 전쟁 중 그리고 전쟁 후의 그녀의 절망적인 삶에서 겪게 되는 두 번의 고통스러운 선택 모두를 포함한다.

[10] 쿠카: KUKA, 독일의 세계적인 산업용 로봇 제조업체이자 중국 전자기업 미디어그룹의 자회사이다. 회사 이름 KUKA는 Keller und Knappich Augsburg의 첫 문자 조합이다. 쿠카는 1989년에 Johan Josef Keller와 Jakob Knappich가 독일 아우크스부르크에서 설립하였다.

6장Chapter 6

[1] Fusion 360: Autodesk에서 개발한 상업용 CAD(Computer-Aided Design) CAM(Computer-Aided Manufacturing), CAE(Computer-Aided Engineering) 및 PCB(인쇄회로기판) 설계 소프트웨어 응용 프로그램이다. Windows 및 macOS에서 사용할 수 있으며 Android 및 iOS용으로 간소화 된 응용 프로그램을 사용할 수 있다.

[2] 스포티파이: Spotify, 2006년에 설립된 스웨덴의 음악 스트리밍 및 미디어 서비스 제공업체이다.

[3] 핀터레스트: Pinterest, 이용자가 스크랩하고자 하는 이미지를 포스팅하고 다른 이용자와 공유하는 소셜 네트워크 서비스이며, 명칭은 핀pin과 인트레스트interest의 합성어이다.

[4] 랜디 도이치: Randy Deutsch, 미국 건축가, 교육자, 저술가이다. University of Illinois Urbana-Champaign Cllege of Fine & Applied Arts의 임상 부교수이다. 대표적 저술로는 《*Superusers: Design Technology Specialists and the Future of Practice*》, 《*Convergence: Redesign of Design*》, 《*Data Driven Design and Construction: Strategies for Capturing, Analyzing and Applying Building Data*》, 《*Workflows: Expanding Architecture's Territory in Design and Delivery of Buildings*》, 《*Think Like An Architect: How to develop critical, creative and collaborative problem-solving skills*》 등이 있다.

[5] LEED: Leadership in Energy and Environmental Design, 미국녹색건축위원회(USGBC: U.S. Green Building Council)가 주관하는 친환경 건축물 인증제도로 사무실, 아파트 등 빌딩에 대해 친환경 등급을 부여하는, 세계에서 가장 권위있는 친환경 인증이다.

[6] BREEAM: Building Research Establishment Environmental Assessment Method(건물 연구시설 환경 평가 방법)는 건물의 지속 가능성을 평가 및 인증하는 세계에서 가장 오래된 방법이다.

[7] 트레이드오프: trade-off, 트레이드오프 또는 상충관계는 다른 측면에서 이득을 얻으면서 집합 또는 디자인의 품질, 양, 속성을 없애거나 잃어버리는 일이 수반되는 상황적 결정이다. 즉, 하나가 증가하면 다른 하나는 무조건 감소한다는 것을 뜻한다.

[8] 백그라운드 프로세스: background process, 사용자 간섭 없이 보이지 않는 뒤편에서 실행 중인 컴퓨터 프로세스이다. 이러한 프로세스를 위한 일반적인 작업에는 로그처리, 시스템 모니터링, 스케줄링, 사용자 통보 등이 있다.

[9] OPEC: Organization ot the Petroleum Exporting Countries(석유 수출국 기구), OPEC는 기구 가입국 간의 석유 정책을 조정하기 위해 1960년 9월 14일에 결성된 범국가적 단체이다. 본부는 오스트리아의 빈에 있다.

[10] 데이터 라벨링: data-labelling, 기계학습에서 데이터 라벨링은 원시 데이터(이미지, 텍스트 파일, 비디오 등)를 식별하고 하나 이상의 의미있고 유익한 라벨을 추가하여 컨텍스트를 제공하여 기계 학습 모델이 학습할 수 있도록 하는 프로세스이다.

7장Chapter 7

[1] 제슨 가족: The Jetxons, 제슨 가족은 Hanna-Brbera Productions에서 제작한 미국 애니메이션 시트콤이다. Hanna-Barbera의 The Flintstones의 우주 시대 대응물이다. 플린스톤 가족들이 새와 공룡으로 구동되는 기계가 있는 석기 시대의 코믹한 버전인 세계에 살았다면 제슨 가족들은 정교한 로봇 장치가 있는 미래 세기의 코믹한 버전에 살고 있다.

[2] 파라메트리시슴: Parametricism, 파라메트리시즘(매개변수주의)은 현대 아방가르드 건축 양식의 스타일로, 현대 및 포스트모던 건축의 계승자로 판명되었다. 이 용어는 자하 하디드의 건축 파트너인 패트릭 슈마허에 의해 2008년에 만들어졌다. 파라메트리시즘은 프로그램, 알고리즘 및 컴퓨터에 의존하여 설계목적으로 방정식을 조작한다. 파라메트리시즘은 균질화homogenization와 순수한 차이를 거부하며 핵심적 구성 가치로 차별화differentiation와 상호관계correlation를 선호한다. 결정적인 정의 중 하나는 '파라메트리시즘은 디자인의 모든 구성요소들은 매개 변수적으로 변화가능하며 상호 적응적이 된다는 의미를 포함한다.'

[3] 벤자민 브래턴: Benjamin Bratton, 미국의 사회학자, 건축 및 디자인 이론가이다.

[4] ESRI: 1969년 Environmental Systems Research Institute라는 이름으로 만들어진 소프트웨어 컨설팅 회사이다.

[5] 마누엘 카스텔스: Manuel Castells, 스페인의 사회학자로 정보화 사회, 커뮤니케이션 그리고 세계화에 대한 연구로 유명하다. 그는 정보화 시대가 "인간 정신의 힘을 발휘"하게 해 개인의 생산성을 극적으로 높여 궁극적으로는 보다 더 많은 여가 시간을 누리게 되어 개개인의 "정신적 깊이가 더욱 깊어지게 하고 또한 높은 주변의식을 가지게"한다고 주장하였다. 그는 이러한 변화가 자원의 소비를 줄이는 긍정적인 영향을 미칠 것이라고 주장하였다.

[6] 마이클 베티: Michael Batty, 영국의 도시계획가, 지리학자 및 공간 데이터 과학자

이다.

[7] The Stack: On Software and Sovereignty스택: 소프트웨어와 통치권에 관하여, 벤자민 브래턴이 행성 규모의 컴퓨팅 시대에 세상이 어떤 모습일지를 뛰어난 통찰력과 상상력을 바탕으로 보여준다. 정치철학, 건축 이론 및 소프트웨어 연구를 바탕으로 지구, 클라우드, 도시, 주소, 인터페이스, 사용자 등 스택의 6개 계층을 탐색한다. 각각은 자체 용어로 매핑되며 계산 형식뿐만 아니라 사회적, 인간 및 물리적 힘이 혼합된 하드 및 소프트 시스템으로 구성된 더 큰 전체 내의 구성 요소로 이해된다. 스택은 행성 규모의 계산과 함께 작동하는 새로운 지정학을 위한 학제간 설계 개요이다. 대륙적, 도시적, 지각적 규모를 뒤섞으면서 우리가 어떻게 우리 세계를 더 잘 건설하고, 그 안에 거주하고, 소통하고, 지배할 수 있는지 보여준다.

[8] 제인 제이콥스: Jane Jabobs, 지역사회의 문제와 도시계획, 도시의 쇠퇴에 대해 관심을 쏟은 저술가이자 사회운동가, 언론인, 도시계획가이다. 지역 공동체를 파괴할 수도 있었던 도시재생 프로젝트를 저지하는 시민운동에 헌신하였다. 자신의 저서, 《*The Death and Life of Great American Cities*미국 대도시의 죽음과 삶》에서 "도시 재생urban renewal"과 "빈민가 청소slum clearance"가 도시 거주자의 필요를 존중하지 않는다고 주장했다.

[9] 생활환경지능: ambient intelligence, 생활환경지능은 사람의 존재에 민감하게 반응하는 전자 환경을 가리킨다. 생활환경지능 세계에서 이 장치들은 사람들이 이 장치들을 연결하는 네트워크에 숨겨진 정보와 지능(예: 사물 인터넷)을 사용하여 자신들의 일상생활 활동, 일, 의식을 보다 쉽고 자연스러운 방법으로 전달할 수 있도록 지원한다. 생활환경지능 패러다임은 퍼베이시브 컴퓨팅pervasive computing, 유비쿼터스 컴퓨팅, 프로파일링profiling, 상황인지situation perception, 인간 중심의 컴퓨터 상호작용 디자인에서 만들어 진다.

[10] 마크 와이저: Mark Weiser, Xerox PARC의 컴퓨터 과학자이다 최고 기술 책임자(CTO)였다. 1988년 그가 만든 용어인 유비쿼터스 컴퓨팅ubiquitous computing의 아버지로 간주된다.

[11] 유비쿼터스 컴퓨팅: ubiquitous computing, '어디에나 널리 존재한다'는 의미의 영어단어 'Ubiquitous'와 컴퓨팅이 결합된 단어로 '언제 어디서든 어떤 기기를 통해서도 컴퓨팅할 수 있는 것'을 의미한다. 이 패러다임은 퍼베이시브 컴퓨팅, 앰비언트 인텔리전스, 에브리웨어로 기술되기도 한다.

[12] 다중 에이전트 시스템: multi-agent system, 다중 에이전트 시스템은 상호작용하는 여러 지능형 에이전트로 구성된 컴퓨터 시스템이다. 다중 에이전트 시스템은 개별 에이전트 또는 단일 시스템이 해결하기 어렵거나 불가능한 문제를 해결할

수 있다.

[13] 후통: hutong, 중국 북부 도시, 특히 베이징과 관련된 일종의 좁은 거리 또는 골목이다. “후통”이라는 용어는 원나라 시대에 처음 등장하였으며, “물 우물”을 의미하는 몽골어 용어이다.

[14] 파벨라: favela, 브라질에서 빈민가를 가리키는 말이다. 대도시의 내부 혹은 외곽에 위치하는 판자촌이다. 특히 리우데자네이루와 상파울루의 빈민가를 일컫는다.

[15] 롤랜드 스눅스: Roland Snooks, 오스트레일리아의 멜버른을 기반으로 하는 진보적 건축가이자 로얄 멜버른 공과대학교RMIT University의 건축실무 스튜디오의 조교수이다. 대표적 저서로는 《*Behavioral Formation: Volaile Design Processes and the Emergence of a Strange Specificity*》가 있다. 스눅스에 따르면, ‘형태를 구성formation하는 창발적 과정은 강도 높고, 휘발성이 강하며, 미묘하고 복잡한 현상이다. 이러한 과정들이 되기becoming의 속성에 대한 현대적 이해를 정의하게 되었다. 이 입장은 건축디자인과 저작권에 대한 공고한 개념과는 대조적이다. 롤랜드의 디자인 연구는 형태 구성의 창발적 과정과 건축디자인 의도간의 관계를 조명하고 이러한 상호작용으로부터 도출된 건축의 이상한 특이성strange specificity을 탐색하는 것이다.

[16] 문: Phylum, 門, 유기체를 계통화하는 생물분류 9개 단계에서 동물 분류 단계 중의 세 번째 단계이며, 높은 단계의 계(kingdom, 界)와 낮은 단계의 강(Class, 綱) 사이의 단계이다. 문은 동물 혹은 식물 중 형태학적으로 동일한 요소를 가진 모든 집단들의 최상위 그룹이 문으로 분류된다.

[17] 정상파: standing wave, 정상파 또는 멈춰있는 파는 물리학에서 진폭의 크기가 시간에 따라 변화하지 않는 파동이다. 진동의 마디(Node)나 배(Antinode)의 위치는 공간적으로 이동하지 않는다. 정재파(定在波)라고도 한다. 똑같은 2개의 파동이 서로 반대방향으로부터 다가와서 겹치면 그들의 파동 중에 매질분자가 정지되는 점이 생긴다. 정상파는 팽팽한 줄(즉 현)의 경우에도 생긴다. 이들 경우에 공통된 점은 파동의 매질에 경계가 명확히 존재하여, 그 때문에 파동의 반사가 생기는 것이다. 매질분자가 정지하고 있는 점을 마디(節)라 하고, 미질분자가 가장 세차게 진동하는 점을 배(腹)라고 한다.

[18] 생체 항상성: homeostasis, 항상성(恒常性, homeostasis 혹은 homoeostasis)은 변수들을 조절하여 내부 환경을 안정적이고 상대적으로 일정하게 유지하려는 계의 특성을 말한다. 항상성의 예로 외부 조건의 변화에 대하여 인체 내부 환경을 일정하게 유지하는 과정, 즉 체온 조절이나 산성도와 알칼리도(수소 이온 농도) 조

절을 들 수 있다.

[19] 윌리엄 로스 애슈비: William Ross Ashby, 영국의 정신과 의사이자 기계와 생물의 통신 및 자동 제어 시스템 과학 연구인 사이버네틱스의 개척자이다. 저서로는 《*Design for Brain*》 외에 《*An Introduction to Cybernetics*》가 있다. 이 책에서 살아있는 유기체의 항상성, 적응, 기억 및 예지력에 대한 설명을 제공하공하고 있다.

[20] 호메오스탯: homeostat, 환경에 적응할 수 있는 최초의 장치 중 하나이다. 변화하는 환경에서 항상성을 유지하는 능력을 통해 습관화, 강화 및 학습과 같은 행태를 보여준다. 이 장치는 1948년 Barnwood House Hospital에서 윌리엄 로스 애슈비가 제작하였다.

[21] 안토니오 다마지오: Antonio Damasio, 포르투갈계 미국인 신경과학자이다. 그는 현재 서던캘리포니아 대학교의 신경과학 석좌교수이며 Brain and Creativity Institute를 이끌고 있다. 그의 저술 《*Self Comes to Mind: Constructing the Conscious Brain*》은 뇌와 의식사이의 관계를 탐구한 것이다. 신경과학에 대한 그의 연구는 감정이 사회적 인지와 의사결정에 중심적인 역할을 한다는 것을 보여주었다.

[22] 분할정복전략: divide-and-conquer strategy, 그대로 해결할 수 없는 문제를 작은 문제로 분할하여 문제를 해결하는 방법이나 알고리즘이다.

[23] 알리바바: Alibaba, 알리바바 그룹은 세계 최대 규모의 온라인 쇼핑몰 알리바바닷컴을 운영하는 기업의 이름이다. 본사는 중화인민공화국 항저우시에 있다.

[24] 리플렉스 아크: reflex arc(반사궁), 리플렉스 아크는 반사를 통제하는 신경통로이다. 척추동물들에게 있어서 대부분의 감각 신경세포들sensory neurons은 뇌로 직접적으로 진달되지 않고 척추의 시냅스로 전달된다. 이것은 뇌를 통해 신호를 전달하는 지연 없이, 척추의 운동신경세포들을 활성화를 통해 더 빠른 반사행동이 일어나게 해준다. 그러나 뇌는 반응이 수행되는 동안 감각적 입력을 수용할 것이고 그 신호에 대한 분석이 반사행동 뒤에 일어난다. 반사궁은 감각 정보의 입력과 특정 운동 정보의 출력 사이에서 나타나는 자율적인 연결을 더 만들거나 덜 만드는 신경회로이다.

[25] 데미스 허사비스: Demis Hassabis, 영국의 인공지능 연구인, 컴퓨터과학자, 신경과학자, 게이머이다. 그는 구글 딥 마인드의 창업자이자 최고 경영자이다.

[26] 제프리 스티벨: Jeffrey Stibel, Bryant Stibel의 공동 설립자로서 수많은 기술 및 마케팅 회사를 시작한 기업가이자 벤처 캐피털 투자자이다. 아마추어 인지과학자이자 뉴욕타임즈 베스트셀러 작가이기도 하다.

[27] 하이퍼텍스트: hypertext, 참조를 통해 독자가 한 문서에서 다른 문서로 즉시 접근할 수 있는 텍스트이다. 주로 컴퓨터나 다른 전자기기들을 통해 표시된다.

[28] 메칼프의 법칙: Metcalfe's Law, 통신망 사용자에 대한 효용성을 나타내는 망의 가치는 대체로 사용자 수의 제곱에 비례한다는 법칙이다.

[29] 병렬처리: parallel processing, 컴퓨터에서 병렬처리란 프로그램 명령어를 여러 프로세스에 분산시켜 동시에 수행함으로써 빠른 시간 내에 원하는 답을 구하는 작업을 일컫는다.

8장Chapter 8

[1] 앤디 클라크: Andy Clark, 영국 철학자로서 서식스 대학교의 인지철학 교수이다.

[2] 키넥트: Kinect, 컨트롤러 없이 이용자의 신체를 이용하여 게임과 엔터테인먼트를 경험할 수 있는 엑스박스 360과 연결해서 사용하는 모션 인식기기이다.

[3] 스테퍼 모터: Stepper motor, 스텝 모터 또는 스텝핑 모터라고도 하는 스테퍼 모터는 전체 회전을 여러 개의 동일한 단계로 나누는 브러시리스 DC 전기 모터 Brushless DC electric motor이다.

[4] 아두이노: Arduino, 오픈 소스를 기반으로 한 단일 보드 마이크로컨트롤러로 완성된 보드와 관련 개발 도구 및 환경을 말한다. 마이크로컨트롤러는 마이크로프로세서와 입출력 모듈을 하나의 칩으로 만들어 정해진 기능을 수행하는 컴퓨터를 말한다.

[5] 안드레아스 후이센: Andreas Huyssen, 컬럼비아 대학의 빌라드 독일 및 비교문학 명예교수이다. 그는 독일 문학과 문화, 국제 모더니즘과 포스트모더니즘, 프랑크푸르트 학파 비판이론, 문화적 기억, 역사적 트라우마, 도시문화, 세계화에 대한 작업으로 유명하다.

[6] 베흐나즈 파라히: Behnaz Farahi, 이란 태생의 미국 건축가, 디자이너, 교육자이다. 그녀는 인터렉티브 웨어러블 및 설치 디자인으로 잘 알려져 있다.

[7] L-system: 엘 시스템, Lindenmayer system(린덴마이어 시스템), 형식문법의 일종으로서, 식물의 성장 프로세스를 기초로 한 다양한 자연물의 구조를 기술하거나 표현을 가능케하는 알고리즘이다. 자연물 이외에도 망델브로 집합 반복함수계(Iterated Function System; IFS)와 같이 이른바 자기상사 도형이나 프랙탈 도형을 생성할 경우에도 사용된다. L-system은 1968년 네덜란드 위트레흐트 대학교의 이론생물학자이자 식물학자였던 아리스티드 린덴마이어(Aristid Lindenmayer)에 의해 제창되어 발전되었다. 생물학자였던 린덴마이어는 효모와 곰팡이, 그리고 남세균류와 같은 다양한 생물의 성장패턴을 연구했다. 이와 같이 L-system은 단세포생

물 또는 다세포생물의 성장식, 식물세포에 있어서 인접한 세포의 상호관계를 기술하기 위해 개발된 것이다.

[8] 윌리엄 해즐릿: William Hazlitt, 영국의 수필가, 드라마 및 문학평론가, 화가, 사회평론가, 철학자였다. 당대 최고의 미술평론가로도 인정받고 있다.

[9] 마르코프 연쇄: Markov Chain, 마르코프 체인은 일정한 수의 상태와 주어진 확률로 시스템이 어떤 상태에서 다른 상태로 바뀌는 모든 시스템을 나타낸다. 마르코프 체인은 주어진 확률에 따라 변화하는 시스템을 추적하는 특정 모델이다.

[10] 무어의 법칙: Moore's Law, 무어의 법칙은 반도체 집적회로의 성능이 24개월마다 2배로 증가한다는 법칙이다. 경험적인 관찰에 바탕을 두고 있다. 인텔의 공동설립자인 고든 무어가 1965년에 내 놓은 것이다.

[11] 머레이 샤나한: Murray Shanahan, 임페리얼 칼리지 런던Imperial College London의 컴퓨팅 학과의 인지 로봇 공학 교수이자 딥마인드DeepMind의 선임 과학자이다.

[12] 수익 가속의 법칙: Law of Accelerating Returns, 2001년 3월 7일 레이 커즈와일Ray Kurzweil이 작성한 에세이의 제목이다. 그는 기술의 역사에 대한 분석에서 기술변화가 기하급수적이라는 보여준다고 말하며, 칩 속도 및 비용 효율성과 같은 수익returns도 기하급수적으로 증가하고 기하급수적인 성장률도 기하급수적으로 증가하며, 수십 년 내에 기계지능은 인간 지능을 능가하여 특이점으로 이어진다고 주장한다.

[13] 존 폰 노이만: John von Neumann, 헝가리 출신으로 미국에서 활동한 경제학자, 컴퓨터과학자, 수학자이다. 양자 역학, 함수 해석학, 집합론, 위상수학, 컴퓨터 과학, 수치해석, 경제학, 통계학 등 여러 분야에 걸쳐 다양한 업적을 남겼다. 기술적 특이점은 기술 성장이 제어할 수 없고 되돌릴 수 없어 인류 문명에 예측할 수 없는 변화를 초래하는 가상의 미래 시점이다. 기술적 맥락에서 "특이점" 개념을 최초로 사용하였다.

[14] 스타니스와프 울람: Stanislaw Marcin Ulam, 수학과 핵물리학 분야의 폴란드계 미국인 과학자이다.

[15] 버너 빈지: Vernor Vinge, 미국의 SF작가이자 은퇴한 교수이다. 샌디에고 주립대학에서 수학과 컴퓨터과학을 가르쳤다. 그는 기술적 특이점 개념을 최초로 대규모로 대중화한 인물이고 아마도 허구적 "사이버공간"을 선보인 첫 번째 인물일 것이다.

[16] 닉 보스트롬: Nick Bostrom, 스웨덴인 철학자이며 옥스퍼드 대학 교수이다. 인류원리에 관한 업적이 알려져 있다. 그의 저서 《*Superintelligence: Paths, Dangers, Strategies*》에서 기계두뇌가 일반지능에서 인간두뇌를 능가한다면 이 새로운 초지

능이 지구상의 새로운 생명체로서 인간을 대체할 수 있다고 주장한다. 이 저서는 뉴욕 타임즈의 베스트셀러였으며, "초지능"이라는 용어를 대중화하는 데 도움이 되었다.

[17] 지능폭발: intelligence explosion, 지능폭발에 대한 아이디어는 통계학자 굿I. J. Good에 의해 표출되었다.

[18] 닐스 보어: Niels Bohr, 원자 구조의 이해와 양자역학의 성립에 기여한 덴마크 물리학자이다. 전자가 원자핵 주위의 궤도로 움직인다는 보어모형을 만들었다.

[19] 마틴 포드: Martin Ford, 인공지능 및 로봇 공학, 그리고 이러한 기술이 고용시장, 경제 및 사회에 미치는 영향에 중점을 둔 미래 학자이자 작가이다.

[20] 케빈 캘리: Kevin Kelly, *Wierd*잡지의 창립 편집장이자 *Whole Earth Review*의 전前 편집자/출판인이다. 그는 작가, 사진작가, 환경 보호론자이자 아시아 및 디지털 문화의 학생이기도 하다.

[21] 로즈 펜로즈: Roger Penrose, 영국의 수학자이자 이론 물리학자이다.

[22] 막스 테그마크: Max Tegmark, 스웨덴계 미국인 물리학자, 우주론자 및 기계 학습 연구원이다.

[23] 존 매카시: John McCarthy, 미국의 심리학자이자 컴퓨터공학자이다. 인공지능에 대한 연구업적을 인정받아 1971년 튜링상을 수상하였다. 1956년에 다트머스 학회에서 처음으로 "인공지능Artificial Intelligence"이라는 용어를 창안했다.

[24] 몰리 라이트 스틴슨: Molly Wright Steenson, 미국 디자인 교수이자 건축 및 사이버네틱스 및 인공지능 개념을 포함한 기술역사가이다. 그녀의 연구는 인공지능에 대한 아이디어와 현대 미디어와 문화에서 인공지능이 어떻게 묘사되는지에 중점을 두고 있다. 그녀는 인공지능에 대한 우리의 생각이 시대에 뒤떨어져 있고 이것이 실제로 무엇인지 이해하는 사람들의 능력을 저해한다고 주장한다. 그녀의 저서 《*Architecutral Intelligence: How Designers & Architects Created Digital Landscape*》는 "상호작용의 건축역사와 건축의 대화식 역사"를 결합한다.

[25] 울프 프릭스: Wolf Prix, 오스트리아 건축가이다. 1968년 건축가 협동조합인 Coop Himmelb(l)au를 공동설립하였다. 해체주의의 대표자로 국제적 명성을 얻었다.

색인 Index

쪽 번호: 그림들은 이탤릭체로 주어진다. 그리고 주석은 [페이지 번호] n.[주석 번호]으로 표기한다.

도판 1 Sofia Crespo, *Realisation*(2018). 그녀는 자신의 Neural Zoo(신경 동물원) 시리즈에서 신경계로부터 패턴과 특징들을 추출하기 위해 신경망을 사용한다. 그리고 자연 세계를 충실히 모방하면서도 여전히 명백히 인공적으로 보이는 방식으로 패턴과 특징들을 재현해낸다.

도판 2 Sofia Crespo, *Courage*(2018). 그녀는 자신의 *Neural Zoo*(신경 동물원) 시리즈에서 신경계로부터 패턴과 특징들을 추출하기 위해 신경망을 사용한다. 그리고 자연 세계를 충실히 모방하면서도 여전히 명백히 인공적으로 보이는 방식으로 패턴과 특징들을 재현해낸다.

도판 3 Mario Klingemann, *The Butcher's Son*(2017). GAN(Generative Adversarial Networks, 생산적 적대 신경망)으로 생성된 이 예술작품은 주요 국제 수상작으로서 첫 번째 인공지능 생성 예술작품이다. 2018년 Lumen상을 수상하였다.

도판 4 Memo Akten, *Gloomy Sunday*(2017). 이 실험에서 아크텐은 꽃에 대한 이미지들을 훈련한 신경망이 어떻게 꽃들을 그것이 보는 모든 것으로 읽게 될 것인지를 보여준다.

도판 5 Refic Anadol, *WDCH Dreams*. 월트 디즈니 콘서트홀을 '꿈'으로 만들기 위해, 인간이 꿈꾸는 방식과 흡사한 창조적이며 컴퓨터화된 '마음'을 사용하였다.

도판 6 Refik Anadol, *Machine Hallucinations*, Artechouse, New York(2019). 뉴욕의 Artehouse 디지털 예술공간에 설치된 이 작품은 뉴욕시에 대한 수백만 장의 사진들로부터 생성된 30분 분량의 기계환각Machine Hallucinations이다.

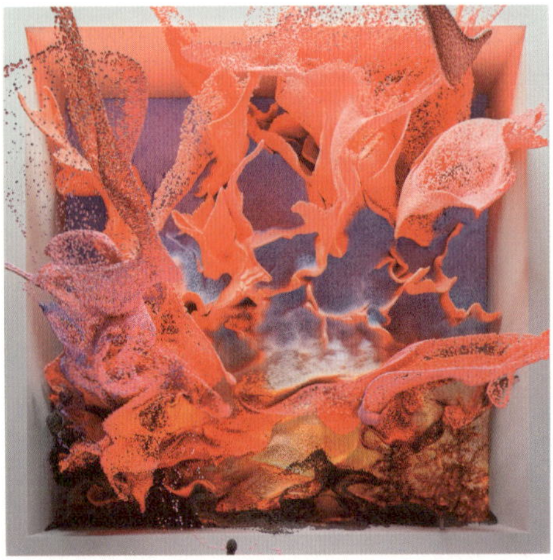

도판 7 Refik Anadol, *Quantum Memories*, Melbourne, Australia(2020). 비범한 이미지들을 생성하기 위해 아나돌은 자연에 대한 집단 기억을 반영하는 예술작품 창작을 위해 인공지능과 양자컴퓨터로 가능하게 된 생성 알고리즘을 사용하였다.

도판 8 Jenny Sabin Studio, *Ada*, Microsoft Campus, Redmond, Washington(2019). Ada는 경량으로 짜여진 파빌리온 구조이다. 그것은 디지털적으로 맺어진 반응적이고 데이터에 따라 처리되는 관모양과 셀 방식의 요소들로 구성되어 있다. 구성요소들은 색채와 빛에 대한 몰입감 있는 상호작용 경험으로 전환하는 표정과 소리를 감지하기 위한 인공지능을 사용한다. 프로젝트명은 Ada Lovelace를 참조하였다. Microsoft Research를 위한 Jenny Sabin Studio에 의한 Ada, Jake Knapp courtesy Microsoft Research에 의한 이미지

도판 9 'Shan He' 합성 이미지, 왼쪽 위에서 시계방향: 1. 2015년 이후 뉴욕시 택시 승·하차 지도, 승차 위치는 자주색, 하차 위치는 청색으로 보여주고 있다. 원의 크기는 이동 거리를 근거로 하고 있다. Unfolded Studio에서 시각화하였고 데이터는 nyc.org에서 가져왔다. 2. 뉴욕시 고도高度지도는 SRTM DEM의 Geo TIFF 레스트 데이터를 사용하여 제작되었다. SRTM DEM은 unfolded의 데이터 파이프라인이 Kring smoothing을 기능을 갖춘 직경 130m의 H3 6각형들에까지 계발되었다. Unfolded Studio를 이용하여 시각화되었다. 3.Nasa의 Landsat-8 위성 이미지 2020년 겨울의 열적외선밴드. Unfolded Studio를 이용하여 시각화하였다. 4. 미국 샌프란시스코의 빌딩 발자국Building footprints 지도, Unfolded Studio에서 제작되었다. 지면 고도에 의해 채색되었다. Shan He의 DataSF의해 데이터화 되었다.

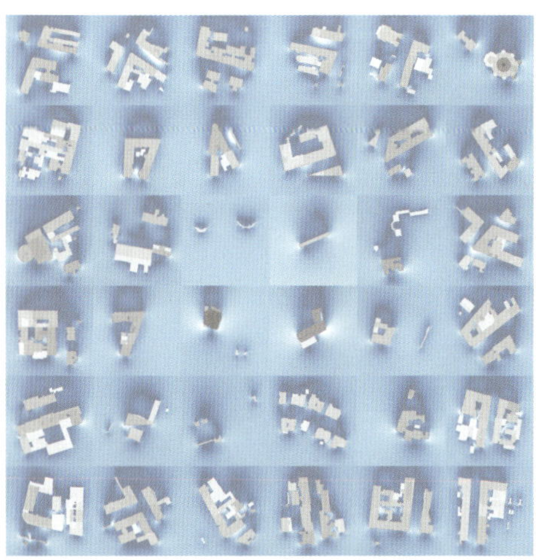

도판 10 Theodore, *InFraRed Computer Fluid Dynamics Study*, Vienna, Austria (2020). 데이터셋dataset을 만들어 내는 것이 대부분의 딥-러닝 모델을 사용하는 현실 세계 애플리케이션에서는 작업의 99%를 차지한다. 고도로 복잡한 물리적 시뮬레이션들과는 별개로, 디자인 입력요소들의 광범위한 수집은 모델들이 실제 세계에서 발견되는 디자인들의 방대한 배열을 아우르는 일반화할 수 있도록 하기 위해서는 필수적이다. City Intelligence Lab, Austrian Institute of Technology, GmbH.

도판 11 Biayna Bogosian, *Remote Sensing Study*(2019). Shuttle Radar Topography Mission(SRTM)데이타와 Landsat-8 위성 이미지 결합을 통한 로스앤젤레스 주 표면정보기반원격탐지Surface-based Remote Sensing

도판 12 SPAN, *Peaches and Plums*, High School, Shenzhen, China(2022). 중국 선전의 한 학교를 위한 이 프로젝트는 디자인 과정에서 일종의 원동력으로서 AttnGAN을 이용하여 생성되었다. SPAN Baukunst LLC (Matias del Campo, Sandra Manninger) @2020.

도판 13 Coop Himmelb(l)au, *Deep Himmelb(l)au*(2020), *Deep Himmeb(l)au*는 해석하고, 인식하며, 창의적일 수 있도록 하며, 건물의 새로운 디자인을 제안하고, 디자인 작업 흐름을 강화하고, 건축가와 디자이너의 창조성을 증강하기 위한, 티칭머신teaching machines의 잠재력을 탐색하기 위한 실험적 연구프로젝트이다.

도판 14 Casey Rehm, Laure Michelon(Ushida Rehm Studio), Damjan Jovanovic and Lidja Kljakovic (Lifeforms.io), *New Campo Marzio Project,* Arts Electronica (2020), *New Campo Marzio*는, 인공지능으로 동력을 갖춘, 제한이 없는 제로 플레이어 시뮬레이션 게임이다. Giovanni Battista Piranesi의 *Campo Marzio* 그림(1762)을 기반으로 하고 있다. 시뮬레이션은 원조 회화의 특징을 학습하고 자율적 에이전트들이 거주하는 3D 세계의 무한한 다양성을 생성하기 위해 신경망을 활용하고 있다. lifeforms.io (Damjan Jovanovic and Lidija Kljakovic), 2020.

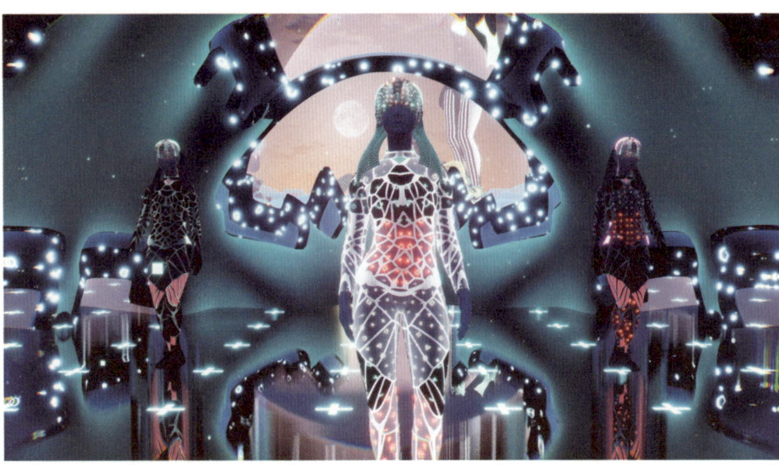

도판 15 Damjan Jovanovic and Lidja Kljakovic (Lifeforms.io), Dream Estate(2020). *Dream Estate*는 점진적으로 생성된 인공지능 제어 안드로이드들AI-controlled androids이 정주하는 세계에 대한 자동 추진self-driven 시뮬레이션이다. 시뮬레이션은 장난감 놀이와 그 장난감들의 행동을 상상하는 것과 관련이 있다. 장난감들은 상호작용을 추구하며 새로운 영토를 찾고 있다. Ushida Rehm Studio/lifeforms.io (Damjan Jovanovic and Lidija Kljakovic), 2020.

인공지능시대의 건축

1쇄 2023년 4월 5일
2쇄 2024년 9월 25일

저자: Neil Leach
역자: 송종은
발행인: 김기현
발행처: 시공문화사(***Spacetime***)
출판등록: 1993년 3월 12일
주소: 서울시 서대문구 독립문공원길 13 (03733) 극동프라자 5층
전화: 02) 3147-1212
팩스: 02) 3147-2626

http://www.spacetime.co.kr
mail: spacetime@korea.com

편집: Design Battery
인쇄: (주)예림인쇄사
제본: 보경문화사

ISBN: 978-89-5592-467-1

정가: 18,000원